"十三五"江苏省高等学校重点教材(编号：2020-2-094)

普通高等教育"十四五"规划教材

中国石油和石化工程教材出版基金资助项目

化工原理及典型工艺安全

李忠玉　欧红香　姚水良　主编

中国石化出版社

内 容 提 要

本书由上、下两篇构成：上篇重点介绍化工单元操作的基本原理、典型设备及其设计计算，对基本概念的阐述力求严谨，注重理论联系实际；下篇重点介绍典型化工工艺及安全环保相关内容。本书有助于读者快速理解、掌握常用化工单元操作基本原理，并对典型化工工艺和相关风险分析与辨识等内容有全面的认识，同时有助于读者解决化工过程实践中遇到的问题。

本书内容全面，兼具系统性和实用性，可作为安全工程、化学工程、环境工程及相关工程类专业本专科生的少学时化工原理教学用书，也可以作为化工及相关领域从事生产技术与管理的专业人员的参考用书。

图书在版编目（CIP）数据

化工原理及典型工艺安全／李忠玉，欧红香，姚水良主编. —北京：中国石化出版社，2021.7
ISBN 978-7-5114-6337-1

Ⅰ.①化… Ⅱ.①李… ②欧… ③姚… Ⅲ.①化工原理②化工安全 Ⅳ.①TQ02②TQ086

中国版本图书馆 CIP 数据核字（2021）第 120861 号

中国石化出版社出版发行

地址:北京市东城区安定门外大街 58 号
邮编:100011　电话:(010)57512500
发行部电话:(010)57512575
http://www.sinopec-press.com
E-mail:press@sinopec.com
北京富泰印刷有限责任公司印刷
全国各地新华书店经销

*

787×1092 毫米 16 开本 15.5 印张 394 千字
2021 年 8 月第 1 版　2021 年 8 月第 1 次印刷
定价:56.00 元

化学工业是我国国民经济的支柱产业之一，化工产品不仅满足人们的物质、文化生活需求，也为其他各行业提供所需的生产资料，推动各行业的发展，对国家的现代化建设以及人类的生存和发展起着重要作用。由于化工生产具有易燃、易爆、易中毒、高温、腐蚀、高压等特点，在化学工业快速发展的 200 多年里，全球化工行业经历了难以计数的安全事故。随着化工装置规模化和复杂程度的提高，时有重特大事故发生，也会带来生态灾难，给社会和人民生活带来深远影响，所以，加强化工安全专业人才培养在化工安全生产中具有重要意义。2020 年 2 月中共中央办公厅、国务院办公厅印发《关于全面加强危险化学品安全生产工作的意见》，其中明确要求："加强专业人才培养。实施安全技能提升行动计划，将化工、危险化学品企业从业人员作为高危行业领域职业技能提升行动的重点群体"。

化学工程是研究化学工业和相关过程工业生产中所进行的化学反应过程及物理过程共同规律的一门工程学科，不但覆盖整个化学和石化工业，也渗透到能源、环境、生物、材料、制药、冶金、轻工、信息等工业及技术部门。20 世纪初，对于化学工程的认识限于单元操作；20 世纪 60 年代，"三传一反"(动量传递、热量传递、质量传递和化学反应工程) 概念的提出，开辟了化学工程发展的第二历程；20 世纪 60 年代末，计算机技术的快速发展和普及，给化学工程学科发展注入新的活力。至今，化学工程学科形成了单元操作、传递过程、反应工程、反应热力学、化工系统工程、过程动态学及控制、化工技术经济、安全工程等完整体系。计算机模拟技术的快速发展，把化学工程推向过程优化集成、分子模拟的新阶段。

本书以化工工艺过程中原理的共性和典型化工工艺流程的单元操作为两条主线，分成上下两篇，上篇重点介绍化工单元操作的基本原理、典型设备及其计算，对基本概念的阐述力求严谨，注重理论联系实际；下篇重点介绍典型化工工艺及安全环保相关内容，使读者可以快速理解、掌握常用化工单元操作基本原理，并对典型化工工艺和相关风险分析与辨识等内容有全面的认识。本书编写循序渐进，深入浅出，内容全面，兼具系统性和实用性，便于读者自学。可作为安全工程、化学工程、环境工程及相关专业本专科生的教学用书，也可以作为化工及相关领域从事生产技术与管理的专业人员的参考用书。

本书由常州大学李忠玉、欧红香、姚水良担任主编，其中第一章、第二章由李忠玉、郑旭东编写，第三章、第十章由姚水良编写，第四章由李晶编写，第六章、第七章由欧红香、黄勇编写，第八章由吴祖良编写，第九章由薛洪来编写，第五章由南京工业大学潘勇编写，本书编写过程中得到了常熟理工学院刘龙飞，常州大学环境与安全工程学院研究生徐家成、马润、刘犇、贡晨霞、陈伟佳、周东升、李凯佳、戴静等人的大力支持和帮助，在此衷心感谢。编写本书时参考了有关专著与文献，谨向相关作者表示衷心感谢。

本书出版得到江苏省高等教育教改重点项目（2019JSJG022）和江苏省高等学校重点教材项目、常州大学教学名师培养项目等项目的支持，在此一并感谢！

由于编者能力有限、时间仓促，书中难免存在错误和不当之处，敬请专家和广大读者批评指正。

目录 contents

化工原理基础

典型化工工艺安全

化工原理基础

第一章
流体流动与输送

化工生产的大多数过程(如热交换和液体/气体输送等)都涉及像液体和气体这样可以流动的物体(统称为流体)。流体及其流动规律是理解热交换和液体气体输送等过程的基础,也是传热和传质工程设备设计的基础。

流体的流动与输送涉及能量的衡算和产生各种阻力的边界层等的阻力计算。本章首先介绍管流系统的质量衡算和能量衡算,导出流体机械能衡算的重要关系式——伯努利方程和流体静力学基本方程;再通过介绍流体的内摩擦力和牛顿黏性定律导出黏度;通过分析流体和固体壁面之间的边界层特性,介绍特征值的计算方法,讨论流动阻力的影响因素;最后介绍流体在管内流动时的阻力计算方法和流量测量方法。

第一节 流体静力学

一、流体基本性质

1. 密度

密度为单位体积流体所具有的质量,其表达式为

$$\rho = \frac{m}{V} \tag{1-1}$$

式中　ρ——密度,kg/m^3;

　　　m——质量,kg;

　　　V——体积,m^3。

流体的密度受温度和压力的影响。由于液体分子之间的距离远小于气体,除在极高的压力条件下外,压力对液体密度的影响可忽略不计,温度对密度的影响较大。因此在表示流体密度时一定要指明其所处的温度条件。

气体的密度受压力和温度的影响较大,但在压力不太高、温度不太低的情况下,实际气体可视为理想气体,可利用气体的温度和压力通过理想气体状态方程计算气体的密度。

$$pV = nRT = \frac{m}{M}RT$$

$$\rho = \frac{m}{V} = \frac{pM}{RT} \qquad (1-2)$$

式中　p——气体的绝对压力，kPa；

　　　n——气体的摩尔数，kmol；

　　　R——气体常数，$R = 8.314\text{kJ}/(\text{kmol} \cdot \text{K})$；

　　　T——气体的热力学温度，K；

　　　M——气体的摩尔质量，kg/kmol。

当流体是由若干个组分组成的混合物时，混合物密度可以通过以下方法计算。

混合物为液体时，以理想溶液进行处理，混合物的总体积为各组分体积之和，混合物液体的密度用平均密度 ρ_m 表示，计算方法如下：

$$\frac{1}{\rho_m} = \frac{\omega_1}{\rho_1} + \frac{\omega_2}{\rho_2} + \cdots + \frac{\omega_n}{\rho_n} \qquad (1-3)$$

式中　　　　　ρ_m——液体混合物的平均密度，kg/m³；

ω_1，ω_2，$\cdots$，ω_n——混合物中各组分的质量分数，kg/kg；

　ρ_1，ρ_2，$\cdots$，ρ_n——混合液各组分的密度，kg/m³。

当混合物为气体接近理想气体时，可用式(1-2)进行计算，其中气体的摩尔质量 M 需要用混合气体的平均摩尔质量 M_m 代替。

$$M_m = M_1 y_1 + M_2 y_2 + \cdots + M_n y_n \qquad (1-4)$$

式中　M_1，M_2，$\cdots$，M_n——混合气体各组分的摩尔质量，kg/kmol；

　　　y_1，y_2，$\cdots$，y_n——混合气体各相应组分的摩尔分数，kmol/kmol。

气体混合物的平均密度可用式(1-5)进行计算。

$$x\rho_m = \rho_1 y_1 + \rho_2 y_2 + \cdots + \rho_n y_n \qquad (1-5)$$

【例1-1】空气中各组分的摩尔分数为：氧气—0.21；氮气—0.78；氩气—0.01。①求标准状况下空气的平均密度 ρ_0；②求绝对压力为 $3.8 \times 10^4\text{Pa}$、温度为20℃时空气的平均密度 ρ_m，并比较两者的结果。

解：①已知空气中各组分的摩尔质量：$M_{O_2} = 32$，$M_{N_2} = 28$，$M_{Ar} = 40$，单位均为 kg/kmol。

先求出标准状况下空气的平均摩尔质量 M_m：

$$M_m = M_{O_2} y_{O_2} + M_{N_2} y_{N_2} + M_{Ar} y_{Ar} = 32 \times 0.21 + 28 \times 0.78 + 40 \times 0.01$$
$$= 28.96(\text{kg/kmol})$$

标准状况(101.33kPa 和 273.15K)下空气的平均密度 ρ_0：

$$\rho_0 = \frac{p_0 M_m}{RT_0} = \frac{101.33 \times 28.96}{8.314 \times 273.15} = 1.293\text{kg/m}^3$$

② $3.8 \times 10^4\text{Pa}$，20℃时空气的平均密度为 ρ_m：

$$\rho_m = \rho_0 \frac{T_0 p}{T p_0} = 1.293 \times \frac{273.15 \times 3.8 \times 10^4}{(273.15 + 20) \times 101.33 \times 10^3} = 0.452\text{kg/m}^3$$

由计算结果可看出：空气在标准状况下的密度是其在 $3.8 \times 10^4\text{Pa}$，20℃状态下的密度的 2.86 倍，密度值相差很大。因此气体的密度一定要标明气体的状态(温度和压力)。

2. 压力

流体在单位面积上所受到的垂直作用力称为流体的压强，在工程上习惯称为压力。

$$p = \frac{F}{A} \tag{1-6}$$

式中 p——流体的压力，N/m^2 或 Pa；

　　F——垂直作用于流体面积 A 上的总压力，N；

　　A——作用于流体的表面积，m^2。

压力的单位有：Pa、atm、at、mH_2O、$mmHg$、kgf/cm^2、bar 等，单位之间可以通过以下方法换算。

1atm(标准大气压) = 101325Pa = 760.0mmHg = 10.33mH$_2$O = 1.033kgf/cm^2 = 1.0133bar；

1at(工程大气压) = 98070Pa = 735.6mmHg = 10.0mH$_2$O = 1.0kgf/cm^2 = 0.9807bar。

流体的压力可以用绝对压力和相对压力来表示。当以绝对真空作为基准时的压力称为绝对压力。当以流体所在的当地大气压为基准时的压力称为表压。通常压力设备上压力表的读数为容器内的表压。

表压 = 绝对压力 - 大气压

当容器内的压力小于当地的大气压时，可用真空度表示大气压与绝对压力的差值。设备上安装的真空表读数为真空度。真空度也可用负的表压进行表示。

真空度 = 大气压 - 绝对压力 = -表压

绝对压力、表压以及真空度三者之间的关系可用图 1-1 直观表示。

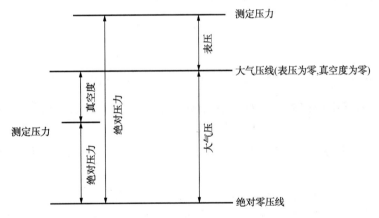

图 1-1　绝对压力、表压以及真空度三者之间的关系

二、流体静力学基本方程式

在重力场中静止或相对静止的流体内部压力随流体高度变化的数学表达式称为流体静力学基本方程。本节只讨论流体在重力和压力作用下的平衡规律及其工程应用。流体平衡规律的实质是研究处于相对静止状态下流体内部压力变化的规律。为了便于讨论，先介绍静止液体内部压力变化的规律，然后推广到气体。

如图 1-2 所示容器中的液体是静止的，液体中任意分割出底面积为 A 的垂直液柱。液体视为不可压缩流体，密度为 ρ。液面上方的大气压力为 p_0；液柱上截面受到的液体压力为 p_1，距离容器底面的垂直高度为 Z_1；液柱下截面受到的液体压力为 p_2，距离容器底面的垂直高度为 Z_2。在重力场中对该液柱在垂直方向上进行如下受力分析：

液柱上端面受到向下的压力：$F_1 = p_1 A$

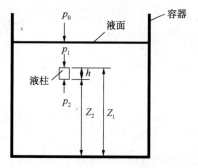

图 1-2　静止状态下流体内部压力

液柱下端面受到向上的压力：$F_2 = p_2 A$

液柱本身受到向下的重力：$\rho g A(z_1 - z_2)$

由于液柱处于静止状态，在液柱垂直方向上的合力为零，即

$$p_2 A = p_1 A + \rho g A(Z_1 - Z_2) \qquad [1-7(a)]$$

化简得

$$p_2 = p_1 + \rho g(Z_1 - Z_2) \qquad [1-7(b)]$$

若将液柱的上端面取作液面，h 表示液柱高度，则液体内部任意液面上受到的压力可表示为

$$p_2 = p_1 + \rho g h \qquad [1-7(c)]$$

式 $[1-7(a)]$ 和式 $[1-7(c)]$ 均称为流体静力学基本方程，有以下规律：

① 静止液体内任一点压力大小，与该点距液面深度有关，越深压力越大。

② 在静止液体内同一水平面上各点压力相等，此压力相等的面称为等压面。

③ 液面上方压力 p_0 有变化时，必引起液体内部各点发生同样大小的变化。

④ 将式 $[1-7(c)]$ 改写为式 $[1-7(d)]$。由式 $[1-7(c)]$ 和式 $[1-7(d)]$ 可以得知压力或压力差的大小可用液柱高度来表示，跟流体的密度相关。当用流体柱高度来表示压力或压力差时，必须注明流体种类，如 $10mH_2O$、$760mmHg$。

$$h = \frac{p_2 - p_1}{\rho g} \qquad [1-7(d)]$$

⑤ $\frac{p}{\rho g} + z =$ 常数或 $\frac{p}{\rho} + gz =$ 常数，说明不同截面上静压能和位能可相互转换，总和保持不变。z 为流体距离基准面的高度，称为位压头，表示单位质量流体从基准面算起的位能，$mgz/mg = z$；$p/\rho g$ 为静压头，又称单位质量流体的静压能 pV/mg，静压能的意义：当流体具有静压强 p 时，就能在它的作用下上升高度 $p/\rho g$，这种克服重力做功的能力称为静压能。

⑥ 静止的连通的同种均质流体在同一水平面上压强相等。

⑦ 静力学方程不仅适用于不可压缩的液体，亦适用于可压缩流体，ρ 必须取平均值。

⑧ 静力学方程应用的计算题，首先选等压面，计算静压强由上往下加，反之则减。

三、流体静力学基本方程的应用

流体静力学基本方程在化工生产中可用于流体在设备或管道中的压力测量、液体在储罐内液位的测定以及确定设备的液封高度等。

1. 压力测量(U 形管压差计)

U 形管压差计结构如图 1-3 所示。在 U 形玻璃管中加入指示液，指示液与被测量的流体之间不能发生化学反应及产生互溶，其密度大于被测量的流体。常用的指示液有水、乙醇、水银、四氯化碳以及液体石蜡等。使用时将 U 形管压差计的两端

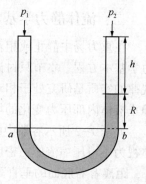

图 1-3　U 形管压差计结构

与管道的两截面相连通，当所测定管道的两个截面的压力不相等时，U 形管压差计的指示液就会出现相应的高度差，利用流体静本方程即可计算出两截面的压力差。

被测量的流体的密度为 ρ，U 形管内指示液的密度为 ρ_0，与之相连的管道两截面的压力分别为力 p_1、p_2，达到稳定状态后指示液高度差为 R，根据流体静力学的结论，a、b 两点处于同一静止液体的同一水平面上，即两点所在的平面为等压面，$p_a = p_b$。

U 形管的左侧压力等式：

$$p_a = p_1 + (R+h)\rho g$$

同样，U 形管的右侧压力等式：

$$p_b = p_2 + \rho g h + \rho_0 g R$$

由于	$p_a = p_b$	
因此	$p_1 + (R+h)\rho g = P_2 + \rho g h + \rho_0 g R$	[1-8(a)]
化简得	$\Delta p = p_1 - p_2 = (\rho_0 - \rho)Rg$	[1-8(b)]

当被测量的流体为气体时，气体密度相对于指示液可忽略不计，因此可将式 [1-8(b)] 进行简化：

$$p_1 - p_2 = \rho_0 R g \qquad [1-8(c)]$$

2. 液位的测量

化工厂中经常要知道容器里液体的储存量，或要控制容器里液体的液面，因此需要进行液面的测定。如图 1-4 所示，液面的测定方法是以流体静力学基本方程为依据。平衡室中所装的液体与容器里的液体相同。平衡室里液面高度维持在容器液面容许到达的最高液面。装有指示液的 U 形管压差计的两端分别与容器内的液体和平衡室内的液体进行连通。容器里的液面越高，读数就越小（R）。当液面达到最大高度时，压差计的读数为零。若把 U 形管压差计换成一个能够变换和传递压差读数的传感器，这种测量装置便能够与自动控制系统进行连接起来。

【例 1-2】水在图 1-5 所示的水平管内流动，在管壁 A 处连接一 U 形管压差计，指示液为汞，$\rho_{Hg} = 13600 kg/m^3$，U 形管开口右支管的汞面上注入一小段水(此小段水的压力可忽略不计)，当地大气压力 $p_0 = 101.33 kPa$，$\rho_{H_2O} = 1000 kg/m^3$，其他数据见图中标示(图中水银柱和水柱高度单位为 mm)，求 A 处的绝对压力。

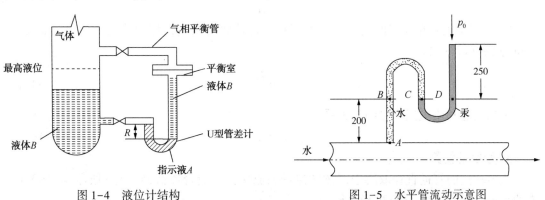

图 1-4　液位计结构　　　　　　图 1-5　水平管流动示意图

解：①取 U 形管中处于同一水平面上的 B、C、D 三点，根据等压面的判定条件可得

$$p_B = p_C, \quad p_C = p_D$$

于是可得
$$p_B = p_C = p_D$$
② 根据流体静力学基本方程可得
$$p_D = p_0 + \rho_{Hg}gR = p_0 + 0.25\rho_{Hg}g$$
$$p_A = p_B + \rho_{H_2O}gh = p_D + \rho_{H_2O}gh = p_0 + 0.25\rho_{Hg}g + 0.20\rho_{H_2O}g$$
于是 A 处的绝对压力
$$p_A = 101.330 \times 1000 + 0.25 \times 13600 \times 9.81 + 0.20 \times 1000 \times 9.81 = 136646Pa$$
$$= 136.646kPa$$

第二节　管内流体流动基本方程式

化工生产过程往往通过管路来输送流体，因此本节将重点介绍流体流动规律，核心内容是伯努利方程。

一、流量与流速

1. 流量

单位时间内流经管道任一截面的流体量，称为流量。根据表示方法不同，流量有体积流量和质量流量两种形式。

体积流量以 q_v 表示，单位为 m^3/s；质量流量以 q_m 表示，单位为 kg/s。

用式(1-9)表示两者之间的关系：
$$q_m = \rho q_v \tag{1-9}$$
式中　ρ——流体的密度，kg/m^3。

2. 流速

流体单位时间内在流动方向上所流经的距离称为流速。

① 平均流速：实际流体在管道截面上各点的流速差异较大，一般在管中心的流速最大，越靠近管壁面流速越小。在工程上为了方便计算，以流体的体积流量与管道横截面积的比值表示流体的平均流速，以 u 表示，单位为 m/s。
$$u = \frac{q_v}{A} \tag{1-10}$$

② 质量流速：单位时间内流体流经管路单位截面的质量，称为质量流速，以 ω 表示，单位为 $kg/(m^2 \cdot s)$。
$$\omega = \frac{q_m}{A} \tag{1-11(a)}$$

平均流速和质量流速之间的关系：
$$\omega = \rho u \tag{1-11(b)}$$

3. 管径的估算

流体输送的管道直径取决于流体的流量和流速，一般管道截面都是圆形，对于圆形管道的直径 d 可用式(1-12)进行估算。
$$d = \sqrt{\frac{4q_v}{\pi u}} \tag{1-12}$$

式(1-12)是设计管道或塔、器直径的最基本公式。流量 q_v 为生产任务规定，选择适宜的流速后就可用式(1-12)算出管子直径。流速选大时所需管的直径就小，这样可以节省管材，但流速大时，流体在管中流动的摩擦阻力大能量消耗多操作费用随之增加。因此，流速的高低与管径的大小构成了一对矛盾，适宜流速(u_{opt})由输送设备的操作费用和管子材料费、基建费等项的经济权衡及优化来决定的，如图1-6所示。表1-1列出的某些流体，在一定操作条件下适宜流速的范围。

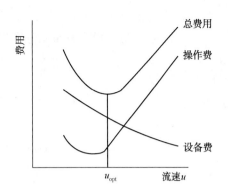

图1-6　最佳流体流速确定

表1-1　某些流体在一定操作条件下适宜流速的范围

流体的类别及情况	流速范围/(m/s)	流体的类别及情况	流速范围/(m/s)
自来水($3×10^5$Pa左右)	1.0~1.5	一般气体(常压)	10~20
水及低黏度液体($1×10^5$~$1×10^6$Pa)	0.5~1.0	鼓风机吸入管	10~15
高黏度液体	0.5~1.0	鼓风机排出管	15~20
工业供水($8×10^5$Pa以下)	1.5~3.0	离心泵吸入管(水一类液体)	1.5~2.0
锅炉供水($8×10^5$Pa以下)	>3.0	离心泵排出管(水一类液体)	2.5~3.0
饱和蒸汽	20~40	往复泵吸入管(水一类液体)	0.75~1.0
过热蒸汽	30~50	往复泵排出管(水一类液体)	1.0~2.0
蛇管、螺旋管内的冷却水	<1.0	液体自流速度(冷凝水等)	0.5
低压空气	12~15	真空操作下气体流速	<10
高压空气	15~25		

二、稳态流动与非稳态流动

流体在管路中流动时，如果在任一点上的流速、压力等有关物理参数都不随时间而改变，这种流动称为稳态流动。如果流动的流体中任一点上的物理参数随时间而改变，这种流动称为非稳态流动。在连续生产中，流体的流动情况大多为稳态流动，非稳态流动仅在某个设备开始运转或停止运转时发生。除有特别指明外，本章所讨论的都为稳态流动。

三、连续性方程式

如图1-7所示的连续定态流动系统中，在管路截面1-1′、2-2′，与管道内壁面构成的衡算范围内，流体流动遵循质量守恒定律，及单位时间内流入截面1-1′的流体质量等于流出截面2-2′质量。

$$q_{m,1} = q_{m,2} \qquad [1-13(a)]$$

得

$$u_1 A_1 \rho_1 = u_2 A_2 \rho_2 \qquad [1-13(b)]$$

对于不可压缩流体，ρ 为常数。

$$u_1 A_1 = u_2 A_2 = 常数 \qquad [1-13(c)]$$

式[1-13(b)]称为流体在管道中定态流动的连续性方程式。

由式[1-13(c)]可知，不可压缩流体在连续稳定的定态流动系统中，流体的流速与管路截面积成反比。

对于圆形管路，管路截面积分别用管道直径进行表示，化简得

$$\frac{u_2}{u_1} = \frac{d_2^2}{d_1^2}$$

[1-13(d)]

式中　u_1、u_2——截面 1-1′、2-2′的平均流速；

　　　d_1、d_2——截面 1-1′、2-2′的直径。

式[1-13(d)]说明不可压缩流体在圆形管路中的流速与管径平方成反比。

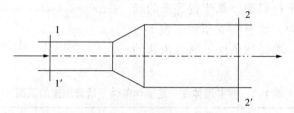

图 1-7　连续性方程的推导

四、伯努利方程式

伯努利方程式实质是能量守恒定律在流体力学上的一种表达式。

在图 1-8 的管路中流体由 1-1′截面进入，流动过程中流体输送机械对 1kg 流体所做的功为 W_e，同过换热器与外界交换的热量为 q_e，最后从 2-2′截面流出。在截面 1-1′、2-2′以及管路、输送机械、换热器的内壁面构成的衡算范围内，连续定态流体流动的能量遵循能量守恒定律，即单位时间输入该管路系统的能量等于该管路系统的能量。

输入的能量=输出的能量

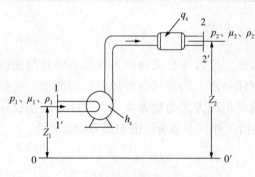

图 1-8　伯努利方程式推导示意图

下面对上述管路系统所设计的能量进行分析。

（1）热力学能

热力学能是由分子运动、分子间作用力以及分子振动等产生，储存于物质内部的能量。假设 1kg 流体与外界交换的热力学能为 ΔU，单位为 J/kg。

（2）势能

流体受重力作用在不同高度所具有的能量称为势能，在图 1-8 中以 0-0′作为基准面，1kg 的流体在管路的 1-1′、2-2′截面所具有的势能分别为 z_1g、z_2g，单位为 J/kg。

（3）动能

1kg 的流体所具有的动能为 $1/2u^2$（J/kg）。

（4）静压能

如图 1-9 所示为体积为 $V(\mathrm{m}^3)$、质量为 $m(\mathrm{kg})$ 的流体在横截面积为 A 管路中流动，假设流体流过的距离为 l，则

$$l = \frac{V}{A}$$

流体通过截面时受到上游的压力为 $p=pA$，$m(kg)$ 流体在上述压力作用下所做的功为

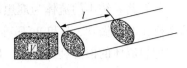

$$p \cdot l = pA \cdot \frac{V}{A} = pV$$

图 1-9　静压能的推导示意图

对 1kg 流体所做的功为 $pV/m=p/\rho$，单位为 J/kg。p/ρ 称为 1kg 流体所受到的静压能。

（5）有效功及能量损失

由于实际流体在流动过程中流体与管壁面、不同流速的流体层之间会消耗一小部分能量，因此为了完成流体输送任务需要流体输送机械对流体做功。

1kg 流体从流体输送机械所获得的能量为 W_e，而 1kg 流体在两截面之间的机械能损失为 h_f，单位均为 J/kg。

（6）热量

换热器向 1kg 流体提供的热量为 q_e，单位为 J/kg。因此根据能量守恒定律，整个管路系统的能量表达式为

$$\frac{1}{2}u_1^2+z_1g+\frac{p_1}{\rho}+W_e+\Delta U+q_e=\frac{1}{2}u_2^2+z_2g+\frac{p_2}{\rho}+h_f \qquad [1-14(a)]$$

式 [1-14(a)] 中流体所具有的能量形式包括两类：机械能和热力学能，其中动能、势能、静压能、有效功以及机械能损失属于机械能范畴，这些能量直接用于流体的输送，在流动过程中可以相互转化；热力学能和热量不能直接转化为机械能用于流体的输送。因此对于不可压缩流体的流动过程只考虑机械能的转化，将式 [1-14(a)] 简化成机械能的衡算式。

$$\frac{1}{2}u_1^2+z_1g+\frac{p_1}{\rho}+W_e=\frac{1}{2}u_2^2+z_2g+\frac{p_2}{\rho}+h_f \qquad [1-14(b)]$$

式 [1-14(b)] 的左边表示 1kg 流体输入管路的机械能以及有效功，右边为 1kg 流体输出管路的机械能以及机械能损失，各项的单位均为 J/kg。

将式 [1-14(b)] 两边同时除以重力加速度 g，得到式 [1-14(c)]，表示以单位质量流体为基准的伯努利方程式。

$$\frac{u_1^2}{2g}+z_1+\frac{p_1}{\rho g}+\frac{W_e}{g}=\frac{u_2^2}{2g}+z_2+\frac{p_2}{\rho g}+\frac{h_f}{g} \qquad [1-14(c)]$$

令　　　　　　　　$$H_e=\frac{W_e}{g} \qquad \sum H_f=\frac{h_f}{g}$$

整理得　　　　$$\frac{u_1^2}{2g}+z_1+\frac{p_1}{\rho g}+H_e=\frac{u_2^2}{2g}+z_2+\frac{p_2}{\rho g}+\frac{h_f}{g}+\sum H_f \qquad [1-14(d)]$$

式 [1-14(d)] 中将 $u_1^2/2g$ 称为动压头，z_1 为位压头，$p_1/\rho g$ 为静压头，H_e 为外加压头（也称扬程）$\sum H_f$ 为压头损失，单位均为 J/N 或 m。

式 [1-14(b)]～式 [1-14(d)] 均称为不可压缩流体做定态流动的伯努利方程式，对于气体流动过程，若 $(p_1-p_2)/p_2<20\%$ 时，也可用上述公式进行计算，但此时式中的流体密度应以平均密度 ρ_m 来代替，$\rho_m=(\rho_1+\rho_2)/2$。

若管路系统中的流体为理想流体，即在流动过程中没有摩擦阻力，因此也不需要流体输送机械对其做功，h_f 和 W_e 都等于 0。

理想流体的伯努利方程式，以单位质量为基准（1kg）表示为式［1-14（e）］，以单位质量为基准表示为式［1-14（f）］。

$$\frac{u_1^2}{2}+z_1g+\frac{p_1}{\rho}=\frac{u_2^2}{2}+z_2g+\frac{p_2}{\rho} \qquad ［1-14（e）］$$

$$\frac{u_1^2}{2g}+z_1+\frac{p_1}{\rho g}=\frac{u_2^2}{2}+z_2+\frac{p_2}{\rho g} \qquad ［1-14（f）］$$

第三节　流体在管内流动时的阻力

第二节的伯努利方程式中的能量损失部分包含流动阻力。有时候将流体当作理想流体来处理，使 $\sum h_f$ 为零。实际上，流体流动时流体和固体壁面之间以及流体内部产生流动阻力是不可忽略的。流体流动阻力还与流动状态，物体形状等有关。

本节主要讨论流动阻力产生的原因、管内速度分布、流体流型以及流动阻力的计算等。

一、牛顿黏性定律与流体黏度

1. 流体的黏性

流体在管内流动时，由实测知任一截面上各点流体流速并不相同，管子中心速度最大，越接近管壁速度就越小，在贴近管壁处速度为零。所以，流体在管内流动时，实际上被分割成无数极薄的一层套着一层的"流筒"，各层以不同速度向前流动。速度快的"流筒"对慢的起带动作用，而速度慢的"流筒"对快的起拉曳作用，"流筒"间的相互作用形成了流动阻力。因为它发生在流体内部，故称为内摩擦力。内摩擦力是流体黏性的表现，所以又称为黏滞力或黏性摩擦力。流体流动时由于要克服这种内摩擦力，从而消耗一部分机械能并转为热能而损失。

流体流动时产生内摩擦力的性质称为黏性。黏性的大小是决定流体流动快慢的重要参数。从桶底的管中把桶油放完比把一桶水放完所需要的时间多，原因是油的黏性比水的黏性大，导致流动时的内摩擦力即阻力大，从而流速小。

2. 牛顿黏性定律

假设图 1-10 中两平板间相邻流体层在垂直方向上的距离为 dy，下层流体的流速为 u，上层流体的流速为 $u+du$，流体层在垂直方向上的速度变化用速度梯度表示，即 du/dy。

实验证明，两流体层之间单位面积上所受到的内摩擦力与垂直于流动方向上的速度梯度 du/dy 成正比。

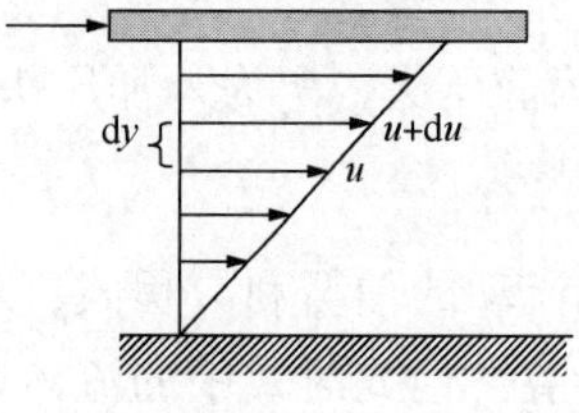

图 1-10　平板间流体层速度变化

$$\tau=\frac{f}{A}=\mu\frac{du}{dy} \qquad ［1-15（a）］$$

式［1-15（a）］称为牛顿黏性定律。式中，τ 为剪应力，单位为 N/m²；F 为内摩擦力或剪切力，单位为 N；du/dy 为法线方向上的速度梯度，单位为 1/s；μ 为比例系数，也称流体的黏性系数，简称黏度。

凡是在流动过程中形成的剪应力与速度梯度的关系完全服从牛顿黏性定律的流体称为牛顿型流体，如水、乙醇、空气等属于牛顿型流体；相反不服从牛顿黏性定律的流体称为非牛顿型流体，如高分子聚合物的浓溶液、悬浮液以及泥浆等属于非牛顿型流体。

3. 黏度

黏度是用来度量流体黏性大小的物理量。由式[1-15(a)]进行改写得

$$\mu = \frac{\tau}{\mathrm{d}u/\mathrm{d}y} \qquad\qquad [1-15(\mathrm{b})]$$

由式[1-15(b)]知，流体的速度梯度 $\mathrm{d}u/\mathrm{d}y = 1$ 时，流体的黏度在数值等于单位面积上的剪切力。

因此，流体的黏度越大，在流动时产生的内摩擦力越大，完成流体输送任务所消耗机械能就越多。

黏度的单位可由式[1-15(b)]进行推导

$$\mu = \frac{\tau}{\mathrm{d}u/\mathrm{d}y} = \frac{\mathrm{N} \cdot \mathrm{m}^{-2}}{\mathrm{m} \cdot \mathrm{s}^{-1}/\mathrm{m}} = \frac{\mathrm{N} \cdot \mathrm{s}}{\mathrm{m}^2} = \mathrm{Pa} \cdot \mathrm{s}$$

黏度值一般由实验测定，在某一温度下黏度可由相关的手册进行查找。另外黏度还有泊(P)和厘泊(cP)两个单位，各单位之间的关系为

$$1\mathrm{Pa} \cdot \mathrm{s} = 1\,\frac{\mathrm{N} \cdot \mathrm{s}}{\mathrm{m}^2} = 10\mathrm{P} = 10^3 \mathrm{cP}$$

温度对流体的黏度影响较大，液体的黏度随温度的升高而降低，气体的黏度则随温度的升高而增加。压力对液体黏度的影响可忽略不计，在压力不是极高或极低的条件下可认为气体黏度与压力无关。

二、流动类型与雷诺数

流体流动的内部结构涉及流动型态、流体在圆管内的速度分布和管壁面对流体影响形成的边界层等。流体流动状态和条件不仅影响流体的输送，而且还涉及流体的传热、传质过程。

1. 流动类型与雷诺数

如图1-11所示的雷诺实验装置，在水槽内装有溢流装置，以维持水位恒定，水槽底部接一根玻璃管，管出口处有阀门以调节能量。水槽上方的小瓶内装有有色液体，有色液体可经过细管流入玻璃管内。实验时有色液体通过细管末端水平流入管路的中央，从有色液的流动情况可以观察到圆形管道内水流中质点的运动情况。

当水的流速较小时有色液体沿管道轴线做直线运动，与相邻流体层的质点之间无宏观上的混合，如图1-12(a)所示，这种流动状态称为层流或滞流；当水的流速继续加大，有色液体在沿管径方向上产生了扰动，即相邻流体层的质点之间产生相互混合，流体呈折线状态流动，如图1-12(b)所示；继续加大水的流速，有色液体刚出细管口即与水均匀混合，管内水的颜色一致，如图1-12(c)所示，说明流体的流动状态已经发生了很大变化，称为湍流或紊流。而图1-12(b)所示的流动状态处于层流向湍流进行过渡的不稳定状态，称为过渡流。

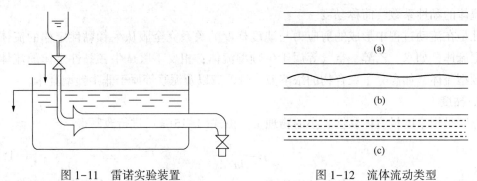

图 1-11　雷诺实验装置　　　　　　　图 1-12　流体流动类型

通过大量的实验研究发现，圆形管内流体的流动形态除了与流速有关外，还与管径（d）、流体的密度（ρ）以及黏度（μ）有关，雷诺将这些影响因素归纳成一个量纲为 1 的数群来判定流型，该数群称为雷诺数，用 Re 表示。

$$Re = \frac{du\rho}{\mu} \tag{1-16}$$

雷诺数是一个无因次的量。根据大量的实验可知，$Re \leqslant 2000$ 时，流动类型为层流；$Re \geqslant 4000$ 时，流动类型为湍流；$2000 < Re < 4000$ 时，流动类型不稳定，可能是层流，也可能是湍流，与外界条件有关。例如，截面突然改变、障碍物的存在、外来的轻微震动等，都易促成湍流的发生，这一范围称为过渡区。

【例 1-3】质量流量为 16200kg/h 的 25%氯化钠（NaCl）水溶液在 $\phi50\times3$mm 的钢管中流过。已知水溶液的密度为 1186kg/m³，黏度为 2.3×10⁻³Pa·s。试判断该水溶液的流动类型。

解：算出 Re 后即可判断流动类型：

$$u = \frac{qv}{A} = \frac{q_m}{\rho\,\frac{\pi d^2}{4}} = \frac{\dfrac{16200}{3600}}{1186 \times \dfrac{\pi \times 0.044^2}{4}} = 2.495 \approx 2.5\,(\text{m/s})$$

$$Re = \frac{du\rho}{\mu} = \frac{0.044 \times 2.5 \times 1186}{2.3 \times 10^{-3}} = 56722 > 4000$$

因此流型为湍流。

2. 流体在圆管内的速度分布

无论是层流还是湍流流体在管内流过时各截面上任意点的速度随该点与管中心的距离而变化这种变化关系称为速度分布。一般在固体壁面处质点速度为零，向管中心逐渐加大，到管中心处速度最大。层流时流体沿着与管路轴线平行的方向做直线运动，流体质点间没有干扰和碰撞，是一种很有规律的分层流动；流体做湍流流动时，流体质点在管路径向产生随机的脉动，相互之间剧烈碰撞和混合，使流体内部任一位置流体质点的速度大小和方向随时发生改变。因此层流和湍流在圆管中的速度分布有较大差异。

理论及实验结果证明，流体在圆形管道中做层流流动时任一截面的速度分布呈抛物线形，由于管道中心距离管壁最远，对速度的影响最小，因此管中心线附近流速最大，而管道壁面处的流体速度为零。层流时各点速度的平均值等于管中心处最大速度的一半，即 $u = 1/2 = u_{max}$，如图 1-13 所示。

湍流时流体质点运动的速度分布一般由实验测得，速度分布比较均匀，如图 1-14 所示，曲线前缘较为平坦，在靠近壁面处比较陡峭，$u = 0.8u_{max}$。

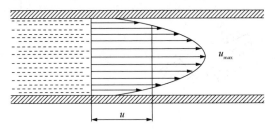

图 1-13　圆管中层流的速度分布

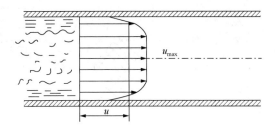

图 1-14　圆管中湍流的速度分布

无论流体以哪种方式进行流动，紧贴管壁面附近总有一层流体的速度为零。实际流体由于受到管壁面的影响，在邻近管壁处的流体层流速不大，仍然保持一层以层流流动的流体薄层，该层流体称为层流底层或层流内层，如图 1-15 所示。随流体湍动程度的增加，层流底层的厚度会逐渐减薄，但始终存在。层流底层不仅影响流体流动，而且对传热和传质过程也会产生重要影响。

3. 边界层概念

如图 1-16 所示，流体以流速 u_∞ 流经壁面时，紧贴壁面处的流速为零，由于流体的黏性作用，在垂直于流动方向的截面上出现速度分布，并随离开壁面前缘距离的增加，流速受影响的区域也相应增加。将流体层流速 $u \leqslant 0.99u_\infty$ 的区域定义为流体边界层。边界层以外的区域可以认为流速不受壁面的影响，因此流速不变。边界层的厚度用 δ 表示。

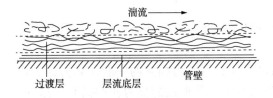

图 1-15　流体湍流流动时的层流底层

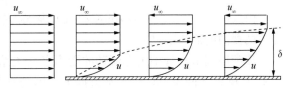

图 1-16　流体流过平板的边界层

边界层内的流体流型，可分为层流边界层和湍流边界层，在湍流边界层中靠近壁面处仍然存在一层层流底层，如图 1-17 所示。

在圆形管道中流体从管口开始即形成边界层，边界层随流体流动逐渐向管中心线扩展，假设经过长度 x_0 后边界层在管中心线汇合，此后圆管内的流体速度分布不再变化，边界层的厚度即为管道半径，这种现象称为流体边界层的充分发展，如图 1-18 所示。

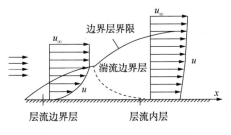

图 1-17　边界层内的流体流型

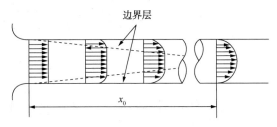

图 1-18　圆管中流体边界层的充分发展

流体流过球体或圆柱体等曲面时，会发生流体边界层与曲面脱离的情况，形成大量的旋涡，加剧流体质点之间的相互碰撞使流体的机械能产生损失，这种流体边界层与固体壁面脱离的现象称为分离，如图1-19所示。

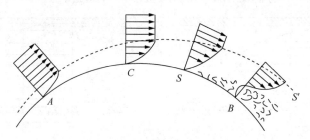

图1-19　流体边界层的分离

在管内流动流体的阻力损失分为直管阻力损失及局部阻力损失，两者之和为流体流动的总阻力损失。

三、流体在直管中的流动阻力

在水平放置圆形等管径的直管中流体做定态流动，取截面1-1′和2-2′间列伯努利方程：

$$\frac{1}{2}u_1^2+z_1g+\frac{p_1}{\rho}+W_e=\frac{1}{2}u_2^2+z_2g+\frac{p_2}{\rho}+h_1$$

由于$u_1=u_2$，$z_1=z_2$，$w_e=0$上式可简化为

$$h_1=\frac{p_2-p_1}{\rho} \tag{1-17}$$

由式(1-17)可知，流体的流动阻力表现为静压能的减少，在上述条件下流动阻力恰好等于两截面的静压能之差。

现利用圆形直管中定态流动的受力平衡关系来推导直管阻力损失的一般计算公式。截面1-1′和2-2′间流体柱在水平方向上，因受到两截面压力差形成的推力作用而向前运动，同时还受到管壁面对流体柱的摩擦阻力，如图1-20所示。流体柱在水平方向上受力平衡，即合力为零。

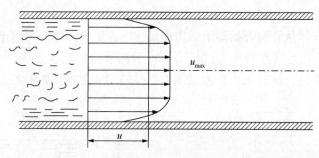

图1-20　圆形直管阻力损失推导示意图

由于压力差产生的推动力　　　$(p_1-p_2)\cdot A=(p_1-p_2)\frac{\pi d^2}{4}$

管壁对流体柱的内摩擦力　　　$P=\tau S=\tau\pi dl$

定态流动时　　　$(p_1-p_2)\frac{\pi d^2}{4}=\tau\pi dl$

将式(1-17)代入式，化简得

$$h_f = \frac{4l}{d\rho}\tau$$

$$h_f = \frac{8\tau}{\rho\, u^2} \cdot \frac{l}{d} \cdot \frac{u^2}{2}$$

令

$$\lambda = \frac{8\tau}{\rho\, u^2}$$

则

$$h_f = \lambda \cdot \frac{l}{d} \cdot \frac{u^2}{2} \tag{1-18}$$

式(1-18)即为计算直管阻力损失的通式，称为范宁(Fanning)公式，式中 λ 称为摩擦系数，它与流体的湍动程度(Re)以及管壁的粗糙度(ε)有关，可通过实验进行测定，也可由相应关联式计算得到。需要指出，范宁公式是在管道水平安装的条件下推导得到的，它同样适用于管道垂直、倾斜安装的情况，流体层流以及湍流均可。

1. 层流时的摩擦系数

流体做层流流动即 $Re<2000$ 时，边界层的厚度较大，管壁粗糙的表面浸没在边界层中，使得摩擦系数与管壁的粗糙度无关，而仅为 Re 的函数。

$$\lambda = \frac{64}{Re}$$

层流流动时阻力与速度的一次方成正比。

2. 湍流时的摩擦系数

由于湍流比层流的情况要复杂得多，目前还无法用理论分析的方法来建立湍流摩擦系数计算公式，所以通常采用因次分析和实验来确定计算摩擦系数 λ 的关联式。

因次分析法是化学工程实验中广泛采用的方法之一，其理论基础是因次一致性，即每一个物理方程式的两边不仅数值相等，而且每一项都应具有相同的因次。

因次分析法的基本定理是白金汉(Buckingham)定理，也称为 π 定理：设影响某一物理现象的独立变量数为 n 个，这些变量的基本因次数为 m 个，则该物理现象可用 $N=n-m$ 个独立的无因次数群表示。

根据摩擦损失的分析及有关实验研究得知，湍流时压力损失 Δp 的影响因素包括：流体性质 ρ、μ；流动的几何尺寸 d、l、ε(管壁粗糙度)；流动条件 μ。

用函数关系表示为

$$\Delta p = f(\rho, \ \mu, \ d, \ l, \ \varepsilon, \ u)$$

根据 π 定理，该过程可用 4 个无因次数群表示，经无因次化处理

$$\frac{\Delta p}{\rho\, u^2} = \varphi\left(\frac{du\rho}{\mu}, \ \frac{l}{d}, \ \frac{\varepsilon}{d}\right) \qquad [1-19(a)]$$

式 $[1-19(a)]$ 中，$Eu = \Delta p/\rho\, u^2$ 为欧拉(Euler)数，表示压力降与惯性力的比值；$Re = du\rho/\mu$ 为雷诺数，表示惯性力与黏性力之比，反映流体的流动状态和湍动程度；ε 为绝对粗糙度，表示管壁粗糙面凸出部分的平均高度；ε/d 为相对粗糙度。

(1) λ 与 Re、ε/d 的关联图

根据实验可知，流体流动阻力与管长成正比，可将式 $[2-19(a)]$ 表示为

$$\frac{\Delta p}{\rho\, u^2} = \frac{l}{d}\varphi\left(\frac{du\rho}{\mu}, \ \frac{\varepsilon}{d}\right) = \frac{l}{d}\varphi\left(Re, \ \frac{\varepsilon}{d}\right) \qquad [1-19(b)]$$

将式(2-17)代入式[2-19(b)]，整理得

$$h_f = \frac{\Delta p}{\rho} = \frac{l}{d} \varphi \left(Re, \ \frac{\varepsilon}{d} \right) u^2 \qquad [1\text{-}19(\text{c})]$$

对比式(2-18)，湍流流动时

$$\lambda = \varphi \left(Re, \ \frac{\varepsilon}{d} \right) \qquad [1\text{-}19(\text{d})]$$

摩擦系数 λ 与 Re、ε/d 的函数关系由实验确定。通常将层流湍流两种流型摩擦系数的函数关系绘制在同一坐标系中(图 1-21)。根据雷诺数的范围可将其分为 4 个区域：

① 层流区。$Re<2000$ 时，λ 与 ε/d 关，与 Re 呈直线关系，即 $\lambda = 64/Re$。h_f 与 u 的一次方成正比。

② 过渡区。当 $2000 \leqslant Re \leqslant 4000$ 时，流体流型不稳定，工程上一般按湍流进行处理，即用湍流曲线反向延伸至过渡区来查 λ。

③ 湍流区。$Re>4000$ 时，流体流动进入湍流区，在光滑管线与虚线之间的区域 λ 与 Re 和 ε/d 均有关系。Re 一定时随的增大而增大；当管路一定时即 ε/d 不变，λ 随 Re 增大而减小。

④ 完全湍流区。虚线以上的区域属于完全湍流区，曲线与横坐标 Re 趋近平行，即 λ 与 Re 无关，仅与 ε/d 有关。在完全湍流区流体的摩擦阻力损失 h_f 与流速的平方 u^2 成正比，因此该区域又称阻力平方区。

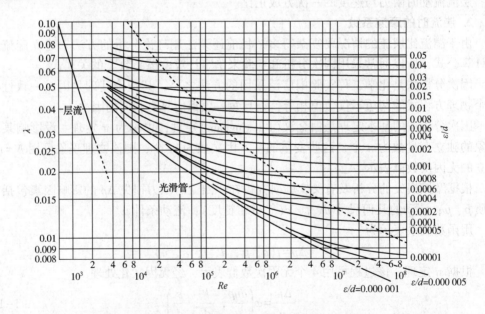

图 1-21　摩擦系数 λ 与雷诺数 Re 及相对粗糙度 $\dfrac{\varepsilon}{d}$ 的关系

(2) λ 与 Re 及 ε/d 的关联式

根据式[1-19(d)]的函数关系，对湍流的摩擦系数实验数据进行关联，可得到计算 λ 的经验关联式。

对于光滑管，当 $Re=3\times10^3 \sim 1\times10^5$ 时，λ 可采用柏拉修斯(Blasius)关联式进行计算。

$$\lambda = \frac{0.3164}{Re^{0.25}} \qquad [1-20(a)]$$

考莱布鲁克(Colebrook)关联式对湍流区的光滑管、粗糙管都适用。

$$\frac{1}{\sqrt{\lambda}} = 1.74 - 2\lg\left(2\frac{\varepsilon}{d} + \frac{18.7}{Re\sqrt{\lambda}}\right) \qquad [1-20(b)]$$

粗糙管在完全湍流区的 λ 可按尼古拉兹(Nikuradse)关联式进行计算。

$$\lambda = \left(1.74 + 2\lg\frac{d}{2s}\right)^{-2} \qquad [1-20(c)]$$

四、管路上的局部阻力

流体通过管路上的管件和阀门时,流道大小或方向的改变会产生涡流,湍动程度增加,使摩擦阻力损失增大,这种摩擦阻力损失称为局部摩擦阻力损失。

局部摩擦阻力损失有两种计算方法:局部阻力系数法和当量长度法。

1. 局部阻力系数法

将局部阻力损失表示为动能 $u^2/2$ 的倍数。

$$h_f = \xi \cdot \frac{u^2}{2} \qquad [1-21(a)]$$

式中 ξ——局部阻力系数,由实验测定。常用管件和阀门的局部阻力系数见表1-2。

表1-2 常用管件和阀门的局部阻力系数与当量长度

名称	局部阻力系数 ξ	当量长度与管径之比 $\dfrac{l_e}{d}$
弯头,45°	0.35	17
弯头,90°	0.75	35
三通	1	50
回弯头	1.5	75
管接头	0.04	2
活接头	0.04	2
止逆阀,球式	70	3500
止逆阀,摇板式	2	100
闸阀,全开	0.17	9
闸阀,半开	4.5	255
截止阀,全开	6.0	300
截止阀,半开	9.5	475
角阀,全开	2	100
水表,盘式	7	350

2. 当量长度法

将流体流过管件和阀门所产生的局部阻力,近似折算成流体流经等直径管长 l_e 的直管所产生的阻力。

$$h_f = \lambda \cdot \frac{l_e}{d} \cdot \frac{u^2}{2} \qquad\qquad [1-21(b)]$$

式中 l_e——当量长度，常用管件和阀门的当量长度见表1-2。

五、管路系统中的总能量损失

管路中总摩擦阻力损失（总机械能损失）等于直管阻力损失和局部阻力损失之和，即

$$\sum h_f = \left(\lambda \frac{\sum l_e + l}{d} + \sum \xi \right) \frac{u^2}{2} \qquad\qquad [1-21(c)]$$

式中 $\sum h_f$、$\sum \xi$——各局部阻力的当量长度、局部阻力系数的总和。

【例1-4】 黏度为 $0.075\text{Pa}\cdot\text{s}$，密度为 900kg/m^3 的某种油品，以 36000kg/h 的流量在 $\phi114\times4.5\text{mm}$ 的钢管中做定态流动。①求该油品流过 15m 管长时因摩擦阻力而引起的压力降 Δp_f；②若流量加大为原来的 3 倍，其他条件不变，求直管阻力 h_f，并与①的结果进行比较。取钢管壁面绝对粗糙度为 0.15mm。

解： ①求 Δp_f，必须先求 Re，确定流型后才能选用计算公式。

求 u 及 Re：

$$u = \frac{q_V}{A} = \frac{q_m}{\rho \frac{\pi d^2}{4}} = \frac{\frac{36000}{3600}}{900 \times \frac{\pi\, 0.105^2}{4}} = 1.28\text{m/s}$$

$$Re = \frac{du\rho}{\mu} = \frac{0.105 \times 1.284 \times 900}{0.075} = 1617.8 < 2000 \quad 属层流$$

求 λ、h_f 及 Δp_f：

$$\lambda = \frac{64}{Re} = \frac{64}{1617.8} = 0.03956$$

$$h_f = \lambda \cdot \frac{l}{d} \cdot \frac{u^2}{2} = 0.03956 \times \frac{15}{0.105} \times \frac{1.284^2}{2} = 4.659\text{J/kg}$$

② 流量加大为原来的 3 倍而其他条件不变，则

$$u = 3 \times 1.284 = 3.852\text{m/s}$$

$$Re = 3 \times 1617.8 = 4835.4 > 4000 \quad 属湍流$$

据 Re 及 ε/d 查图 1-21 求 λ，相对粗糙度 $\varepsilon/d = 0.15 \times 10^{-13}$ 及 $Re = 4853.4$。查出 $\lambda = 0.0215$，则

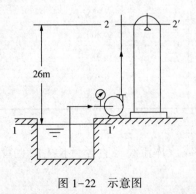

图 1-22 示意图

$$h_f = \lambda \cdot \frac{l}{d} \cdot \frac{u^2}{2} = 0.0215 \times \frac{15}{0.105} \times \frac{3.852^2}{2} = 22.79\text{J/kg}$$

② 阻力与①的结果比值 $22.79/4.659 = 4.892$。说明对黏度大的流体，不应选大的流速。

【例1-5】 用泵将出水池中常温的水送至吸收塔顶部，水面维持恒定，各部分相对位置如图 1-22 所示。输水管为 $\phi76\times3\text{mm}$ 钢管，排水管出口与喷头连接处的压力为 $6.15\times10^4\text{Pa}$（表压），送水量为 $34.5\text{m}^3/\text{h}$，水流经全部管道（不包括喷头）的能量损失为 160J/kg。水的密度取

$1000kg/m^3$，求此管路系统输送水所需的外加机械能。

解： 先求出 u

$$u = \frac{q_v}{A} = \frac{q_v}{\frac{\pi d^2}{4}} = \frac{\frac{34.5}{3600}}{\frac{\pi \times 0.07^2}{4}} = 2.49(\text{m/s})$$

取水池液面为 1—1′ 截面，且定为基准水平面，取排水管出口与喷头连接处为 2—2′ 截面，如图 1-22 所示。在两截面间列出伯努利方程：

$$\frac{1}{2}u_2^2 + z_1 g + \frac{p_1}{\rho} + W_e = \frac{1}{2}u_2^2 + z_1 g + \frac{p_1}{\rho} + \frac{p_2}{\rho} + \sum h_f$$

各量确定如下：$z_1 = 0$，$z_2 = 26m$，$u_1 \approx 0$，$u_2 \approx u = 2.49m/s$，$p_{1\text{表}} = 0$，$p_{2\text{表}} = 6.15 \times 10^4 Pa$，$\sum h_f = 160J/kg$。

将已知量代入伯努利方程式，可求出 W_e：

$$W_e = \frac{1}{2}u_2^2 + z_2 g + \frac{p_{2\text{表}}}{\rho} + \sum h_f = \frac{2.49^2}{2} + 26 \times 9.81 + \frac{6.15 \times 10^5}{1000} + 160 = 479.7J/kg$$

第四节 流量测量

流量（流速）是化工生产中流体输送以及相关机械能计算的重要物理量，本节将对几种常用测量仪器的原理、构造及应用等进行介绍。

一、测速管

测速管又称皮托管，可用于测量管内流体的点速度，其结构如图 1-23 所示。水平放置在管道中的部分是由内管和外管构成的同心套管结构，内管端部开口，正对流体流动方向，并与下端的 U 形管的左边相通；外管的端部完全封闭，在近管端处的管壁上开小孔，外管与 U 形管的右边相通。点 1 处流体所具有的静压能和动能在进入内管后（点 2）完全转化为静压能，流体通过外管壁上的小孔进入外管，由于测速管严格平行于流体流动方向安装，外管内流体的静压能与测压点处流体静压能相等。当测速管 U 形压差计的指示液处于稳定状态时，即可根据指示液的读数采用伯努利方程推出测速点处的流体流速公式。

$$u_1 = \sqrt{\frac{2R(\rho_0 - \rho)g}{\rho}} \tag{1-22}$$

式中 ρ_0——U 形压差计指示剂的密度，kg/m^3；

ρ——被测量流体的密度，kg/m^3；

R——U 形压差计指示剂读数，m。

二、孔板流量计

孔板流量计是一个带有圆孔的金属板，安装在管道中时要求圆孔的中心线与管道的中线一致，如图 1-24 所示。

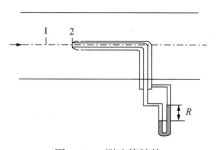

图 1-23 测速管结构

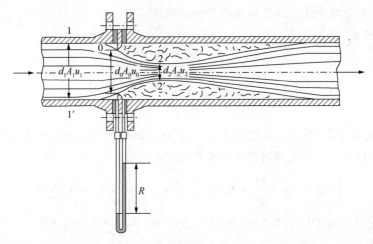

图 1-24　孔板流量计结构

流体由安装点的上游截面 1–1′流过孔口时，由于流体惯性作用流道在下游截面 2–2′处减至最小，然后流体再逐渐扩展至整个管道截面。流体流动截面最小处称为缩脉。流体流经孔板前后由于流道的改变引起静压能的变化，截面处的压力变化通过 U 形压差计的读数进行指示，经换算得出管内流体的流量。

在截面 1–1′和缩脉 2–2′之间列伯努利方程，忽略阻力损失：

$$\frac{u_1^2}{2}+\frac{p_1}{\rho}=\frac{u_2^2}{2}+\frac{p_2}{\rho} \qquad [1-23(a)]$$

根据连续性方程
$$u_1=u_2\frac{d_2^2}{d_1^2}$$

将上式代入式[1–23(a)]整理得

$$u_2=\frac{1}{\sqrt{1-\left(\dfrac{d_2}{d_1}\right)^4}}\sqrt{\frac{2(p_1-p_2)}{\rho}} \qquad [1-23(b)]$$

式[1–23(b)]中缩脉 2–2′处流体的截面积难以确定，一般用孔口的截面积来代替，由于两截面之间面积的实际差、流体经过孔板时产生的阻力损失以及 U 形压差计的测压位置与所选截面的差异，引入校正系数 C，即

$$u_0=C_{u_2}\frac{C}{\sqrt{1-\left(\dfrac{d_2}{d_1}\right)^4}}\sqrt{\frac{2(p_1-p_2)}{\rho}}=C_0\sqrt{\frac{2(p_1-p_2)}{\rho}}=C_0\sqrt{\frac{2R(\rho_0-\rho)g}{\rho}} \qquad [1-23(c)]$$

式中　$C_0=\dfrac{C}{\sqrt{1-\left(\dfrac{d_2}{d_1}\right)^4}}$——流量系数，由实验测定；

ρ_0——U 形管差计指示剂的密度，kg/m^3；

ρ——被测量流体的密度，kg/m^3；

R——U 形压差计指示剂读数，m。

流量系数 C_0 主要取决于管内流体的湍动程度 Re 以及 A_0/A_1，当 Re 超过某一界限值后，

C_0将不再随 Re 而变化，成为一个仅取决于A_0/A_1的常数，如图 1-25 所示。孔板流量计所测流量范围最好在 C_0 为定值的区域内，通常 C_0 在 0.6~0.7 取值。

孔板流量计结构简单、易于制造且安装方便，但安装时孔板前后要各有一段稳定段，上游至少为管径的 10 倍，下游至少为管径的 5 倍。流体通过孔板时的阻力损失较大是孔板流量计的主要缺点。

三、转子流量计

如图 1-26 所示，转子流量计由一个内截面从下向上逐渐增大的锥形玻璃管以及自由浮动的转子构成。转子流量计须垂直安装在流道上，流体由下端进入，从上端流出。在测量过程中当转子处于静止状态时，说明转子由于受到来自转子下端面与上端面产生的压力与转子重力和浮力的差值相等而处于平衡状态。当管内流体的流量增大时，流体通过转子与玻璃管之间环隙的流速增加，转子受到的下端面和上端面的压力差随之增加，所以转子受力不平衡而上浮，在转子上浮过程中环隙逐渐增大导致转子两端面的压力差减小；当转子在垂直方向上的受力再次平衡时，转子就静止在玻璃管的某一高度，流体的流量通过玻璃管上的刻度即可读出。

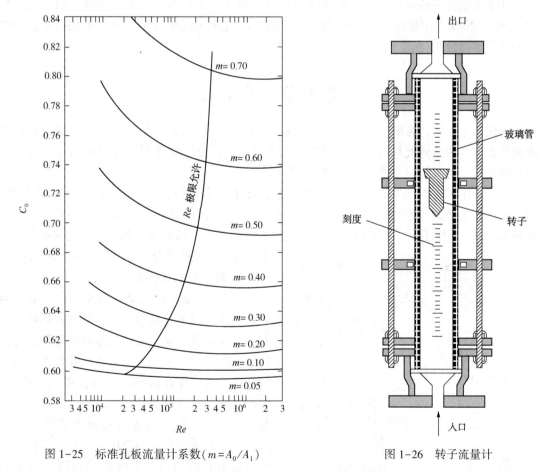

图 1-25　标准孔板流量计系数($m=A_0/A_1$)　　　　图 1-26　转子流量计

转子在一定的流量下处于平衡状态，则其受到垂直向上的压力与重力和浮力之差相等，受力方程为

$$\Delta p A_f = V_f(\rho_f - \rho)g \qquad [1-24(a)]$$

式中　Δp——转子下端面和上端面的压力差，Pa；

A_f——转子最大直径处的截面积，m^2；

V_f——转子体积，m^3；

ρ_f——转子的密度，kg/m^3；

ρ——流体密度，kg/m^3。

当转子处于某一平衡位置时，转子所受到的压力差恒定而且转子与玻璃管间的环隙面积也不变，因此转子流量计的测量原理与孔板流量计基本相同，可仿照孔板流量计的流量公式写出转子流量计流量计算式：

$$q_v = C_R A_R \sqrt{\frac{2V_f(\rho_f - \rho)g}{A_f \rho}} \qquad [1-24(b)]$$

式中　q_v——体积流量，m^3/s；

C_R——转子流量计的系数，无因次，与 Re 及转子形状有关，由实验测定；

A_R——环隙的截面积，m^2。

转子流量计必须垂直安装，而且应安装在支路以利于检修。转子流量计在出厂时是用293K 水或 293K、101.3kPa 的空气进行标定的，当被测量流体与标定条件不相符时，应对其刻度值加以校正。

第五节　离心泵

在化工生产中，常需要将流体从低处输送到高处，或从低压送至高压，或沿管道送至较远的地方。为达到此目的，必须对流体加入外功，以克服流体阻力及补充输送流体时所不足的能量。为流体提供能量的机械称为流体输送机械。

由于液体和气体的性质不同，所需的输送机械也不同。根据工作原理通常将其分为四类，即离心式、往复式、旋转式及流体动力作用式。离心泵具有结构简单、流量大且均匀、操作方便等优点，在化工生产中的使用最为广泛。本节重点介绍离心泵工作原理、主要部件、性能参数、特征曲线及其影响因素和安装高度。

1. 离心泵的工作原理

图 1-27 是一台安装在管路中的离心泵装置示意图，当离心泵启动后，泵轴带动叶轮一起做高速旋转运动，液体也随着叶轮做高速旋转，在离心力的作用下，液体从叶轮中心被抛向叶轮外周。在此过程中，液体静压能增高，流速增大，并获得能量。当液体离开叶轮进入泵壳后，由于泵壳内流道截面逐渐扩大而减速，大部分动能转化为静压能，最终以较高的压力沿泵壳的切向从泵的排出口进入排出管路，输送到所需场所。

当泵内液体被叶轮从叶轮中心抛向叶轮外

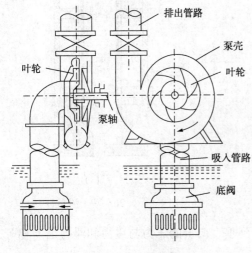

图 1-27　离心泵

缘时，在叶轮中心处形成低压区，当液体储槽上方的压力大于泵入口处的压力时，液体就在这个静压差作用下，沿着吸入管连续不断地进入叶轮中心，以填补液体排出后留下的空间，完成离心泵的吸液过程。这样，只要叶轮不停地旋转，液体就源源不断地被吸入和排出。

离心泵若在启动前未充满液体，则泵壳内存在空气。空气密度比液体密度小得多，所产生的离心力也很小。因而在吸入口处的真空度很小，此时，在吸入口处所形成的真空不足以将液体吸入泵内。虽启动离心泵，但不能输送液体。这种现象称为气缚，表示离心泵无自吸能力。为此，在吸入管底部安装带吸滤网的底阀，底阀为止逆阀，滤网是为了防止固体物质进入泵内、损坏叶片等。

2. 离心泵的主要部件

离心泵的主要部件包括叶轮、泵壳和轴封装置等。

（1）叶轮

叶轮是离心泵的关键部件，其作用是将原动机的机械能传给液体，使通过离心泵的液体静压能和动能均有所提高。叶轮由 6~8 片后弯叶片组成。

按其机械结构可分为闭式、半闭式和开式三种，如图 1-28 所示。开式叶轮仅有叶片和轮毂，两侧均无盖板，具有结构简单、清洗方便等优点；半闭式叶轮，没有前盖板而有后盖板；以上两种叶轮适用于输送含有固体颗粒的悬浮液，但泵的效率低。闭式叶轮两侧分别有前、后盖板，流道是封闭的，这种叶轮液体流动摩擦阻力损失小，适用于高扬程、洁净液体的输送。

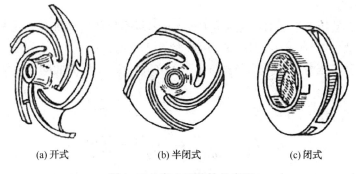

(a) 开式　　　　　　(b) 半闭式　　　　　　(c) 闭式

图 1-28　离心泵叶轮的类型

叶轮按吸液方式可分为单吸式与双吸式两种，如图 1-29 所示。单吸式叶轮结构简单，液体只能从一侧吸入。双吸式叶轮可同时从叶轮两侧对称地吸入液体，不仅具有较大的吸液能力，而且基本消除了轴向推力。

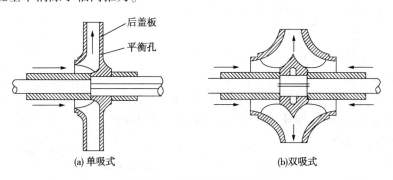

(a) 单吸式　　　　　　　　　　(b) 双吸式

图 1-29　离心泵叶轮的类型

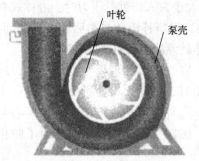

图 1-30 离心泵泵壳示意图

（2）泵壳

离心泵的外壳是一个截面逐渐扩大的状似蜗牛壳形的通道，如图 1-30 所示。叶轮在蜗壳内顺着蜗形通道逐渐扩大的方向旋转，越接近液体出口，通道截面积越大。因此，液体从叶轮外缘以高速被抛出后，沿泵壳的蜗牛形通道向排出口流动，流速逐渐降低，减少能量损失，大部分动能有效地转变为静压能。泵壳不仅作为一个汇集和导出液体的通道，同时其本身还是一个转能装置。

（3）轴封装置

泵轴与泵壳之间的密封称为轴封。作用是避免泵内高压液体沿间隙漏出，或防止外界空气从相反方向进入泵内。离心泵的轴封装置有填料函和机械密封。机械密封适用于密封要求较高的场合，如输送酸、碱、易燃、易爆及有毒的液体。

3. 离心泵的主要性能参数

在选泵和进行流量调节时需要了解泵的性能及其之间的相互关系。离心泵的主要性能参数有流量、压头、效率、功率等。

（1）流量

离心泵的流量是指单位时间内排到管路系统的液体体积，一般用 Q 表示，常用单位为 L/s、m^3/s 或 m^3/h 等。离心泵的流量与泵的结构、尺寸和转速有关。

（2）压头（扬程）

离心泵的压头是指离心泵对单位质量（1N）液体所提供的有效能量，也称为扬程，一般用 H 表示，单位为 J/N 或 m 泵的压头可用实验方法测定，如图 1-31 所示。在泵的进出口处分别安装真空表和压力表，在真空表与压力表之间的 b、c 两界面间列伯努利方程式，即

$$\frac{p_b}{\rho g} + \frac{u_b^2}{2g} + H = h_0 + \frac{p_c}{\rho g} + \frac{u_c^2}{2g} + \sum H_f$$

$$H = h_0 + \frac{p_c - p_b}{\rho g} + \frac{u_c^2 - u_b^2}{2g} + \sum H_f$$

由于 b、c 两截面之间管路很短，其压头损失可忽略不计，即 $\sum H_f = 0$。若泵的吸入管和压出管内径相同，则 $u_c^2 = u_b^2 = 0$ 所以上式可写为

$$H = h_0 + \frac{p_c - p_b}{\rho g} \tag{1-25}$$

式中　h_0——压力表与真空表的垂直距离，m；

　　　p_b——真空表读数，Pa；

　　　p_c——压力表读数，Pa。

（3）功率和效率

功率是指单位时间内所做的功，单位为 J/s 或 W。泵的功率分为有效功率和轴功率。有效功率是指液体在单位时间内从叶轮获得的能量，以 P_e 表示。

$$P_e = \rho g H q_v \tag{1-26(a)}$$

式中　q_v——泵的体积流量，m^3/s；

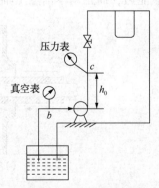

图 1-31 压头的测定

H——泵的扬程，m；

ρ——输送液体的密度，kg/m^3。

泵的轴功率是指电机输入泵轴的功率，单位为 W 或 kW。以 P 表示，则有

$$P = \frac{P_e}{\eta} \qquad [1-26(\,b\,)]$$

离心泵在实际运转中存在各种能量损失，致使泵的实际(有效)压头和流量均低于理论值，而输入泵的功率比理论值要高。反映能量损失大小的参数称为效率，为有效功率和轴功率的比值。

$$\eta = \frac{P_e}{P} \qquad [1-26(\,c\,)]$$

离心泵的能量损失包括以下三项：

容积损失 η_v： 由泵的泄漏所造成。即离开叶轮的高压液体，从吸入口与泵壳间的间隙回流到吸入口；液体由轴套处流出外界。因此泵所排出的液体量小于泵的吸入量。

水力损失 η_h： 由液体在泵内流动时的摩擦阻力和局部阻力所引起的能量损失

机械损失 η_m： 泵运转时，与轴承、轴封等机械部件的机械摩擦。

泵的总效率反映了上述三种损失之总和，即

$$\eta = \eta_v + \eta_h + \eta_m \qquad [1-26(\,d\,)]$$

4. 离心泵的特性曲线

离心泵的扬程 H、轴功率 P、效率 η 与流量 q_v 之间的关系曲线称为离心泵的特性曲线，如图 1-32 所示。由于泵的特性曲线随泵转速而改变，因此其数值通常是在额定转速和标准实验条件下测得的。

（1）扬程-流量曲线

表示泵的流量 q_v 和扬程 H 的关系曲线称为扬程曲线。一般扬程 H 随流量 q_v 增大而减小（在流量极小时可能有例外）。不同型号的离心泵，H-q_v 曲线的形状有所不同。

（2）功率-流量曲线

表示泵的流量 q_v 和轴功率 P 的关系曲线称为功率曲线。轴功率 P 随流量 q_v 的增大而增大，流量为零时，轴功率最小。因此，启动离心泵时，为了减小启动功率，应将泵出口阀关闭。

（3）效率-流量曲线

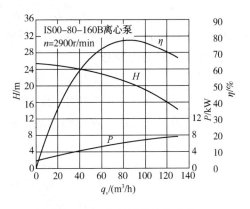

图 1-32 离心泵的特性曲线

表示泵的流量 q_v 和效率 η 的关系曲线称为效率曲线。开始效率 η 随流量 q_v 的增大而增大，达到最大值后，又随流量的增大而减小。该曲线最大值相当于效率最高点，泵在该点所对应的压头和流量下操作效率最高，所以该点为离心泵的设计点。

选泵时，总是希望泵以最高效率工作，因为在此条件下操作最为经济合理。但实际上泵往往不可能正好在该条件下运转。因此，一般只能规定一个工作范围，称为泵的高效率区，高效率区的效率应不低于最高效率的92%左右。泵在铭牌上所标明的都是最高效率下的流量、压头和功率。在离心泵产品目录和说明书上还常注明最高效率区的流量、压头和功率的范围等。

5. 离心泵特性曲线的影响因素

影响离心泵性能的因素很多，其中包括液体性质（密度 ρ 和黏度 μ 等）、泵的结构尺寸泵的转速 n 等。当这些参数任何一个发生变化时，都会改变泵的性能，此时需要对泵的生产厂家提供的性能参数或特性曲线进行换算。

（1）密度的影响

离心泵的流量、压头均与液体密度无关，效率也不随液体密度而改变，因而当被输送液体密度发生变化时，$H-q_v$ 与 $H-q_v$ 曲线基本不变，但泵的轴功率与液体密度成正比。

（2）黏度的影响

所输送的液体黏度越大，泵体内能量损失越多。结果泵的压头、流量都减小，效率下降，而轴功率则增大，所以特性曲线改变。

（3）转速的影响

当泵的转速发生改变时，泵的流量、压头随之发生变化，并引起泵的效率和功率的相应改变。不同转速下泵的流量、压头和功率与转速的关系可近似表达为

$$\frac{q_{v_1}}{q_{v_2}}=\frac{n_1}{n_2} \qquad \frac{H_1}{H_2}=\left(\frac{n_1}{n_2}\right)^2 \qquad \frac{P_1}{P_2}=\left(\frac{n_1}{n_2}\right)^2 \tag{1-27}$$

式中　q_{v_1}、H_1、P_1 和 q_{v_2}、H_2、P_2——转速为 n_1、n_2 时的流量、扬程、轴功率。

式（1-27）称为离心泵的比例定律，其适用条件是离心泵的转速变化不大于 $\pm 20\%$。

（4）离心泵叶轮直径的影响

当离心泵的转速一定时，对于同一型号的泵，可换用直径较小的叶轮，此时泵的流量、压头和功率与叶轮直径的近似关系称为离心泵的切割定律，即

$$\frac{q_{v_1}}{q_{v_2}}=\frac{D_1}{D_2} \qquad \frac{H_1}{H_2}=\left(\frac{D_1}{D_2}\right)^2 \qquad \frac{P_1}{P_2}=\left(\frac{D_1}{D_2}\right)^2 \tag{1-28}$$

式中　q_{v_1}、H_1、P_1 和 q_{v_2}、H_2、P_2——叶轮直径为 D_1、D_2 时的流量、扬程、轴功率。

6. 离心泵的安装高度

如图 1-33 所示，液面较低的液体被吸入泵的进口，由于叶轮将液体从其中央甩向外周，在叶轮中心进口处形成负压（真空），从而在液面与叶轮进口之间形成一定的压差，液体借此压差被吸入泵内。现在的问题是离心泵的安装高度 H_g（叶轮进口与液面间的垂直距离）是否可以取任意值。

（1）气蚀现象

泵的吸液作用是依靠储槽液面 0-0 和泵入口截面 1-1 之间的势能差实现的，即泵的吸入口附近为低压区。列出液面 0-0 和泵入口截面 1-1 间的伯努利方程

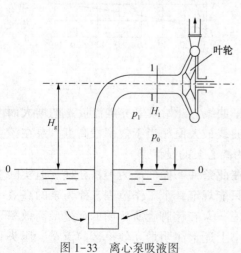

图 1-33　离心泵吸液图

$$\frac{p_1}{\rho g}=\frac{p_0}{\rho g}-H_g-\frac{u_1^2}{2g}-\sum H_f$$

$$[1-29(a)]$$

当 p_0 一定时，若向上吸液高度 H_g 越高、流量越大、吸入管路的各种阻力越大，则 p_1 就越小。但在离心泵的操作中，叶轮入口处压力不

能低于被输送液体在工作温度下的饱和蒸气压 p_v，否则，液体将会发生部分气化，生成的气泡将随液体从低压区进入高压区，在高压区气泡会急剧收缩、凝结，使其周围的液体以极高的流速冲向刚消失的气泡中心，造成极高的局部冲击压力，直接冲击叶轮和泵壳，引起震动。由于长时间受到冲击力反复作用以及液体中微量溶解氧对金属的化学腐蚀作用，叶轮的局部表面出现斑痕和裂纹，甚至呈海绵状损坏，这种现象称为气蚀。

气蚀发生时，大量的气泡破坏液流的连续性，阻塞流道，致使泵的流量、扬程和效率急剧下降，运行的可靠性降低；气蚀严重时，泵会中断工作。

为避免气蚀现象的发生，泵的安装高度不能太高，常采用允许气蚀余量对泵的气蚀现象加以控制。

离心泵的气蚀余量为离心泵入口处的静压头与动压头之和必须大于被输送液体在操作温度下的饱和蒸气压头，用 Δh 表示为

$$\Delta h = \left(\frac{p_1}{\rho g} + \frac{u_1^2}{2g} \right) - \frac{p_v}{\rho g} \qquad [1-29(b)]$$

式中　p_1——泵吸入口处的绝对压力，Pa；

u_1——泵吸入口处的液体流速，m/s；

p_v——输送液体在工作温度下的饱和蒸气压，Pa；

ρ——液体的密度，kg/m^3。

能保证不发生气蚀的最小值，称为允许气蚀余量 $\Delta h_允$。离心泵允许气蚀余量也为泵的性能参数，其值由实验测得。

（2）离心泵的最大安装高度

离心泵的最大安装高度是指泵的吸入口高于储槽液面最大允许的垂直高度，用 H_{gmax} 表示。如图1-35所示，将式[1-29(b)]代入式[1-29(a)]得

$$H_{gmax} = \frac{p_0}{\rho g} - \frac{p_v}{\rho g} - \Delta h - \sum H_f \qquad [1-29(c)]$$

式[1-29(c)]即为泵的最大安装高度。为了保证泵的安全操作不发生气蚀，泵的实际安装高度 H_g 必须低于或等于 H_{gmax}，否则在操作时，将有发生气蚀的危险。对于一定的离心泵，p_0 一定，吸入管路阻力越大，液体的蒸气压越高，则泵的最大安装高度越低。

【例1-6】用型号为IS65-50-125的离心泵，将敞口水槽中的水送出，吸入管路的压头损失为4m(H_2O)，当地环境大气压力的绝对压力为98kPa。试求水温分别为20℃和80℃时的泵的安装高度。

解：已知 $p_0 = 98$kPa(绝)，吸入管 $\sum H_f = 4$m，查得泵的气蚀余量 $\Delta h = 2$m。

20℃时，饱和蒸气压 $p_v = 23.38$kPa，密度 $\rho = 998.2kg/m^3$。

最大允许安装高度为

$$H_{g允许} = \frac{p_0}{\rho g} - \frac{p_v}{\rho g} - \Delta h - \sum H_f = \frac{(98 - 23.38) \times 10^3}{998.2 \times 9.81} - 2 - 4 = 1.62(m)$$

输送20℃水时，泵的安装高度 $H_g \leq 1.62$m。

80℃时，饱和蒸气压 $p_v = 47.38$kPa，密度 $\rho = 971.8kg/m^3$。

最大允许安装高度为

$$H_{g允许} = \frac{p_0}{\rho g} - \frac{p_v}{\rho g} - \Delta h - \sum H_f = \frac{(98 - 47.38) \times 10^3}{971.8 \times 9.81} - 2 - 4 = -0.69(m)$$

输送80℃水时，泵的安装高度 $H_g \leq -0.69$m。

思 考 题

1-1 黏性流体在流动过程中产生阻力的原因是什么?

1-2 定态流体与非定态流体有何区别?

1-3 何为相对粗糙度?它对层流阻力系数有何影响?

1-4 边界层分离时为何有旋涡产生?

1-5 气体、液体的黏度随温度如何变化?

1-6 摩擦系数图($\lambda - Re$ 图、ε/d 图)的结构如何?图上可分几个区域?各区域有什么特点?如何用此图查取摩擦系数 λ 值?

1-7 流体在管内呈层流流动是,其 λ 与 ε/d 有何关系?λ 与 Re 有何关系?关系如何?

1-8 当流体处于阻力平方区时,λ 与什么有关?

1-9 局部阻力计算有几种方法?如何表示?

1-10 哪种流量计是恒压降、变截面的流量测量装置?

1-11 哪种流量计是变压降、恒截面的流量测量装置?

1-12 流动型态有几种?各为何?流型判据是什么?各流型是如何判定的?

1-13 层流时直管阻力损失如何计算?湍流直管阻力损失的经验式?

1-14 当流量给定时,怎样确定管径?管径是否越小越好?为什么?

1-15 试简述孔板流量计和转子流量计和结构、工作原理、特点及安装注意事项,并加以比较。

1-16 试比较文氏流量计与孔板流量计的异同?

1-17 什么是离心泵的压头(扬程)?什么是风机的风压?

1-18 什么是气缚现象?什么是汽蚀现象?

1-19 为什么离心泵开车前必须充液、排气?否则会出现什么后果?

1-20 为什么离心泵开动和停止时都要在出口阀关闭的条件下进行?

1-21 离心泵的压头是如何测量的?绘出示意图。

1-22 离心泵的特性曲线方程是什么?它与什么有关?与什么无关?

1-23 离心泵发生气缚与汽蚀现象的原因是什么?有何危害?应如何消除?

1-24 操作型问题分析:如题图1-1所示,通过一高位槽将液体沿等径管输送至某一车间,高位槽内液面保持恒定。现将阀门开度减小,试定性分析以下各流动参数:管内流量、阀门前后压力表读数 p_A、p_B 如何变化?

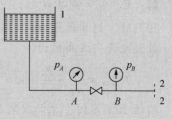

题图 1-1

1-25 离心泵的特性曲线 $H_e - q_V$ 与管路的特性曲线 $H - q_V$ 有何不同?二者的交点意味着什么?

1-26 离心泵的扬程和升扬高度有什么不同?

第二章

热量传递

热量传递，也叫传热，是自然界中普遍存在的现象。传热与化工过程的关系尤为密切。因为无论生产中的化学过程（化学反应操作），还是物理过程（化工单元操作），几乎都伴有热量的传递。传热在化工生产过程中的应用主要有以下方面：

① 物料的加热、冷却或冷凝，使物料达到指定的温度和相态，以满足反应、加工、储存等的要求；

② 在某些单元操作（例如蒸发、结晶、蒸馏和干燥等）中，都需要输入或输出热量，才能使这些单元操作正常地进行；

③ 化工生产中热能的合理利用和废热的回收；

④ 化工设备和管道的保温，减小热量（或冷量）的损失。

在化工生产过程中对传热的要求大致分为两种情况：第一种是强化传热过程，如在各种热交换设备中的传热，通过采取措施来提高热量的传递速率；第二种是削弱传热过程，如对设备和管道进行保温，以减少热量的损失，即减少热量的传递速率。

本章节将介绍热传导、对流传热和辐射传热三种传热过程，以及冷、热流体的换热过程和化工常用的换热设备。

第一节　热量传递的方式

根据传热的机理不同，热量传递主要有三种基本方式：热传导、对流传热和辐射传热。传热可以依靠其中一种方式进行，也可以以两种或三种方式同时进行。

一、热传导

热传导是由于物质的分子原子或电子的运动，使热量从物体内由高温处向低温处的传递过程称为热传导。热传导在气态、液态和固态物质中均可发生，但是热量传递的机理不同。气体的热量传递是气体分子做不规则热运动时相互碰撞的结果。气体分子的动能与其温度有关，高温区的分子具有较大的动能，即速度较大，当它们运动到低温区时，便和低温区的分子发生碰撞，其结果是热量从高温区转移到低温区。

固体以两种不同的方式进行传递热量：晶格振动和自由电子的迁移。在非导电的固体中，主要通过分子、原子在晶体结构平衡位置附近的振动传递能量；对于良好的导电体，如金属，自由电子在晶格之间运动，类似于气体分子的运动，将热量从高温区传向低温区。由于自由电子的数目较多，所传递的热量多于晶格振动所传递的热量，因此良好的导电体一般都是良好的导热体。

液体的结构介于气体和固体之间，分子可做幅度不大的位移，热量的传递既依靠分子的振动，又依靠分子间的相互碰撞。

在物体各部分之间不发生相对位移的情况下，如固体、静止的液体和气体中以导热方式发生的热量传递过程，称为热传导。

二、对流传热

热对流是指流体中质点发生相对位移而引起的热量传递。热对流仅发生在液体和气体中。由于流体中的分子同时进行不规则的热运动，因此对流必然会伴随着导热。

当流体流过某一固体壁面时，所发生的热量传递过程称为对流传热，这一过程在工程中广泛存在。在对流传热过程中，流体的流态不同，热量传递的方式也不同。当流体呈层流流动时，热量以导热方式传递，当流体的流态为湍流时，则主要以对流方式传递。

根据引起流体质点位移（流体流动）的原因，可将对流传热分为自然对流传热和强制对流传热。自然对流传热是指由于流体内部温度的不均匀分布形成密度差，在浮力的作用下流体发生对流时进行的传热过程。例如，暖气片表面附近空气受热向上流动、室内空气被加热的过程。强制对流传热是指由于水泵、风机或其他外力引起流体流动过程中发生的传热过程。流体进行强制对流传热的同时，往往伴随着自然对流传热。

根据流体与壁面传热过程中流体物态是否发生变化，可将对流传热分为无相变的对流传热和有相变的对流传热。无相变的对流传热指流体在传热过程中不发生相的变化；而有相变的对流传热指流体在传热过程中发生相的变化，如气体在传热过程中冷凝成液体，或液体在传热过程中沸腾而转变为气体。

三、辐射传热

因热的原因物体发出辐射能的过程称为热辐射，它是一种通过电磁波传递能量的过程。自然界中热力学温度在零度以上的各个物体都不停地向空间发出热辐射，同时又不断地吸收其他物体发出的热辐射。在这个过程中，物体先将热能变为辐射能，以电磁波的形式在空中传播，当遇到另一个物体时，又被其全部或部分吸收而变成热能，这种以辐射方式发生的热量传递过程，称为辐射传热。因此，辐射传热不仅是能量的传递，同时还伴随有能量形式的转化。

辐射传热不需任何介质作为媒介，它可以在真空中传播，这是辐射传热与热传导和对流传热的不同之处。

第二节　热传导

一、傅立叶定律

傅立叶定律是热传导的基本定律，表示热传导速率和温度梯度以及垂直于热流方向的表面积成正比，即设两块平行的大平板，间距为 y，板间置有气态、液态或固态的静止导热介质，如图 2-1 所示。初始状态下，介质各处的温度为 T_0。当 $t=0$ 时，下板的温度突然略微升至 T_1，并始终保持不变。随着时间静止导热介质的推移介质中的温度分布发生变化，最终得到一线性稳态温度分布。在达到稳态之后，需要一个恒定的热量流量 Q 通过，才能维持温度差 $\Delta T = T_1 - T_0$ 不变。对于足够小的 ΔT 值，存在下列关系：

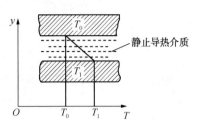

图 2-1 静止介质的热传导

$$\frac{Q}{A} = \lambda \frac{\Delta T}{y} \qquad (2-1)$$

将式(3-1)改写为微分式，得

$$q = \frac{Q}{A} = -\lambda \frac{\mathrm{d}T}{\mathrm{d}y} \qquad (2-2)$$

式中 Q——y 方向上的热量流量，也称为传热速率，W；

$\quad q$——y 方向上的热量通量，即单位时间内通过单位面积传递的热量，又称为热流密度，W/m^2；

$\quad \lambda$——导热系数，$(W/m \cdot K)$；

$\quad \dfrac{\mathrm{d}T}{\mathrm{d}y}$——$y$ 方向上的温度梯度，K/m；

$\quad A$——垂直于热流方向的面积，m^2。

式(2-2)称为傅立叶定律。该定律表明热量通量与温度梯度成正比，负号表示热量通量方向与温度梯度的方向相反，即热量是沿着温度降低的方向传递的。式中 $\dfrac{\mathrm{d}T}{\mathrm{d}y}$ 为热量传递的推动力。

傅立叶定律还可以改写为以下形式：

$$q = -\frac{\lambda}{\rho c_p} \cdot \frac{c_p \mathrm{d}T}{\mathrm{d}y} \qquad (2-3)$$

对于比定压热容 c_p 和密度 ρ 均为恒值的热量传递问题，设 $a = \dfrac{\lambda}{\rho c_p}$，则式(2-3)变为

$$q = -a \frac{\mathrm{d}(c_p \mathrm{d}T)}{\mathrm{d}y} \qquad (2-4)$$

式中 a——导温系数，或称热量扩散系数，m^2/s；

$\quad \rho c_p T$——热量浓度，J/m^3；

$\quad \dfrac{\mathrm{d}(c_p \mathrm{d}T)}{\mathrm{d}y}$——热量浓度梯度，表示单位体积内流体所具有的热量在 y 方向的变化率，$J/(m^3 \cdot m)$。

式(2-4)的物理意义为：由于温度梯度引起的 y 方向上的热量通量 = -(热量扩散系数) × (y 方向上的热量浓度梯度)，即将热量传递的推动力以热量浓度梯度的形式表示。

导温系数是物质的物理性质，它反映了温度变化在物体中的传播能力。在导温系数的定义式中，ρc_p 是单位体积物质温度升高 1K 时所需要的热量，代表物质的蓄热能力。因此，a 值越大则 λ 越大或 ρc_p 越小，说明物体的某部分一旦获得热量，该热量即能在整个物体中很快扩散。

二、导热系数

式(3-2)给出了导热系数的定义式，即

$$\lambda = -\frac{q}{\dfrac{\mathrm{d}T}{\mathrm{d}y}} \tag{2-5}$$

导热系数在数值上等于单位温度梯度下的热通量，因此导热系数是表征物质导热性能的一个物性参数，λ 愈大，导热愈快。导热系数的大小和物质的组成、结构、温度及压强等都有关。

物质的导热系数通常通过实验方法测定。各种物质的导热系数数值差别极大。一般，金属的导热系数最大，非金属固体的次之，液体的较小，而气体的最小。工程中常见物质的导热系数可从相关手册中查询。不同状态的物质，温度和压力对导热系数的影响也不同。

气体的导热系数随着温度升高而增大，例如氢气的导热系数，$1000℃$ 时为 $0.6W/(m \cdot K)$，$0℃$ 时为 $0.17W/(m \cdot K)$。由于氢气的分子最小，移动快，因此在气体中氢气的导热系数是最高。气体的导热系数可以应用理论方法计算，其近似地与绝对温度的平方根成正比，在真空下接近于零。一般情况下，压力对其影响不大，但在高压（高于 $200MPa$）或低压（低于 $2.7kPa$）下，需要考虑到压力的影响，此时气体的导热系数随着压力的升高而增大。气体的导热系数很小，不利于导热，但利于绝热、保温。工业上常用多孔材料作为保温材料，就是利用空隙中存在的气体使材料的导热系数减小。

液体可分为非金属液体和金属液体。在非金属液体中，水的导热系数最大。除水和甘油外，绝大多数液体的导热系数随温度的升高略有减小。一般，纯液体的导热系数比其溶液的要大。

液态金属的导热系数比一般液体的要高，其中纯液态钠具有较高的导热系数。大多数液态金属的导热系数随温度升高而降低。固体导热系数的影响因素较多。金属中自由电子的运动速度很快，因此金属的导热系数比一般的非金属大得多。当金属含有杂质时，导热系数将下降。纯金属的导热系数随温度升高而减小；合金则相反，随温度的升高而增大晶体的导热系数随温度升高而减小，非晶体则相反。非晶体的导热系数均低于晶体。

非金属中，石墨的导热系数最高，可达 $100 \sim 200W/(m \cdot K)$，高于一般金属；同时，由于其具有耐腐蚀性能，因此石墨是制作耐腐蚀换热器的理想材料，多孔性固体的导热系数与孔隙率、孔隙微观尺寸以及其中所含流体的性质有关。干燥的多孔性固体导热性很差，当 $\lambda < 0.12W/(m \cdot K)$（GB/T 4272 规定的保温材料导热系数界定值）时，可以用作保温材料。需要注意的是，保温材料受潮后，由于水比空气的导热系数大得多，其保温性能将大幅度下降。因此，露天保温管道必须注意防潮。

第三节　通过平壁的稳定热传导

一、单层平壁的热传导

如图 2-2 所示假设平壁面积与厚度相比是很大的，壁边缘处的散热可以忽略，壁内温度只沿垂直于壁面的 x 方向而变化，即所有等温面是垂直于 x 轴的平面，且壁面两侧的温度 T_1 和 T_2 不随时间而变化，故该平壁的热传导是定态一维热传导。平壁厚度为 b，壁面两侧温度分别为 T_1 和 T_2，$T_1 > T_2$，热传导速率为常数。根据傅立叶定律，有

$$Q = -\lambda A \frac{dT}{dx} \tag{2-6}$$

式中　A——传热面积，m^2。

若材料的导热系数不随温度变化（或取平均导热系数），边界条件为

$$x = 0 \text{ 时}, \quad T = T_1$$
$$x = b \text{ 时}, \quad T = T_2$$

对式（2-6）积分，得

$$Q = \frac{\lambda}{b} A (T_1 - T_2) \tag{2-7}$$

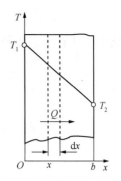

图 2-2　单层平壁的热传导

令

$$R = \frac{b}{\lambda A}, \quad r = \frac{b}{\lambda}$$

则式（2-7）可以写为

$$Q = \frac{(T_1 - T_2)}{R} = \frac{\Delta T}{R} \tag{2-8}$$

或

$$q = \frac{Q}{A} = \frac{\Delta T}{r} \tag{2-9}$$

式中　b——平壁厚度，m；

　　　ΔT——平壁两侧表面的温度差，K；

　　　R——导热热阻，按总传热面积计，也称为导热速率热阻，K/W；

　　　r——面积导热热阻，按单位传热面积计，也称为导热通量热阻，$m^2 \cdot K/W$。

式（2-7）和式（2-8）为单层平壁稳态热传导速率方程。该方程表明，传导距离越大，传热壁面面积和导热系数越小，则导热热阻越大，热传导速率越小。方程中，温差 ΔT 为传热的推动力。

二、多层平壁的热传导

工程上常遇到由多层不同材料组成的平壁，称为多层平壁。图 2-3 为多层平壁的稳态热传导，壁面面积为 A，各层的壁厚分别为 b_1、b_2、b_3，导热系数分别为 λ_1、λ_2、λ_3。假设层与层之间接触良好，相接触的两表面温度相同，各表面的温度分别为 T_1、T_2、T_3、T_4，且 $T_1 > T_2 > T_3 > T_4$，各层的温差分别为 ΔT_1、ΔT_2、ΔT_3。

由于在稳态热传导中，通过各层的热量流量相等，故有

$$
\begin{aligned}
Q &= \lambda_1 A \frac{(T_1 - T_2)}{b_1} = \frac{\Delta T_1}{R_1} \\
&= \lambda_2 A \frac{(T_2 - T_3)}{b_2} = \frac{\Delta T_2}{R_2} \\
&= \lambda_3 A \frac{(T_3 - T_4)}{b_3} = \frac{\Delta T_3}{R_3}
\end{aligned} \tag{2-10}
$$

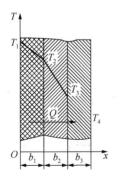

图 2-3　多层平壁的热传导

式中　R_1，R_2，R_3——各层的热阻。

由上式可知

$$\Delta T_1 = Q R_1, \quad \Delta T_2 = Q R_2, \quad \Delta T_3 = Q R_3 \tag{2-11}$$

将上三式相加，并整理，得

$$Q = \frac{\Delta T_1 + \Delta T_2 + \Delta T_3}{R_1 + R_2 + R_3} = \frac{T_1 - T_4}{\dfrac{b_1}{\lambda_1 A} + \dfrac{b_2}{\lambda_2 A} + \dfrac{b_3}{\lambda_3 A}} \tag{2-12}$$

推广到 n 层平壁，有

$$Q = \frac{T_1 - T_{n+1}}{\displaystyle\sum_{i=1}^{n} R_i} = \frac{T_1 - T_{n+1}}{\displaystyle\sum_{i=1}^{n} \dfrac{b_i}{\lambda_1 A}} \tag{2-13}$$

由此可得，多层平壁传热过程的推动力(总温差)等于各层推动力(各层温差)之和，总热阻等于各层热阻之和。

三、通过圆管壁的稳态热传导

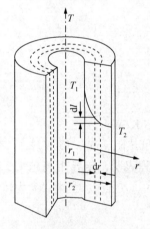

图 2-4　圆管壁的稳态热传导

化工生产中常遇到圆筒壁(如圆筒形容器、设备和管道)的热传导。设圆管壁的内、外半径分别为 r_1 和 r_2，长度为 L，内外表面的温度分别维持恒定温度 T_1 和 T_2，且 $T_1 > T_2$，如图 2-4 所示。若圆管壁很长，沿轴向散热可忽略不计，温度仅沿半径方向变化。当采用圆柱标时，即为一维稳态热传导。

对于半径为 r 的等温圆柱面，根据傅立叶定律，有

$$Q = -\lambda A \frac{dT}{dr} = -\lambda (2\pi r L) \frac{dT}{dr} \tag{2-14}$$

稳态导热时，径向的 Q 为常数，将上式分离变量，并在圆管内、外表面之间积分，即

$$Q = \int_{r_1}^{r_2} \frac{dr}{r} = -2\pi\lambda L \int_{r_1}^{r_2} dT \tag{2-15}$$

上式经积分、整理后得

$$Q = 2\pi\lambda L \frac{T_1 - T_2}{\ln \dfrac{r_2}{r_1}} = \frac{T_1 - T_2}{R} \tag{2-16}$$

式中　R——圆管壁的导热热阻，K/W。

$$R = \frac{\ln \dfrac{r_2}{r_1}}{2\pi\lambda L} \tag{2-17}$$

设圆管壁厚为 b，$b = r_2 - r_1$，式(2-16)可以写成

$$Q = \frac{2\pi\lambda L(r_2 - r_1)(T_1 - T_2)}{(r_2 - r_1)\ln \dfrac{r_2}{r_1}} = 2\pi r_m L\lambda \frac{T_1 - T_2}{b} = A_m \lambda \frac{T_1 - T_2}{b} = \frac{T_1 - T_2}{\dfrac{b}{\lambda A_m}} \tag{2-18}$$

式中　r_m——圆管壁的对数平均半径，m；

　　　　A_m——圆管壁的对数平均面积，m²。

　　　　A_1，A_2——圆管内外壁的表面积，m²。

$$r_m = \frac{r_1 - r_2}{\ln \dfrac{r_2}{r_1}} \tag{2-19}$$

$$A_m = 2\pi r_m L \frac{2\pi L(r_2 - r_1)}{\ln \dfrac{2\pi L r_2}{2\pi L r_1}} = \frac{A_2 - A_1}{\ln \dfrac{A_2}{A_1}} \tag{2-20}$$

式(2-16)和式(2-18)为单层圆管壁稳态热传导速率方程，与平壁热传导速率方程具有相类似的形式。

当$(r_2/r_1) \leqslant 2$时，可以用算术平均值代替对数平均值，简化计算。

对于多层材料组成的圆筒壁，假设层与层之间接触良好，根据串联热阻叠加原则，有

$$Q = \frac{T_1 - T_{n+1}}{\sum\limits_{i=1}^{n} R_i} = \frac{T_1 - T_{n+1}}{\sum\limits_{i=1}^{n} \dfrac{b_i}{\lambda_i A_{mi}}} \tag{2-21}$$

由于各层圆管壁的内、外表面面积均不相等，所以在稳态传热时，虽然通过各层的传热速率相同，但通过各层的热量通量却各不相同。

第四节 对流传热

对流传热指流体中质点发生相对位移时发生的热量传递过程。当流体沿壁面流动时，若流体温度和壁面温度不一致，就会发生对流传热。对流传热在冷、热流体的热交换中最为常见。化工中常用的热交换设备是间壁式换热器，在此类换热器中，冷、热流体被固体壁面隔开，分别在固体壁面两侧流动，互不接触，热量先由热流体传给固体壁面，再从壁面的热侧传到冷侧，最后从壁面的冷侧传给冷流体。其中，热量从热流体传给壁面和从壁面传给冷流体的过程均为对流传热过程。

一、对流传热的机理

当流体流过与其温度不同的固体壁面时，将发生热量传递过程，在壁面附近形成温度分布。不同的流动状态下，热量传递的机理不同。以下结合流体无相变强制流过平壁时的对流传热，初步分析对流传热过程的机理。

在层流情况下，流体层与层之间无流体质点的宏观运动，在垂直于流动方向上，热量的传递通过导热进行，热量传递符合傅立叶定律。实际上，在传热过程中，因流体的流动增大了壁面处的温度梯度，使得壁面处的热量通量较静止时大，因此，与静止流体的热传导相比，层流流动使传热增强。因此，温度沿法向的变化比较均匀，温度分布近似为直线，如图2-5中的曲线a所示。

在湍流边界层内，存在层流底层、缓冲层和湍流中心三个区域，流体处于不同的流动状态。流体的流动状态影响热量的传递及壁面附近的温度变化，壁面附近的温度分布曲线如图2-5中的曲线b所示。在靠近壁面的层流底层中，只有平行于壁面的流动，热量

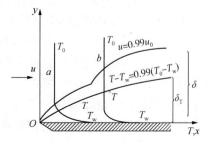

图2-5 流动边界层内的传热
机理及温度分布

传递主要依靠导热进行(因壁面与流体间存在温差,所以也存在自然对流,但不是主要的传热方式),符合傅立叶定律,温度分布几乎为直线,且温度分布曲线的斜率较大;在湍流中心,与流动垂直方向上存在质点的强烈运动,热量传递主要依靠热对流,导热所起的作用很小,因此温度梯度较小;在缓冲层中,垂直于流动方向上的质点的运动较弱,对流与导热的作用大致处于同等地位,由于对流的作用温度梯度较层流底层小。可见,因湍流流动中存在流体质点的随机脉动,促使流体在 y 方向上掺混,导致传热过程被大大强化。

湍流传热时,流体从主体到壁面的传热过程为稳态的串联传热过程。前已述及,在稳态传热情况下,传热的热阻为串联的各层热阻之和。因此,湍流传热的热阻集中在层流底层上。

流体呈层流流动时,沿壁面法向的热量传递主要依靠分子传热,即导热;湍流流动时,热阻主要集中在靠近壁的层流底层,而层流底层的厚度很薄,热阻比层流流动时小得多,因此湍流流动的传热速率远大于层流。

与流动边界层类似,引入传热边界层的概念,将壁面附近因传热而使流体温度发生较大变化的区域(即温度梯度较大的区域)称为传热边界层,也称为热边界层或温度边界层。流体层温度从壁面处的 T_W 向 T_0 的变化具有渐近趋势,只有在法向距离无限大处温度才等于 T_0,因此,将 $(T-T_W) = 0.99(T_0-T_W)$ 处作为传热边界层的界限,该界限到壁面的距离称为边界层的厚度。在边界层以外的区域温度变化很小,可认为不存在温度梯度。因此传热过程的阻力主要取决于传热边界层的厚度。

传热边界层的发展与流动边界层通常不是同步的,一般情况下,两者的厚度也不同,其厚度关系取决于普兰德数 Pr。

$$Pr = \frac{v}{a} = \frac{\mu c_p}{\lambda} \tag{2-22}$$

Pr 是由流体物性参数所组成的无量纲数,表明分子动量传递能力和分子热量传递能力的比值。运动黏度 v 是影响速度分布的重要物性,反映流体流动的特征;导温系数 a 是影响温度分布的重要物性,反映热量传递的特征。流体的黏度越大,表明该物体传递动量的能力越大,流速受影响的范围越广,即流动边界层增厚;导温系数 a 越大,热量传递越迅速,温度变化的范围越大即传热边界层增厚。因此,两者组成的无量纲数建立了速度场和温度场的相互关系,是研究对流传热过程的重要物性准数。对于油、水、气体、液态金属,Pr 的量级分别为 $10^2 \sim 10^5$,$1 \sim 10$,$0.7 \sim 1$,$10^{-3} \sim 10^{-2}$。

流动边界层厚度(δ)与传热边界层厚度(δ_T)间的关系,当 $\delta \geqslant \delta_T$ 时,近似为 $\frac{\delta}{\delta_T} = Pr^{\frac{1}{3}}$;当 $Pr = 1$ 时,$\delta = \delta_T$。通常对于 Pr 数很小的低黏度流体的流动,$\delta < \delta_T$,由于传热边界层很厚,以致整个传热过程热阻分布较均匀,发生在层流底层的温度变化所占的比例很小。而对于 Pr 大的高黏度流体,$\delta > \delta_T$,传热边界层很薄,近壁区温度梯度很大,温度变化主要发生在层流底层区,即热阻主要在层流底层区。可见,了解不同流体的 Pr,对于分析流体与固体壁面间的传热特征是十分重要的。

(1)对流传热速率方程

虽然流体在不同情况下的传热机理不同,但对流传热速率可用对流传热速率方程描述,即通过传热面的传热速率正比于固体壁面与周围流体的温度差和传热面积,其数学表达式为

$$dQ = \alpha dA \Delta T \qquad (2-23)$$

式中　　dA——与传热方向垂直的微元传热面积，m^2；

　　　　dQ——通过传热面 dA 的局部对流传热速率，W；

　　　　ΔT——流体与固体壁面 dA 之间的温差（在流体被冷却时，$\Delta T = T - T_w$；在流体被加热时，$\Delta T = T_w - T$），K；

　　　　α——局部对流传热系数，或称为膜系数，$W/(m^2 \cdot K)$。

对流传热速率方程也称牛顿冷却定律，牛顿冷却定律采用微分形式，是因为在对流传热过程中，温度以及受温度影响的对流传热系数是沿程变化的，因此对流传热系数为局部的参数。实际工程中，常采用平均值进行计算，因此牛顿冷却定律可写成

$$Q = \alpha A \Delta T \qquad (2-24)$$

对流传热速率也可以表示为传热推动力与对流传热热阻的关系，即

$$Q = \frac{\Delta T}{\dfrac{1}{\alpha A}} \qquad (2-25)$$

式中　　$\dfrac{1}{\alpha A}$——对流传热热阻，K/W。

牛顿冷却定律是将复杂的对流传热问题，用一简单的关系式表达实质上是将矛盾集中在对流传热系数上，因此研究对流传热系数的影响因素和计算方法，成为解决对流传热问题的关键。

（2）对流传热系数

对流传热系数 α 不同于导热系数 λ，不是物性参数，它与很多因素有关，其大小取决于流体物性、壁面情况、流动原因、流动状况、流体是否有相变等，通常由实验确定。一般来说，对同一流体，强制对流传热系数高于自然对流传热系数；有相变的对流传热系数高于无相变的对流传热系数。表 2-1 为几种对流传热情况下的 α 值。

表 2-1　不同对流传热情况下的 α 值

传热方式	$\alpha/(W \cdot m^{-2} \cdot K^{-1})$	传热方式	$\alpha/(W \cdot m^{-2} \cdot K^{-1})$
空气自然对流	5~25	水蒸气冷凝	5000~15000
气体强制对流	20~100	有机蒸气冷凝	500~2000
水自然对流	200~1000	水沸腾	2500~25000
水强制对流	1000~15000		

第五节　换热器及间壁传热过程计算

化工生产中最常见的是冷、热两种流体间的热交换。一般情况下，两种流体被固体壁面（传热面）所隔开，它们分别在壁面的两侧流动。固体壁面构成间壁式换热器。换热器是实视传热过程的基本设备。下面简单介绍换热器。

一、换热器的分类

换热器种类繁多，结构形式多样。按照冷、热流体热量交换的原理和方式，可将换热器分为间壁式、直接接触式和蓄热式三类其中间壁式换热器在环境工程中应用最普遍，因

此本节将作重点介绍。在间壁换热器中，冷热流体由壁面隔开而分别位于壁面的两侧。根据间壁式换热器换热面的形式，可将其分为管式换热器和板式换热器。

二、间壁式换热器类型

1. 管式换热器

管式换热器主要有蛇管式换热器、套管式换热器和列管式换热器。

（1）蛇管式换热器

这种换热器是将金属管弯绕成各种与容器相适应的形状，多盘成蛇形，因此称为蛇管。常见的蛇管形状如图2-6所示。两种流体分别位于蛇管内外两侧，通过管壁进行热交换。蛇管换热器是管式换热器中结构最简单、操作最方便的一种换热设备。通常按换热方式的不同，将蛇管式换热器分为沉浸式和喷淋式两类。

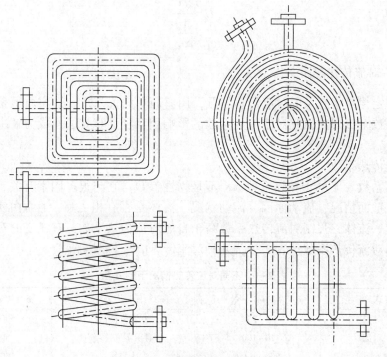

图2-6　常见蛇管的形状

沉浸式蛇管换热器：这种换热器将蛇管沉浸在容器内的液体中。沉浸式蛇管换热器结构简单，价格低廉，能承受高压，可用耐腐蚀材料制作。其缺点是容器内液体湍动程度低，管外对流传热系数小。为提高传热系数，可在容器中安装搅拌器，以提高传热效率。

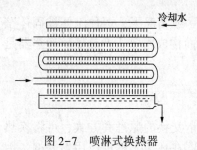

图2-7　喷淋式换热器

喷淋式蛇管换热器：喷淋式蛇管换热器如图2-7所示，多用于冷却在管内流动的热流体。这种换热器是将蛇管排列在同一垂直面上，热流体自下部的管进入，由上面的管流出。冷水则由管上方的喷淋装置均匀地喷洒在上层蛇管上，并沿着管外表面淋漓而下，逐排流经下面的管外表面，最后进入下部水槽中。冷水在流过管表面时，与管内流体进行热交换。这种换热器的管外形成一层湍动程度较高的液膜，因此管外对流传热系数较大。另外，喷淋式蛇管换热器常置于室外空气流通处，冷却水在空气中汽化时也带走一部分热量，可提高冷却效果。因此，与沉浸式换热器相比，其传热效果要好得多。

（2）套管式换热器

套管式换热器（图 2-8）是由两种不同直径的直管套在一起制成的同心套管，其内管由 U 形肘管顺次连接，外管与外管相互连接。换热时一种流体在内管流动，另一种流体在环隙流动。每段套管称为一程。

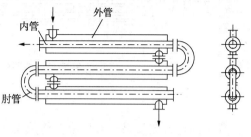

图 2-8　套管式换热器

套管换热器的优点有：构造简单；能耐高压；传热面积可根据需要增减，应用方便；若适当选择两管的直径，可使两流体的流速增大，且两流体可作逆流，对传热有利。这种热换器的缺点为：管间接头多，易泄漏；占地较多，单位传热面消耗金属量大。因此它较适用于流量不大所需传热面积不多而要求压强较高的场合。

（3）列管式换热器

列管式换热器是目前化工生产中应用最广泛的换热设备，其优点是单位体积所具有的传热面积大，结构紧凑，坚固耐用，传热效果好，而且能用多种材料制造，因此适应性强，尤其在高温高压和大型装置中，多采用列管式换热器。

列管式换热器主要由壳体、管束、管板和封头等部分组成，如图 2-9 所示。壳体多呈柱形，内部装有平行管束，管束两端固定在管板上。一种流体在管内流动，另一种流体则在壳体内流动。壳体内往往按照一定数目设置与管束垂直的折流挡板，不仅可以防止短路、增加流体流速，而且可以迫使流体按照规定的路径多次错流经过管束，使湍动程度大大提高。

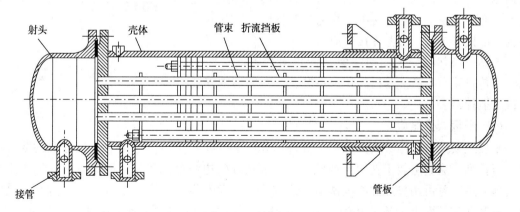

图 2-9　列管式换热器

列管式换热器在操作时，由于冷、热两流体温度不同，使壳体和管束的温度不同，其热膨胀程度也不同。如果两者温度差超过 50℃，就可能引起设备变形，甚至扭弯或破裂。因此，必须从结构上考虑热膨胀的影响，采用补偿方法，如一端管板不与壳体固定连接，或采用 U 形管，使管进出口安装在同一管板上，如图 2-10（a）所示，从而减小或消除热应力。

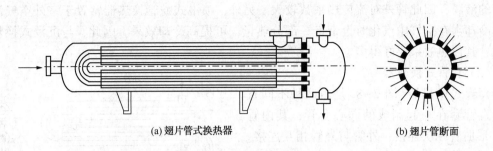

(a) 翅片管式换热器　　　　　　　　　　　　(b) 翅片管断面

图 2-10　翅片管式换热器

为了强化传热效果，可采取在传热面上增设翅片的措施，此时换热器称为翅片管式换热器，如图 2-10(b)所示。在传热面上加装翅片，不仅增大了传热面积，而且增强了流体的扰动程度，从而使传热过程强化。翅片与管表面的连接应紧密，否则连接处的接触热阻很大，影响传热效果。

当两种流体的对流传热系数相差较大时，在传热系数较小的一侧加装翅片，可以强化传热。例如，在气体的加热和冷却过程中，由于气体的对流传热系数很小，当与气体换热的另一流体是水蒸气或冷却水时，气体侧热阻将成为传热的控制因素，此时在气体侧加装翅片，可以起到强化换热器传热的作用。当然，加装翅片会使设备费提高，但当两种流体的对流传热系数之比超过 3:1 时，采用翅片管式换热器在经济上是合理的。

2. 板式换热器

(1) 夹套式换热器

夹套式换热器是最简单的板式换热器，如图 2-11 所示，它是在容器外壁安装夹套制成，夹套与器壁之间形成的空间为加热介质或冷却介质的通路。这种换热器主要用于反应器的加热或冷却。在用蒸汽进行加热时，蒸汽由上部接管进入夹套，冷凝水由下部接管流出。作为冷却器时，冷却介质由夹套下部接管进入，由上部接管流出。

夹套式换热器结构简单，但其传热面受容器壁面的限制，且传热系数不高。为提高传热系数，可在容器内安装蛇管或者搅拌器。

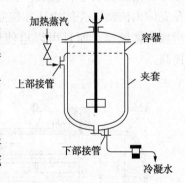

图 2-11　夹套式换热器

(2) 平板式换热器

平板式换热器又称板式换热器，其外形如图 2-12(a)所示。它由一组长方形的薄金属板平行排列，夹紧组装于支架上构成。两相邻板片的边缘衬有垫片，压紧后板间形成密封的流体通道，且可用垫片的厚度调节通道的大小。每块板的四个角上各开一个圆孔，其中有一对圆孔和板面上的流道相通，另一对圆孔则不通。它们的位置在相邻板上是错开的，以分别形成两流体的通道。冷、热流体交替地在板片两侧流过，通过金属板片进行换热。流体流向如图 2-12(b)所示。板片是板式换热器的核心部件。为使流体均匀流过板面，增加传热面积，并促使流体湍动，常将板面冲压成凹凸的波纹状。

板式换热器的优点是结构紧凑，单位体积设备所提供的换热面积大；组装灵活，可根据需要增减板数以调节传热面积；板面波纹使截面变化复杂，流体的扰动作用增强，具有较高的传热效率；拆装方便，有利于维修和清洗。

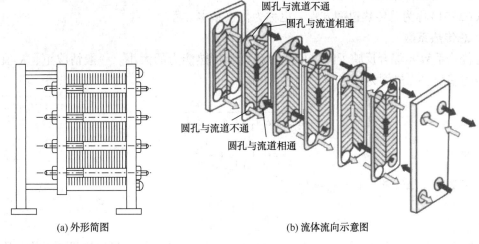

图 2-12　平板式换热器

其缺点是处理量小，操作压力和温度受密封垫片材料性能的限制而不宜过高。板式换热器适用于经常需要清洗、工作压力在 2.5MPa 以下、温度在 200℃ 以下的情况。

三、间壁传热过程计算

1. 总传热速率方程

令热侧流体温度为 T_h，壁温为 T_{hw}，面积为 A_1，对流传热系数为 α_1；冷侧流体温度为 T_c，壁温为 T_{cw}，面积为 A_2，对流传热系数为 α_2；间壁的长度与宽度远大于厚度 b，间壁导热系数为 λ，平均表面积为 A_m，热流仅沿厚度方向传递。

根据对流传热原理，热侧流体对壁面的对流传热速率为

$$Q_1 = \alpha_1 A_1 (T_h - T_{hw}) \tag{2-26}$$

冷侧流体对壁面的对流传热速率为

$$Q_2 = \alpha_2 A_2 (T_{cw} - T_c) \tag{2-27}$$

根据热传导原理，通过间壁的传热速率为

$$Q = \frac{\lambda}{b} A_m (T_{hw} - T_{cw}) \tag{2-28}$$

在稳态情况下，$Q_2 = Q_1 = Q$，联立求解式（2-26）~式（2-28），经整理，得

$$Q = \frac{T_h - T_c}{\dfrac{1}{\alpha_1 A_1} + \dfrac{b}{\lambda A_m} + \dfrac{1}{\alpha_2 A_2}} \tag{2-29}$$

传热过程总推动力为冷、热流体的温度差，即 $\Delta T = T_h - T_c$，传热总热阻为

$$R = \frac{1}{\alpha_1 A_1} + \frac{b}{\lambda A_m} + \frac{1}{\alpha_2 A_2} \tag{2-30}$$

即传热总热阻为各分热阻之和。

在化工过程中，为便于计算，定义总传热系数 K，其单位为 W/(m² · K)，则式（2-29）可简化为

$$Q = KA\Delta T \tag{2-31}$$

式中 A——取定的面积，可为 A_1、A_2、A_3。

式(2-31)称为总传热速率方程，也称为传热基本方程。

2. 总传热系数

总传热系数 K 综合反映了间壁传热过程复合传热能力的大小。一般情况下，K 值以外表面积为基准。当热侧为外侧时，K 满足下式：

$$\frac{1}{KA_1} = \frac{1}{\alpha_1 A_1} + \frac{b}{\lambda A_m} + \frac{1}{\alpha_2 A_2} \tag{2-32}$$

因此

$$\frac{1}{K} = \frac{1}{\alpha_1} + \frac{bA_1}{\lambda A_m} + \frac{A_1}{\alpha_2 A_2} \tag{2-33}$$

对于平壁或薄管壁，$A_1 \approx A_2 \approx A_m$，则

$$\frac{1}{K} = \frac{1}{\alpha_1} + \frac{b}{\lambda} + \frac{1}{\alpha_2} \tag{2-34}$$

实际运行中的换热器，其传热表面常有污垢沉积，对传热产生附加热阻，该热阻称为污垢热阻。通常污垢热阻比间壁的导热热阻大得多，因此在设计中应考虑污垢热阻的影响。很多因素影响污垢的产生和厚度，包括物料的性质、传热壁面的材料、操作条件、设备结构、清洗周期等。由于污垢层的厚度及其导热系数难以准确估计，因此通常采用一些经验值。

设管壁外侧为热流体，内侧为冷流体，外、内侧表面上单位传热面积的污垢热阻分别为 r_{s1} 和 r_{s2}，根据串联热阻叠加原则，式(2-33)可以表示为

$$\frac{1}{K} = \frac{1}{\alpha_1} + r_{s1} + \frac{bA_1}{\lambda A_m} + r_{s2}\frac{A_1}{A_2} + \frac{A_1}{\alpha_2 A_2} \tag{2-35}$$

式(2-35)表明，间壁两侧流体间传热总热阻等于两侧流体的对流传热热阻、污垢热阻及间壁导热热阻之和。

对于平壁或薄管壁，则有

$$\frac{1}{K} = \frac{1}{\alpha_1} + r_{s1} + \frac{b}{\lambda} + r_{s2} + \frac{1}{\alpha_2} \tag{2-36}$$

当间壁热阻和污垢热阻可以忽略时，上式可简化为

$$\frac{1}{K} = \frac{1}{\alpha_1} + \frac{1}{\alpha_2} \tag{2-37}$$

$\alpha_2 \gg \alpha_1$，则 $\frac{1}{K} \approx \frac{1}{\alpha_1}$，称为间壁外侧对流传热控制，此时欲提高 K 值，关键在于提高间壁外侧的对流传热系数；若 $\alpha_2 \ll \alpha_1$，则 $= \frac{1}{K} \approx \frac{1}{\alpha_2}$，称为间壁内侧对流传热控制，此时欲提高 K 值，关键在于提高间壁内侧的对流传热系数。同理，若污垢热阻很大，则称为污垢热阻控制，此时欲提高 K 值，必须设法减慢污垢形成速度，或及时清除污垢。

总传热系数 K 是表示换热设备性能的极为重要的参数，也是对换热设备进行传热计算的依据。为确定流体加热或冷却所需要的传热面积，必须知道传热系数的数值。因此，无论是研究换热设备的性能，还是设计换热设备，K 值都是需要掌握的最基本的参数。

总传热系数受流体物性、流场几何特性和流动特性等复杂因素影响，除在某些简单问题中可应解析方法求得外，通常由实验测定。表2-2为常见的列管式换热器总传热系数 K 的经验值。

表 2-2　为常见的列管式换热器总传热系数 *K* 的经验值

冷液体	热流体	总传热系数 $K/(\mathrm{W} \cdot \mathrm{m}^{-2} \cdot \mathrm{K}^{-1})$
水	水	850~1700
水	气体	17~280
水	有机溶剂	280~850
水	轻油	340~910
水	重油	60~280
有机溶剂	有机溶剂	115~340
水	水蒸气冷凝	1420~4250
气体	水蒸气冷凝	30~300
水	低沸点烃类	455~1140
水沸腾	冷凝	2000~4250
轻油沸腾	水蒸气冷凝	455~1020
	水蒸气冷凝	

3. 传热推动力——平均温差

在间壁式换热器的传热计算中，冷、热流体的温度差是传热过程的推动力，它与换热器中两流体的温度变化情况及两流体的相互流动方向有关。若两流体同向流动称为并流；若两流体反向流动，称为逆流；若两流体互相垂直交叉流动，称为错流；若一流体沿一方向流动，而另流体反复折流，称为简单折流；若两流体均作折流，或既有折流，又有错流，则称为复杂折流(图 2-13)。根据两流体的温度变化情况，可将传热过程分为恒温传热和变温传热。

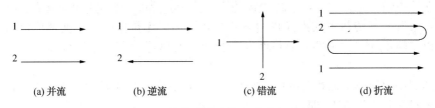

(a)并流　　(b)逆流　　(c)错流　　(d)折流

图 2-13　换热器内流体流动形式示意图

（1）恒温传热时的平均温差

当换热器间壁两侧的流体均存在相变时，两流体的温度可以分别保持不变，这种传热称为恒温传热。例如，蒸发器中饱和蒸气和沸腾液体间的传热即是恒温传热。此时，冷、热流体的温度均不随位置变化，两者间温度差处处相等，即

$$\Delta T = (T_{\mathrm{h}} - T_{\mathrm{c}}) \tag{2-38}$$

式中　　T_{h}——热流体的温度，K；

　　　　T_{c}——冷流体的温度，K；

　　　　ΔT——冷、热流体的温差，K。

（2）变温传热时的平均温差

当换热器中间壁两侧流体的温度发生变化，如一侧流体没有相变或两侧流体均无相变，流体温度沿流动方向变化，则传热温差也沿程变化，这种传热称为变温传热。变温传热时，两流体的相互流向影响传热的平均温差，不同的流动形式对温度差的影响不同，故应分别讨论。

（3）逆流和并流时的传热温差

图2-14为套管式换热器逆流和并流时冷、热流体沿程温度变化曲线。热流体沿程放出热量而温度不断下降，冷流体沿程吸热而温度升高，冷、热流体间匀温度差沿程不断变化。下面以逆流为例，推导计算平均温差的通式。

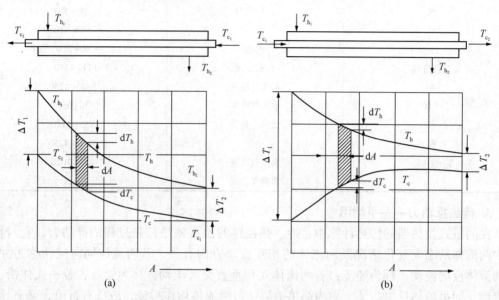

图2-14 套管式换热器逆流和并流时冷、热流体沿程温度变化曲线

设热流体进出口的温度分别为 T_{h_1} 和 T_{h_2}，冷流体进出口的温度分别为 T_{c_1} 和 T_{c_2}。假定：①换热器在稳态情况下操作，热、冷流体的质量流量 q_{mh} 和 q_{mc} 沿换热面为常数；②流体的比定压比热容 c_{ph} 和 c_{pc} 及传热系数沿换热面不变；③换热器无热损失；④换热面沿流动方向的导热量可以忽略不计。除了部分换热面发生相变的换热器外，上述假设适用于大多数间壁式换热器。

在换热器中取换热面面积为 dA 的微元，在微元中热流体的温度为 T_h，冷流体的温度为 T_c，两者之间的温差为 ΔT，即

$$\Delta T = (T_h - T_c) \tag{2-39}$$

通过微元面 dA 的传热量为

$$dQ = K(T_h - T_c)dA = K\Delta T dA \tag{2-40}$$

在微元面积 ΔA 中，热流体放出热量 dQ 后，温度下降了 dT_h，冷流体得到热量 dQ 后，温度上升了 dT_c。沿着热流体的流向，经 dA 后两流体温度均下降。分别对热流体和冷流体进行热量衡算，得

$$dQ = -q_{mh}c_{ph}dT_h \qquad dT_h = -\frac{dQ}{q_{mh}c_{ph}} \tag{2-41}$$

对式（2-39）微分，得

$$dQ = -q_{mc}c_{pc}dT_c \qquad dT_c = -\frac{dQ}{q_{mc}c_{pc}} \tag{2-42}$$

$$d(\Delta T) = dT_h - dT_c \tag{2-43}$$

将式（2-41）和式（2-42）代入式（2-43），得

$$d(\Delta T) = \left(\frac{1}{q_{mc}c_{pc}} - \frac{1}{q_{mh}c_{ph}}\right)dQ \tag{2-44}$$

或
$$dQ = \frac{d(\Delta T)}{\dfrac{1}{q_{mc}c_{pc}} - \dfrac{1}{q_{mh}c_{ph}}} \qquad (2-45)$$

用 ΔT_1 和 ΔT_2 分别表示换热器两端两流体的温差，并对（2-45）式积分，得

$$Q = \frac{\Delta T_2 - \Delta T_1}{\dfrac{1}{q_{mc}c_{pc}} - \dfrac{1}{q_{mh}c_{ph}}} \qquad (2-46)$$

或写成
$$\frac{1}{q_{mc}c_{pc}} - \frac{1}{q_{mh}c_{ph}} = \frac{\Delta T_2 - \Delta T_1}{Q} \qquad (2-47)$$

联立式（2-40）和式（2-47），得

$$K\Delta T dA = \frac{d(\Delta T)}{\dfrac{1}{q_{mc}c_{pc}} - \dfrac{1}{q_{mh}c_{ph}}} \qquad (2-48)$$

或
$$\left(\frac{1}{q_{mc}c_{pc}} - \frac{1}{q_{mh}c_{ph}} \right) K dA = \frac{d(\Delta T)}{\Delta T} \qquad (2-49)$$

对上式积分，并将式（2-46）代入，得

$$\frac{\Delta T_2 - \Delta T_1}{Q} KA = \ln \frac{\Delta T_2}{\Delta T_1} \left(\frac{1}{q_{mc}c_{pc}} - \frac{1}{q_{mh}c_{ph}} \right) K dA = \frac{d(\Delta T)}{\Delta T} \qquad (2-50)$$

或
$$Q = KA \frac{\Delta T_2 - \Delta T_1}{\ln \dfrac{\Delta T_2}{\Delta T_1}} = KA\Delta T_m \qquad (2-51)$$

其中
$$\Delta T_m = \frac{\Delta T_2 - \Delta T_1}{\ln \dfrac{\Delta T_2}{\Delta T_1}} \qquad (2-52)$$

由此可见，在上述假定条件下，平均传热温差等于换热器两端处温差的对数平均值，称为对数平均温差。对于并流操作的换热器，同样可以导出与式（2-52）相同的结果。因此，式（2-52）是计算并流和逆流情况下平均温差的通式。为了计算方便，通常将换热器两端温差大的数值写成 ΔT_2，温差小的写成 ΔT_1。当 $\Delta T_2 / \Delta T_1 \leqslant 2$ 时，对数平均值与算术平均值的差小于 4%，在化工计算中可以用算术平均值代替对数平均值。

四、强化换热器传热过程的途径

强化换热器的传热过程，就是提高冷热流体之间的传热速率，从而增加设备容量，减少占用空间，节省材料，减少投资，降低成本。因此，强化传热在实际应用中具有非常重要的意义。

由总传热速率方程 $Q = KA\Delta T$。可以看出，增大总传热系数 K、传热面积 A 和平均温差 ΔT。均可以提高传热速率。因此，换热器传热过程的强化措施也多从这三方面考虑。

1. 增大传热面积

增大传热面积可以提高换热器的传热速率，但增大传热面积不能靠增大换热器的尺寸来实现，而是要从设备的结构入手，提高单位体积的传热面积。工业上往往通过改进传热面的结构来实现，主要有以下办法。

（1）翅化面

用翅片来增大传热面积，并可加剧流体湍动以提高传热速率。翅化面的种类和形式很多，前面介绍的翅片管式换热器和板翅式换热器均属此类。翅片结构通常用于传热面两侧中传热系数较小的一侧。

（2）异形表面

将传热面制造成各种凹凸形、波纹形、扁平状等，使流道截面的形状和大小均发生变化。例如常用波纹管、螺纹管代替光滑管，这不仅可增大传热面积，而且可增加流体的扰动，从而强化传热。

（3）多孔物质结构

将细小的金属颗粒涂结于传热表面，可增大传热面积。

（4）采用小直径管

在管壳式换热器中采用小直径管子，可增加单位体积的传热面积。应予指出，该方法可提高单位体积的传热面积，强化传热过程。但是由于流道的变化，流体流动阻力会有所增加，因此应综合考虑，选择适宜的方法。

2. 增大平均温差

增大平均温度差，可以提高换热器的传热速率。平均温度差的大小取决于两流体的温度条件和两流体在换热器中的流动形式。一般来说流体的温度由生产工艺条件决定，可变动范围是有限的。但加热介质和冷却介质的温度，因所选介质不同，可以有很大的差异。例如，在化工厂中常用的饱和水蒸气，若提高蒸汽的压强就可以提高蒸汽的温度，从而提高平均温度差。但是提高介质的温度必须考虑经济上的合理性和技术上的可行性。另外当两侧流体均变温时，从换热器结构上采用逆流操作或增加壳程数，均可得到较大的平均温度差。

3. 提高总传热系数

增大总传热系数，可以提高换热器的传热速率，并且是强化传热方法中应予重点考虑的方面。换热器中的传热过程是稳态的串联传热过程，其总热阻为各项分热阻之和，因此需要逐项分析各分热阻对降低总热阻的作用，设法减少对 K 值影响最大的热阻。一般来说，在金属材料换热器中，金属壁较薄，其导热系数也大，不会成为主要热阻。污垢的导热系数很小，随着换热器使用时间的加长，污垢逐渐增多，往往成为阻碍传热的主要因素，因此工程上十分重视对换热介质进行预处理以减少结垢，同时设计中应考虑便于清理污垢对流传热热阻经常是传热过程的主要热阻。当换热器壁面两侧对流传热系数相差较大时，应设法强化对流传热系数小的一侧的换热。减小热阻的主要方法有：

提高流体的速度：提高流速，可使流体的湍动程度增加，从而减小传热边界层内层流底层的厚度，提高对流传热系数，也就减小了对流传热的热阻。例如，在列管式换热器中，增加管程数和壳程的挡板数，可分别提高管程和壳程的流速，减小热阻。

增强流体的扰动：增强流体的扰动，可使传热边界层内层流底层的厚度减小，从而减小对流传热热阻。例如，在管中加设扰动元件，采用异形管或异形换热面等。当在管内插入螺旋形翅片时，可引导流动形成旋流运动，既提高了流速，增加了行程，又由于离心力作用促进流体的径向对流而增强了传热

在流体中加固体颗粒：在流体中加入固体颗粒，一方面，由于固体颗粒的扰动作用和搅拌作用，使对流传热系数增加，对流传热热阻减小；另一方面，由于固体颗粒不断冲刷壁面，减少污垢的形成，使污垢热阻减少。

在气流中喷入液滴：对于非凝结性气体，如空气，在气流中喷入液滴能强化传热，其原因是液雾改善了气相放热强度低的缺点，当气相中液雾被固体壁面捕集时，气相换热变成液膜换热，液膜壁面蒸发传热强度很高，因此使传热得到强化。

采用短管换热器：理论和实验研究表明，在管内进行对流传热时，在流动的进口段，由于层流底层较薄，对流传热系数较高，利用这一特征，采用短管换热器，可强化对流传热。

防止结垢和及时清除污垢：为了防止结垢，可提高流体的流速，加强流体的扰动。为便于清除污垢，应采用可拆式的换热器结构，定期进行清理。

第六节　辐射传热

热辐射是热量传递的三种基本方式之一，物体因热的原因以电磁波的形式向外发射能量的过程称为热辐射，即物体的热能转变为辐射能。只要物体的温度不变，发射的辐射能也不变。高温时，辐射传热往往成为主要的传热过程。

一、辐射传热的基本概念

1. 热辐射

物体由于热的原因以电磁波的形式向外发射能量的过程称为热辐射。由于热辐射通过电磁波传递，因此不需要媒介。热辐射的能力与温度有关，任何物体只要是绝对温度在零度以上，都能进行热辐射。随着温度的升高，热辐射的作用变得越加重要，高温时，热辐射将起决定作用；温度较低时，如果对流传热不是太弱，则热辐射的作用相对比较小，通常不予考虑。只有气体在自然对流传热或低速度的强制对流传热时，对流传热作用较弱，热辐射的作用才不容忽视。

2. 热辐射对物体的作用

热辐射的能量投射到物体表面上时，其总能量 Q 中的一部分 Q_A 被物体吸收，一部分 Q_R 被反射，其余部分 Q_D 穿过物体，如图 2-15 所示。

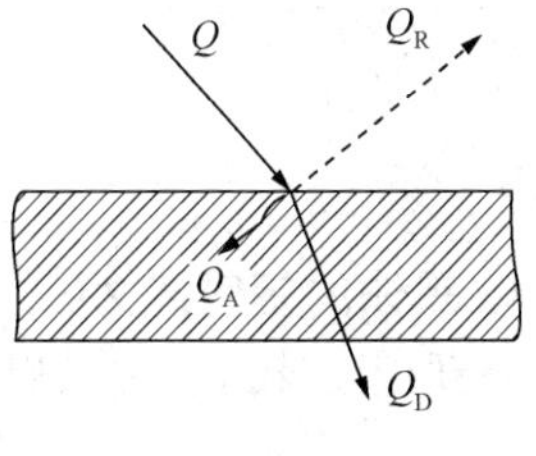

根据能量守恒定律，有

$$Q_A + Q_R + Q_D = Q \qquad (2-53)$$

或

$$\frac{Q_A}{Q} + \frac{Q_R}{Q} + \frac{Q_D}{Q} = 1 \qquad (2-54)$$

设 $\dfrac{Q_A}{Q} = A$，$\dfrac{Q_R}{Q} = R$，$\dfrac{Q_D}{Q} = D$，则上式变为

$$A + R + D = 1 \qquad (2-55)$$

图 2-15　热辐射的吸收、反射和透过

式中　A，R，D——物体对投射辐射的吸收率、反射率和穿透率。

若 $A = 1$，则表示落在物体表面上的辐射能全部被物体吸收，这种物体称为绝对黑体。黑体具有最大的吸收能力，也具有最大的辐射能力。

若 $R = 1$，则表示落在物体表面上的辐射能全部被反射出去。此时，若入射角等于反射角，则物体称为镜体；若反射情况为漫反射，该物体称为绝对白体。

若 $D = 1$，则表示落在物体表面上的辐射能将全部穿透过去，这类物体称为绝对透明体或透热体。

黑体、镜体和透热体都是假定的理想物体。实际物体只是或多或少地接近这种理想物体。例如，没有光泽的黑漆表面的吸收率为 0.96~0.98，接近黑体；磨光的铜表面的反射率为 0.97，接近镜体；单原子和对称的双原子气体可视为透热体。引入理想物体的概念，作为实际物体与之比较的标准，可以使辐射传热计算大大简化。

物体的吸收率、反射率和穿透率的大小取决于物体的性质、表面状况、温度和投射辐射的波长。一般固体和液体都是不透热体，即 $D=0$，因此 $A+R=1$。由此可见，吸收能力大的物体其反射能力就小；反之，吸收能力小的物体其反射能力就大。

固体和液体对外界的辐射，以及它们对投射辐射的吸收和反射都是在物体表面上进行的，不涉及物体的内部，因此物体表面的状况对这些特性的影响是至关重要的。当辐射能投射到气体上时，情况与固体和液体不同，气体对辐射能几乎没有反射能力，可以认为 $R=0$，$A+D=1$。显然，吸收能力大的气体，其穿透能力就差。

一般的固体能部分地吸收由 0~∞ 的所有波长范围的辐射能。如果物体能以相同的吸收率吸收所有波长范围的辐射能，则物体对投入辐射的吸收率与外界无关，这种物体称为灰体。灰体也是理想物体，但对于波长在 0.4~20μm 范围内的热辐射，大多数工程材料可视为灰体。

3. 辐射传热

物体在向外发出辐射能的同时，也在不断地吸收周围其他物体发出的辐射能，并将吸收的辐射能转换为热能，这种物体之间相互发出辐射能和吸收辐射能的传热过程称为辐射传热。如果辐射传热是在两个温度不等的物体之间进行，则辐射传热的结果是热量由高温物体向低温物体传递。当物体与周围环境温度相等时，辐射传热量等于零，但辐射与吸收过程仍在不停地进行系统处于动态热平衡状态。

二、物体的辐射能力

物体的辐射能力是指物体在一定温度下，单位表面积、单位时间内所发出的全部波长（0~∞）的总能量，用 E 表示，单位为 W/m^2。辐射能力表征物体发射辐射能的能力物体在一定温度下发射某种波长的能力称为物体的单色辐射能力，用 E 表示，单位为 W/m^3。则辐射能力为

$$E = \int_0^\infty E_\lambda \mathrm{d}\lambda \qquad (2-56)$$

1. 黑体的辐射能力

分别用 E_b 和 $E_{b\lambda}$ 表示黑体的辐射能力和单色辐射能力。根据式(2-56)，对于黑体，有

$$E_b = \int_0^\infty E_{b\lambda} \mathrm{d}\lambda \qquad (2-57)$$

普朗克定律给出了黑体的单色辐射能力与温度和波长的关系，即

$$E_{b\lambda} = \frac{c_1 \lambda^{-5}}{e^{\frac{c_2}{\lambda T}} - 1} \qquad (2-58)$$

式中　　λ——波长，μm；

　　　　T——黑体的绝对温度，K；

　　　　c_1——常数，其值为 $3.743 \times 10^{-16} W \cdot m^2$；

　　　　c_2——常数，其值为 $1.4387 \times 10^{-2} m \cdot K$。

将式(2-58)所表达的普朗克定律绘制在图2-16上，得到辐射能力分布曲线。不同温度有不同的单色辐射能力分布曲线。任意两个波长之间的曲线段与横坐标围成的面积为该波长范围内黑体的辐射能力，曲线与横坐标之间的所有面积则为黑体的总辐射能力。高温物体的辐射能力相对较强。

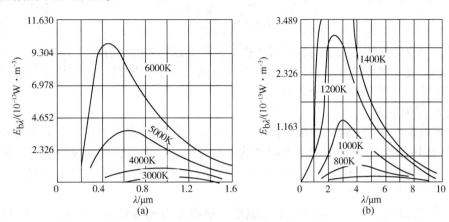

图 2-16　黑体单色辐射能力按波长的分布曲线

在一定温度下，黑体辐射各种波长的能力不同，辐射能力随波长的变化存在最大值，对应的波长为 λ_m，并且最强辐射处的波长一般都是短波。同时，单色辐射能力的最大值随温度的升高而移向波长较短的一边。对应于最大单色辐射能力的波长 λ_m。与绝对温度 T 的乘积为常数，即

$$\lambda_m T = 常数 = 2.9 \times 10^{-3} \tag{2-59}$$

太阳辐射到地球大气层边缘的能量分布曲线近似于黑体辐射的光谱特征。在太阳光谱中，波长为 $0.38 \sim 0.78 \mu m$（可见光波长）的辐射能力占总辐射能力的47%，即照射在地球大气层上的太阳光能量47%为可见光。此外，紫外线的能量占总能量的7%，红外线的能量占总能量的46%。太阳总辐射能力大约为 $1370 W/m^2$，其对地球表面的温度有着重大影响。

将式(2-59)代入式(2-57)，积分并整理，得

$$E_b = \sigma_0 T^4 \tag{2-60}$$

式中　σ_0——黑体的辐射常数，其值为 $5.67 \times 10^{-8} W/(m^2 \cdot K^4)$。

式(2-60)为斯蒂芬-玻尔茨曼定律，它说明黑体的辐射能力与其表面温度的四次方成正比，故又称为四次方定律。该定律表明，热辐射对温度非常敏感，低温时热辐射往往可以忽略，高温时则起主要作用。

工程上为计算方便，将式(2-60)写成如下形式：

$$E_b = C_0 \left(\frac{T}{100} \right)^4 \tag{2-61}$$

式中　C_0——黑体的辐射系数，其值为 $5.67 W/(m^2 \cdot K^4)$。

2. 灰体的辐射能力

实验证明，斯蒂芬-玻尔茨曼定律也可以应用到灰体，此时的数学表达式为

$$E = C \left(\frac{T}{100} \right)^4 \tag{2-62}$$

式中　C——灰体的辐射系数，单位为 $W/(m^2 \cdot K^4)$。

将灰体的辐射能力与同温度下黑体的辐射能力之比定义为物体的黑度，用 ε 表示，即

$$\varepsilon = \frac{E}{E_b} \tag{2-63}$$

由于黑体具有最大的辐射能力，因此 $0 < \varepsilon < 1$。由式（2-62）和式（2-63）可得

$$E = \varepsilon \, C_0 \left(\frac{T}{100} \right)^4 \tag{2-64}$$

可见，只要知道物体的黑度，就可通过上式求得该物体的辐射能力。

物体的黑度是物体本身的特性，取决于物体的性质、温度以及表面状况，包括粗糙度及氧化程度等，一般可通过实验确定。

3. 克希霍夫定律

克希霍夫定律反映了物体的辐射能力与吸收能力之间的密切关系。为了考察两个物体表面之间的辐射传热，假设有两个无限大的平行平壁，一个壁表面的辐射能可以全部落在

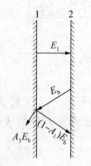

图 2-17 平行平板间辐射传热

另一个壁的表面上，如图 2-17 所示。其中，壁 1 为灰体，壁 2 为黑体。

设壁面 1 的温度、辐射能力和吸收率分别为 T_1、E_1 和 A_1；壁面 2 的温度、辐射能力和吸收率分别为 T_2、E_b 和 A_b，其中 $A_b = 1$。两壁面之间为透热体，系统对外界绝热。以单位表面积、单位时间为基准，分析两壁面之间的辐射传热情况。壁面 1 发出的辐射能力为 E_1，这部分能量投射到黑体壁面 2 上，被黑体壁面全部吸收。黑体壁面 2 发出的辐射能力为 E_b，这些能量投射到灰体壁面 1 上时，只有一部分被吸收，即 $A_1 E_b$，其余部分 $(1-A_1) E_b$ 则被反射回去，并被壁面 2 全部吸收。对壁面 1，热量的收支差额为

$$q = E_1 - A_1 E_b \tag{2-65}$$

式中　q——两壁面间辐射传热的热量通量，W/m^3。

当两壁处于热平衡状态，即 $T_1 = T_2$，$q = 0$ 时，有

$$E_1 = A_1 E_b \tag{2-66}$$

或

$$\frac{E_1}{A_1} = E_b \tag{2-67}$$

以上关系式可以推广到任意灰体，即

$$\frac{E_1}{A_1} = \frac{E_2}{A_2} = \cdots = \frac{E}{A} = E_b = f(T_1) \tag{2-68}$$

式（2-68）为克希霍夫定律的数学表达式。该定律表明，任何物体的辐射能力和吸收率的比值恒等于同温度下黑体的辐射能力，并且只与温度有关。物体的吸收率越大，其辐射能力越大，即善于吸收的物体必善于辐射。实际物体的吸收率均小于1，故黑体的辐射能力最大，其他物体的辐射能力均小于黑体。

由式（2-68）可得出

$$A = \frac{E}{E_b} \tag{2-69}$$

与 $\varepsilon = \dfrac{E}{E_b}$ 相比较，可得

$$A = \varepsilon \tag{2-70}$$

这是克希霍夫公式的另一种表达式，它可以表述为灰体的吸收率在数值上等于同温度下该物体的黑度。

三、物体间的辐射传热

化工中经常遇到两固体壁面之间的辐射传热，由于大多数工程材料可视为灰体，故在此讨论灰体之间的辐射传热。

在灰体的辐射传热过程中，由于他们的吸收率不等于1，存在着辐射能的多次被吸收和多次被反射；同时，由于物体的形状、大小和相互位置等的影响个物体表面发射的辐射能可能只有一部分落到另一个物体的表面上。因此，物体表面间的辐射传热非常复杂。

现以两个无限大灰体平行平壁间的辐射传热过程为例推导两壁面之间的辐射传热计算式。假设平壁均为不透热体，两壁间的介质为透热体，由于平壁很大，故从一壁面发出的辐射能可以全部投射到另一壁面上（图2-18）。两壁面的温度分别为 T_1 和 T_2，且 $T_1 > T_2$。

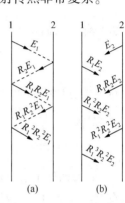

图 2-18　平行灰体平板间辐射传热

从壁面1发出的辐射能为 E_1，到达壁面2后被吸收了 $E_1 A_2$，其余部分 $E_1 R_2$ 被反射回表面1，这部分辐射能又被壁面1吸收间的辐射过程和反射，如此反复，直到 E_1 被完全吸收；与此同时，壁面2发射的（a）壁1发出的辐射能的辐射过程也经历上述反复吸收与反射的过程。由于辐射能以光速传播，因此上述过程是在瞬间进行的。

将单位时间内离开某一表面单位面积的总辐射能定义为有效辐射，用 E_{eff} 表示。壁面1的有效辐射 E_{eff_1} 应包括壁面1发出的辐射能和壁面2发出的辐射能中，全部离开壁面1的辐射能的总和，即

$$
\begin{aligned}
E_{\text{eff}_1} &= (E_1 + R_1 R_2 E_1 + R_1{}^2 R_2{}^2 E_1 + \cdots) + (R_1 E_2 + R_1{}^2 R_2 E_2 + R_1{}^3 R_2{}^2 E_2 + \cdots) \\
&= E_1(1 + R_1 R_2 + R_1{}^2 R_2{}^2 + \cdots) + R_1 E_2(1 + R_1 R_2 + R_1{}^2 R_2{}^2 + \cdots) \\
&= (E_1 + R_1 E_2)(1 + R_1 R_2 + R_1{}^2 R_2{}^2 + \cdots) \\
&= (E_1 + R_1 E_2)\frac{1}{1 - R_1 R_2}
\end{aligned}
\tag{2-71}
$$

同理，壁面2的有效辐射为

$$
E_{\text{eff}_2} = (E_2 + R_2 E_1)\frac{1}{1 - R_1 R_2}
\tag{2-72}
$$

因为两壁间的介质为透热体，所以一个壁面的有效辐射应全部投射到另一个壁面上，由于 $T_1 > T_2$，故单位时间内两壁面单位面积的辐射传热量为

$$
\begin{aligned}
q_{1-2} &= E_{\text{eff}_1} - E_{\text{eff}_2} \\
&= \frac{E_1 + R_1 E_2}{1 - R_1 R_2} - \frac{E_2 + R_2 E_1}{1 - R_1 R_2}
\end{aligned}
\tag{2-73}
$$

将 $A = 1 - R$，$\varepsilon = A$ 及 $E_b = C_0 \left(\dfrac{T}{100}\right)^4$ 代入上式，整理得

$$q_{1-2} = \frac{C_0}{\frac{1}{\varepsilon_1} + \frac{1}{\varepsilon_2} - 1}\left[\left(\frac{T_1}{100}\right)^4 - \left(\frac{T_2}{100}\right)^4\right] \qquad (2-74)$$

令

$$C_{1-2} = \frac{C_0}{\frac{1}{\varepsilon_1} + \frac{1}{\varepsilon_2} - 1} \qquad (2-75)$$

C_{1-2} 称为物体 1 对物体 2 的总辐射系数，取决于壁面的性质和两个壁面的几何因素，则式(2-75)可写为

$$q_{1-2} = C_{1-2}\left[\left(\frac{T_1}{100}\right)^4 - \left(\frac{T_2}{100}\right)^4\right] \qquad (2-76)$$

若平壁壁面面积为 A，则辐射传热速率为

$$Q_{1-2} = C_{1-2}A\left[\left(\frac{T_1}{100}\right)^4 - \left(\frac{T_2}{100}\right)^4\right] \qquad (2-77)$$

对于任意形状的两个物体，设从物体 1 表面发射的辐射能落到物体 2 表面的比例为 φ_{1-2}，则有

$$Q_{1-2} = C_{1-2}\varphi_{1-2}A\left[\left(\frac{T_1}{100}\right)^4 - \left(\frac{T_2}{100}\right)^4\right] \qquad (2-78)$$

φ_{1-2} 称为物体 1 对物体 2 辐射的角系数，它与物体的形状、大小及两物体的相互位置和距离有关。表 2-3 为几种典型情况下的 C_{1-2} 和 φ_{1-2} 值。

表 2-3　几种典型情况下的 C_{1-2} 和 φ_{1-2} 值

辐射情况	面积 A	角系数 φ_{1-2}	总辐射系数 C_{1-2}
极大的两平行面	A_1 或 A_2	1	$\dfrac{C_0}{\dfrac{1}{\varepsilon_1} + \dfrac{1}{\varepsilon_2} - 1}$
面积有限的两相等的平行面	A_1	<1	$\varepsilon_1 \varepsilon_2 C_0$
很大的物体 2 包住物体 1	A_1	1	$\varepsilon_1 C_0$
物体 2 恰好包住物体 1，$A_2 = A_1$	A_1	1	$\dfrac{C_0}{\dfrac{1}{\varepsilon_1} + \dfrac{1}{\varepsilon_2} - 1}$
在 3、4 两种情况之间	A_1	1	$\dfrac{C_0}{\dfrac{1}{\varepsilon_1} + \dfrac{A_1}{A_2}\left(\dfrac{1}{\varepsilon_2} - 1\right)}$

四、对流和辐射联合传热

在化工生产中，许多设备的外壁温度往往高于周围环境的温度，因此热量将以对流和辐射两种方式散失于周围环境中。许多温度较高的设备，如换热器、塔器和蒸汽管道等都必须进行保温隔热，以减少热损失。设备的热损失应等于对流传热和辐射传热之和，当设备的外壁温度 T_w、高于周围大气温度 T_f 时，热量将由壁面散失到周围环境中。由于这种情况下壁面对气体的对流传热强度较小，因此无论壁面温度高低，热辐射的作用都不能被忽视。

对流和辐射联合传热时，设备的热损失应为对流传热和辐射传热之和，即

$$Q = \alpha_T A_w (T_w - T_f) \qquad (2-79)$$

式中　α_T——对流–辐射联合传热系数，$W/(m^2 \cdot K)$；

　　　A_w——设备外壁的面积，m^2。

对于有保温层的设备、管道等，外壁对周围环境的联合传热系数可用下式近似估算：

（1）空气自然对流

平壁保温层外壁：

$$\alpha_T = 9.8 + 0.07(T_w - T) \qquad (2-80)$$

管道或圆筒壁保温层外壁：

$$\alpha_T = 9.8 + 0.052(T_w - T) \qquad (2-81)$$

以上两式适用于 $T_w < 150℃$ 的情况。

（2）空气沿粗糙壁面强制对流

当空气流速 $u \leqslant 5m/s$ 时：

$$\alpha_T = 6.2 + 4.2u \qquad (2-82)$$

当空气流速 $u > 5m/s$ 时：

$$\alpha_T = 7.8u^{0.78} \qquad (2-83)$$

思　考　题

2-1　传热的基本方式有哪些？

2-2　传热过程中冷热流体的接触方式有哪些？

2-3　保温瓶(热水瓶)在设计和使用过程中采取了哪些防止热损失的措施？

2-4　为什么一般情况下，逆流总是优于并流？并流适合于哪些情况？

2-5　室内暖气片为什么只把外表面制成翅片状？

2-6　房间内装有一空调，使空气温度稳定在20℃，请问人在房间内，冬天感觉较冷还是夏天感觉较冷？为什么？

2-7　气温下降，应添加衣服，把保暖性好的衣服穿在里面好，还是穿在外面好？为什么？

2-8　什么是定性温度？什么是定性尺寸？

2-9　冬天，坐到公园的水泥凳子上，或坐在木头凳子上，或坐在随身带的棉坐垫上，三种坐法，有三种不同的感觉，为什么？难道混凝土、木头、棉坐垫的温度和气温不同吗？

2-10　平顶房上铺上一层空心砖，可以起到隔热作用，为什么？

2-11　包有石棉泥保温层的蒸汽管道，当石棉泥受潮后，其保温效果将如何变化？为什么？

2-12　保温层越厚，保温效果越好吗？在什么情况下，管道外壁设置保温层反而增大热损失？圆管热绝缘层的临界直径，其判别准则是什么？

2-13　简述辐射传热中黑体和灰体的概念？影响辐射传热的因素有哪些？

2-14　地面的热量主要来自太阳，白天离地面越远，离太阳就越近。离地面越远，温度就越低，如何解释？

2-15　流体流动方向对传热平均温度差如何影响?

2-16　用火炉烧开水,壶底的温度是接近火焰的温度还是接近水的温度?

2-17　若进行换热的两种流体的对流给热系数相差较大,那么那种流体的对流给热为控制步骤? 此时为强化传热效果,应怎么办?

2-18　某人将一盆热水和一盆冷水同时放入冰箱,发现热水比冷水冷却速度快,如何解释这一现象?

2-19　有一管式换热器,管程走液体,壳程走蒸汽,由于液体入口温度下降,在液体流量不变的情况下,仍要达到原来的出口温度,可采取什么措施?

2-20　空气在钢管内流动,管外用水蒸气冷凝,请问钢管的壁温接近空气的温度还是水蒸气的温度? 假设管壁清洁,没有污垢。

2-21　设备保温层外常包有一层薄金属皮,为减少热辐射损失,此层金属皮的黑度值是大好还是小好? 其黑度值与材料的颜色、光洁度的关系又是如何?

2-22　两把大小形状完全相同的茶壶,一把陶瓷的,一把是银的,把烧开的水同时往两个壶里倒,陶瓷壶水温下降较快,为什么(从热传导和热辐射的强弱对比来考虑)?

2-23　什么是传热效率? 什么是传热单元数,它们之间的关系如何?

2-24　因为流速增大,总传热系数 K 增大,所以换热器设计中,应选择尽可能大的流速,这种说法是否正确?

第三章

气体吸收

第一节 概　述

　　吸收是利用吸收塔实现气体混合物中一个或多个成分传递到液体中的传质操作过程，广泛用于 CO_2、H_2S、NH_3 等气体的回收和 SO_2、HCl、Cl_2 等气体的脱除。根据气体成分的回收和净化要求，吸收塔可能是一个简单的水喷淋塔，也可能是多级复杂的系统。

　　本章将先介绍吸收操作的常用术语和判断吸收操作能否实现的气液平衡关系（亨利定律），再介绍吸收传质过程的计算方法，最后介绍吸收塔设计方法。

　　图 3-1 是典型的逆流填料型吸收塔结构示意图。气体混合物中含有待吸收的吸收质从塔下部进入吸收塔，经两个填料层吸收后经除雾器出去吸收剂/吸收液雾滴后排出吸收塔。吸收剂从塔上部经喷淋装置到填料层，将气体混合物中的吸收质吸收后在吸收塔底部作为吸收液排出。

　　与吸收塔设计相关的关键内容如图 3-2 所示。通过气液平衡（亨利定律）来判断吸收是否能进行，通过分子扩散（费克定律）、双膜理论和传质速率及传质系数来理解和计算吸收传质过程。通过气体混合物中吸收质种类、气体混合物流量、吸收质浓度和脱除要求，选择合适的吸收剂和吸收塔型。通过操作条件计算和塔径及压力损失计算获得吸收塔工艺参数：塔径、

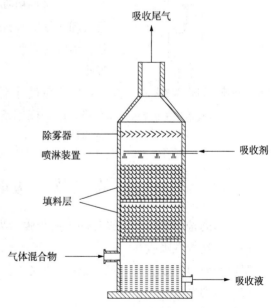

图 3-1　典型的逆流填料型吸收塔结构示意图

塔高、气体混合物/吸收剂流量、气体压力损失。

　　图 3-3 为吸收塔实现气体吸收的典型工艺流程图。吸收剂从吸收塔的顶部进入吸收塔，吸收气体混合物中的一个或多个成分后作为吸收液从吸收塔底部流出。所涉及的术语有：吸收质、目标吸收质、吸收剂、吸收液、吸收尾气和吸收塔。吸收质（又称溶质）是在吸收条件下气体中可以溶解到溶剂中的成分。目标吸收质是需要通过吸收去除的目标物。除特别说明外，本章的吸收质均为目标吸收质。吸收剂是指可以吸收吸收质的液体。吸收液是

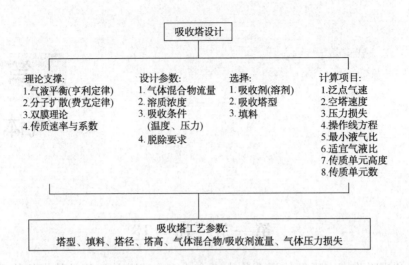

图 3-2　吸收塔设计关键内容

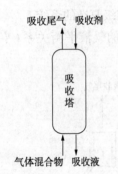

图 3-3　吸收塔工艺流程图

吸收了吸收质的吸收剂,它是吸收剂和吸收质的混合物。吸收塔是实现吸收的装置,具备气体混合物进口、吸收尾气出口、吸收剂进口和吸收液出口。

吸收过程根据吸收质和吸收剂之间的作用,可以分为物理吸收和化学吸收。吸收质和吸收剂之间不发生化学反应的吸收,为物理吸收。吸收质和吸收剂之间发生化学反应的为化学吸收。

吸收塔设计主要包括吸收剂的选择、吸收塔型的选择、填料的选择、操作条件的计算、塔高及塔径的计算、气体压力损失的计算。

第二节　吸收剂的选择

吸收剂的选择是吸收塔设计的重要步骤。吸收剂的选择应该遵循以下六点。

(1) 可选择性吸收

吸收剂对目标吸收质应该有选择性吸收能力,而对非目标吸收质最好是没有吸收能力。

(2) 对温度敏感

吸收液常用加热方法来解吸吸收质,达到吸收剂的再生。因此,吸收剂需要具备在低温下能高效吸收吸收质,在高温条件下能解吸吸收质的特性。

(3) 蒸气压低,不容易挥发

由于吸收剂和气体混合物充分接触,如果吸收剂是易挥发性物质,吸收剂会挥发到气体中导致吸收剂的损失及吸收剂的排放引起的环境污染问题。

(4) 化学稳定性好

在吸收过程和解吸过程中,吸收剂应该不发生副反应导致副产物产生,影响吸收效果,增加吸收液解吸和副产物处理成本。

（5）黏度较低，不容易产生泡沫

吸收剂黏度除影响吸收塔气体压力损失外，还会导致大量泡沫产生，影响吸收塔正常工作。应采用低黏度，泡沫产生量少的吸收剂。当产生大量泡沫时，吸收剂里面需要添加消泡剂。

（6）价格便宜、无毒、无害、不易燃烧

吸收剂应该是容易得到、价格低廉、不易燃烧安全、无毒无害。

常见的工业吸收质和对应吸收剂见表3-1。

表 3-1 典型的吸收质气体和吸收剂

吸收质	吸收剂
CO_2	KOH 水溶液、NaOH 水溶液、乙醇胺水溶液
H_2S	乙醇胺水溶液、乙二胺水溶液
SO_2	水、氨水溶液，$Ca(OH)_2$ 水溶液
HCl	水
Cl_2	水
NH_3	水

吸收塔型有填料塔、板式塔（泡罩塔、孔板塔等）、文丘里洗气塔、喷射吸收塔等。表3-2列出了常用的填料塔和板式塔对气体吸收的适用情况。在吸收塔型选择时，可以根据条件选择合适的吸收塔。

表 3-2 常用填料塔和板式塔的适用情况对比

操作条件	填料塔		板式塔	
	无序堆积	有序堆积	泡罩塔	孔板塔
低压（<100mmHg）	适用	最佳	适用	评估后用
中压	适用	评估后用	最佳	适用
高压（>50%临界压力）	适用	不可	最佳	适用
高操作弹性	评估后用	适用	适用	最佳
低液体流速	评估后用	适用	评估后用	最佳
高液体流速	最佳	不可	适用	评价后用
泡沫系统	最佳	不可	评估后用	评估后用
有固体	评价后用	不可	适用	评价后用
污浊或容易凝聚液体	评价后用	不可	适用	评价后用
细塔	最佳	适用	评价后用	适用
粗塔	适用	评价后用	最佳	适用
腐蚀性液体	最佳	评价后用	适用	适用
黏性液体	最佳	不可	适用	评价后用
低压力损失	适用	适用	评价后用	不可
处理能力扩展	适用	最佳	适用	不可
低成本	适用	评价后用	适用	评价后用

第三节　操作条件的计算

1. 气液平衡关系(亨利定律)

在一定温度和一定气体压力下，气体混合物和吸收剂充分接触，气体混合物中的吸收质浓度和吸收剂中吸收质的浓度达到平衡状态。平衡状态下，气体混合物中的吸收质浓度为对应吸收剂中吸收质的浓度时的饱和分压，吸收剂中吸收质的浓度为对应气体混合物中的吸收质浓度时的溶解度。吸收质的饱和分压和溶解度跟温度有关。图 3-4 为不同温度条件下的吸收质 SO_2 的饱和分压和溶解度关系。

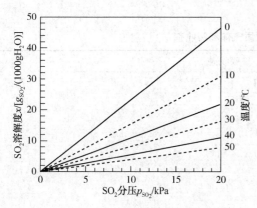

图 3-4　不同温度下 SO_2 在水中的溶解度与 SO_2 饱和分压之间的关系

气体混合物中的吸收质浓度值和吸收剂中吸收质的浓度值之间的对应关系为气液平衡关系。当吸收剂中吸收质的浓度较小时，气体混合物中的吸收质浓度值和吸收剂中吸收质的浓度值之间呈现线性对应关系，这个关系为亨利定律。

由于吸收质浓度在气体和液体中的表示方法不同，亨利定律可以有以下几种表达方法：

$$p_i = Ex_i \tag{3-1}$$

$$p_i = Hc_i \tag{3-2}$$

$$y_i = mx_i \tag{3-3}$$

式中　　p_i——吸收质 i 在气相中的分压，kPa；

$\quad\quad\quad x_i$——吸收质 i 在液相中的摩尔比；

$\quad\quad\quad c_i$——吸收质 i 在液相中的摩尔浓度，mol/m^3；

$\quad\quad\quad y_i$——吸收质 i 在气相中的摩尔比。

E、H 和 m——以不同单位表示的亨利系数，单位分别为 kPa、$kPa/(mol/m^3)$ 和无单位。

$\quad\quad\quad E$、H 和 m 三者之间的关系为

$$m = \frac{E}{p} \tag{3-4}$$

$$E = Hc \tag{3-5}$$

式中　c——吸收液的总摩尔浓度，mol/m^3。

2. 传递方向判断与传质推动力

对于确定的气体吸收，气液两相中吸收质浓度分别为 y_1 和 x_1，该吸收质在气相中的浓度为 y_1 时对应的液相中平衡浓度为 x_1^*，液相中的浓度差值 $(x_1^* - x_1)$ 为液相吸收推动力；该吸收质在液相中的浓度为 x_1 时对应的气相中的平衡浓度为 y_1^*，液相中的浓度差值 $(y_1^* - y_1)$ 为气相吸收推动力。当 a 点处于气液平衡线上方时(图 3-5)，吸收推动力大于零，说明气相中的吸收质可以传递到液相中，吸收过程可以实现；当 a 点处于气液平衡线下方时，所用的吸收剂不能吸收吸收质，只能发生吸收质从液相传递到气相的解吸过程(图 3-6)。

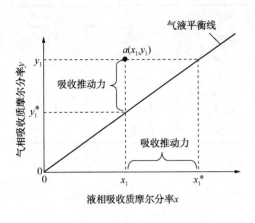
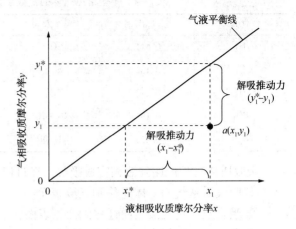

图 3-5　吸收过程推动力　　　　　　　　　　图 3-6　解吸过程推动力

3. 吸收传质机理

气体吸收是通过扩散(分子扩散或对流扩散)实现从气相传递到液相。对定态扩散,可以由费克(Fick)定律来计算吸收质的扩散速率。

$$J_i = -D \frac{dc_i}{dz} \tag{3-6}$$

式中　J_i——吸收质 i 的分子扩散速率,$kmol/(s \cdot m^2)$;

　　　　D——吸收质 i 在混合物中的扩散系数,m^2/s;

　　$\dfrac{dc_i}{dz}$——吸收质 i 的浓度梯度,$kmol/(m^3 \cdot m)$。

一般地,对组分 A 和 B 之间的相互扩散,其扩散系数计算公式如下:

$$D = \frac{4.36 \times 10^{-5} \left(\dfrac{1}{M_A} + \dfrac{1}{M_B} \right)^{0.5}}{p \left(V_A^{\frac{1}{3}} + V_B^{\frac{1}{3}} \right)^2} \tag{3-7}$$

式中　T——温度,K;

　　　　p——总压力,kPa;

　　M_A,M_B——组分 A 和 B 的摩尔质量,g/mol;

　　V_A,V_B——组分 A 和 B 的分子体积,cm^3/mol。

常见气体分子体积和扩散系数见表 3-3 和表 3-4。

表 3-3　常见气体分子体积　　　　　　　　　　　　　　　cm^3/mol

气体	分子体积	气体	分子体积	气体	分子体积	气体	分子体积
空气	29.9	CO	30.7	N_2O	36.4	COS	51.5
O_2	25.6	H_2O	18.9	NH_3	25.8		
N_2	31.2	SO_2	44.8	H_2	14.3		
CO_2	34.0	NO	23.6	H_2S	32.9		

表 3-4 　一些常见气体的扩散系数(101.325kPa，273.15K)

气体	$D/(cm^3/s)$	气体	$D/(cm^3/s)$	气体	$D/(cm^3/s)$
H_2	0.611	SO_2	0.103	CS_2	0.089
N_2	0.132	SO_3	0.095	$C_2H_5OC_2H_5$	0.078
O_2	0.178	NH_3	0.170	C_6H_6	0.077
CO_2	0.138	CH_3OH	0.132	$C_6H_5CH_3$	0.076
H_2O	0.220	C_2H_5OH	0.102	HCl	0.130

吸收质从气相传递到液相完成吸收，经过以下过程：
① 吸收质从气相主体迁移到气液表面；
② 吸收质通过气液表面迁移到液相表面；
③ 吸收质从液相表面迁移到液相主体。

针对吸收质的迁移传质过程，惠特曼(Whitman)基于气液表面气液两相的层流流动特性，于 1923 年提出双膜理论，将吸收质从气体主体到气液表面的传质和从液相表面到液相主体的传质处理成为有一定厚度的气膜(δ_G)和液膜(δ_L)中间的传质(图 3-7)。

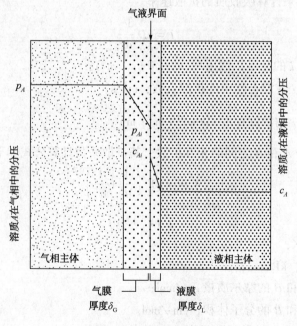

图 3-7 　双膜理论模型图

4. 吸收速率方程

气相中，吸收质通过气膜传质到气液表面，经历 δ_G 的传质距离，吸收质分压从 p_A 降低到 p_{Ai}，气相传质速率[N_A，kmol/($m^2 \cdot s$)]方程为

$$N_A = \frac{D}{RT\delta_G} \cdot \frac{p}{\rho_{Bm}}(p_A - p_{Ai}) \tag{3-8}$$

式中　R 和 T——气体常数[8.314L/(mol·K)]和温度(K)；

　　　p 和 p_{Bm}——气体总压(kPa)和气体混合物中 A 以外的气体(以 B 为记)的分压(kPa)的对数平均值。

在一定的操作条件下，D、T、p、p_{Bm} 和 δ_G 为定值。因此，气相传质速率方程可以改写为

$$N_A = k_G(p_A - p_{Ai}) = \frac{p_A - p_{Ai}}{\dfrac{1}{k_G}} = \frac{\text{气膜传质推动力}}{\text{气膜传质阻力}} \qquad (3-9)$$

$$k_G = \frac{D}{RT\delta_G} \cdot \frac{p}{p_{Bm}} \qquad (3-10)$$

式中　k_G——以吸收质气体分压差为推动力的气膜传质系数或气相传质系数，kmol/($m^2 \cdot s \cdot kPa$)；

$\dfrac{1}{k_G}$——气膜传质阻力，($m^2 \cdot s \cdot kPa$)/kmol。

液相中，吸收质通过液膜传质到液相主体，经历 δ_L 的传质距离，吸收质浓度从 c_{Ai} 提高到 c_A，液相传质速率 [N_A，kmol/($m^2 \cdot s$)] 方程为：

$$N_A = k_L(c_{Ai} - c_A) = \frac{c_{Ai} - c_A}{\dfrac{1}{k_L}} = \frac{\text{液膜传质推动力}}{\text{液膜传质阻力}} \qquad (3-11)$$

式中　k_L——以吸收质在液相中的摩尔浓度差为推动力的液膜传质系数或液相传质系数，kmol/($m^2 \cdot s \cdot kmol/m^3$)；

$\dfrac{1}{k_L}$——液膜传质阻力，($m^2 \cdot s \cdot kmol/m^3$)/kmol。

由于气液两相中吸收质浓度表示方法不同，气液传质速率还可以用以下几种方程来计算：

$$N_A = k_y(y_A - y_{Ai}) \qquad (3-12)$$

$$N_A = k_Y(Y_A - Y_{Ai}) \qquad (3-13)$$

$$N_A = k_x(x_{Ai} - x_A) \qquad (3-14)$$

$$N_A = k_X(X_{Ai} - X_A) \qquad (3-15)$$

式中　k_y——以吸收质气相摩尔分数差为推动力的气膜传质系数或气相传质系数，kmol/($m^2 \cdot s$)；

k_Y——以吸收质气相摩尔比差为推动力的气膜传质系数或气相传质系数，kmol/($m^2 \cdot s$)；

k_x——以吸收质液相摩尔分数差为推动力的液膜传质系数或液相传质系数，kmol/($m^2 \cdot s$)；

k_X——以吸收质液相摩尔比差为推动力的液膜传质系数或液相传质系数，kmol/($m^2 \cdot s$)。

5. 总传质速率方程

传质速率方程式(3-12)~式(3-15)以气液界面浓度来计算浓度差。气液界面浓度往往是难于得到的。为计算方便，可以采用气相主体中吸收质浓度(Y)与液相主体中吸收质浓度对应的气相平衡浓度(Y^*)的差值($Y - Y^*$)，或气相主体中吸收质浓度对应的液相平衡浓度(X^*)与液相主体中吸收质浓度(X)的差值($X^* - X$)来计算传质速率方程。以($Y - Y^*$)和($X^* - X$)差值来计算传质速率反映了气液两相中相对应的浓度差的影响，与式(3-12)~式(3-15)反映的气相或液相浓度差值不同。在这里，以($Y - Y^*$)和($X^* - X$)差值来计算得到的传质速率定义为总传质速率。

由于 $Y=mX$（亨利定律），气液界面上有

$$X_i = \frac{Y_i}{m}$$

液相主体浓度 X 时对应的气相主体浓度 Y^*，它们之间满足亨利定律：

$$X = \frac{Y^*}{m}$$

于是，式(3-13)和式(3-15)可以转化为

$$N_A = \frac{Y-Y_i}{\dfrac{1}{k_Y}} \tag{3-16}$$

$$N_A = \frac{X_i-X}{\dfrac{1}{k_X}} = \frac{\dfrac{Y_i}{m}-\dfrac{Y^*}{m}}{\dfrac{1}{k_X}} = \frac{Y_i-Y^*}{\dfrac{m}{k_X}} \tag{3-17}$$

式(3-16)和式(3-17)可以转化为以 $(Y-Y^*)$ 为推动力的总传质速率方程：

$$N_A = \frac{Y-Y^*}{\dfrac{1}{k_Y}+\dfrac{m}{k_X}} \tag{3-18}$$

设

$$K_Y = \frac{1}{\dfrac{1}{k_Y}+\dfrac{m}{k_X}}$$

则

$$N_A = K_Y(Y-Y^*) \tag{3-19}$$

同理，以 (X^*-X) 为推动力的总传质速率方程为

$$N_A = K_X(X^*-X) \tag{3-20}$$

其中

$$\frac{1}{K_X} = \frac{1}{mk_Y}+\frac{1}{k_X}$$

传质方程是传质推动力与传质阻力之间的比值。可以通过比较传质阻力的大小来判断传质阻力处于气膜、液膜，还是气膜和液膜。传质速率受阻力大的膜部分控制。

气膜控制：吸收质在吸收剂中的溶解度很大（如氨在水中的吸收），m 很小（$m<1$），$1/k_y \gg m/k_x$，$K_Y \approx k_Y$。此时吸收质的传质阻力集中在气膜中，吸收质的吸收过程受气膜控制。

液膜控制：吸收质在吸收剂中的溶解度很小（如氧气在水中的吸收），m 很大（$m>100$），$1/k_x \gg 1/(mk_y)$，$K_X \approx k_x$。此时吸收质的传质阻力集中在液膜中，吸收质的吸收过程受液膜控制。

6. 操作线方程

进出吸收塔的气体（气体混合物和吸收尾气）和液体（吸收剂和吸收液）流量以及吸收质在气体和液体中的浓度是吸收塔设计的主要参数。吸收塔通常采用逆流操作，即气体混合物从吸收塔的底部进入吸收塔，吸收剂从吸收塔的顶部进入吸收塔（图3-8）。为计算方便，常采用惰性气体（气体中的不能被吸收的气体）和假设

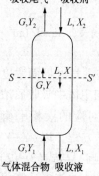

图 3-8　逆流吸收塔

吸收剂不挥发来计算吸收质在气相和液相中的物料平衡。

对吸收塔中的任意高度截面($S-S'$)上有

$$LX+GY_2=LX_2+GY \tag{3-21}$$

或

$$LX+GY_1=LX_1+GY \tag{3-22}$$

吸收塔任意高度截面($S-S'$)上的气相中吸收质摩尔比 Y 可以用以下吸收塔的操作线方程来计算:

$$Y=\frac{L}{G}X+\left(Y_1-\frac{L}{G}X_1\right) \tag{3-23}$$

或

$$Y=\frac{L}{G}X+\left(Y_2-\frac{L}{G}X_2\right) \tag{3-24}$$

从吸收塔的操作线方程可以看出,Y 与 X 为线性的关系,该直线必须通过塔顶和塔底两个点(X_1,Y_1)和(X_2,Y_2),其直线的斜率为 L/G(图3-9)。

7. 最小液气比

影响吸收塔的吸收性能的主要参数是吸收剂的流量。如果吸收剂流量减少,L/G 减少,操作线斜率降低。吸收塔的操作线方程可以看出,当 L/G 降低到一定值[最小液气比$(L/G)_{\min}$]时,操作线会和气液平衡线相交(图3-10)。$(L/G)_{\min}$ 可以用式(3-25)来计算。实际设计时,液气比取最小液气比的1.1~2.0倍。

$$\left(\frac{L}{G}\right)_{\min}=\frac{Y_1-Y_2}{X_1^*-X_2} \tag{3-25}$$

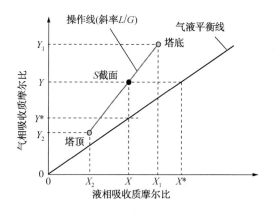

图3-9　操作线方程与平衡线方程

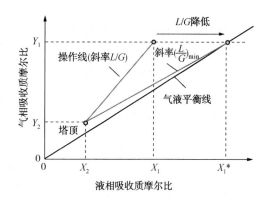

图3-10　最小液气比示意图

8. 塔高计算

吸收塔关键部分是填充材料、塔径和塔高(图3-11)。塔高通过以下公式计算。在吸收塔中任意位置上任意取一微分高度 dZ,在此微分高度内做物料平衡,有

气相中吸收质较少量=液相中吸收质增加量=吸收质传质量

气相中吸收质较少量=$G(Y+dY)-GY=GdY$

液相中吸收质增加量=$L(X+dX)-LX=LdX$

吸收质传质量=传质速率×传质面积=$N_A\Omega adZ$

式中　Ω——吸收塔的截面积,m^2;

a——单位体积填料的有效气液传质面积,m^2/m^3。

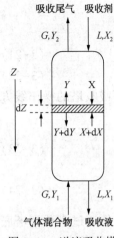

图 3-11 逆流吸收塔
高度计算模型

$$GdY = LdX = N_A a\Omega dZ \qquad (3-26)$$

$$dZ = \frac{GdY}{N_A a\Omega} = \frac{GdY}{k_Y a\Omega(Y-Y_i)} = \frac{GdY}{K_Y a\Omega(Y-Y^*)} \qquad (3-27)$$

或 $$dZ = \frac{LdX}{N_A a\Omega} = \frac{LdX}{k_X a\Omega(X_i-X)} = \frac{LdX}{K_X a\Omega(X^*-X)} \qquad (3-28)$$

对固定截面积的吸收塔，在稳态操作条件下，G、L、Ω、a、k_Y、K_Y、k_X 和 K_X 为定值，吸收塔高度 Z 可以通过积分来求得

$$Z = \frac{G}{k_Y a\Omega} \int_{Y_2}^{Y_1} \frac{dY}{Y-Y_i} = \frac{G}{K_Y a\Omega} \int_{Y_2}^{Y_1} \frac{dY}{Y-Y^*} \qquad (3-29)$$

或 $$Z = \frac{LdX}{k_X a\Omega} \int_{X_2}^{X_1} \frac{dX}{X_i-X} = \frac{L}{K_X a\Omega} \int_{X_2}^{X_1} \frac{dX}{X^*-X} \qquad (3-30)$$

为了方便计算，将式(3-29)和式(3-30)定义为吸收塔传质单元高度与单元数之积。

$$Z = H_G \cdot N_G = H_L \cdot N_L = H_{ZG} \cdot N_{ZG} = H_{ZL} \cdot N_{ZL} \qquad (3-31)$$

式中 H_G——气相传质单元高度，$H_G = \dfrac{G}{k_Y a\Omega}$；

N_G——气相传质单元数，$N_G = \displaystyle\int_{Y_2}^{Y_1} \frac{dY}{Y-Y_i}$；

H_{ZG}——气相总传质单元高度，$H_{ZG} = \dfrac{G}{K_Y a\Omega}$；

N_{ZG}——气相总传质单元数，$N_{ZG} = \displaystyle\int_{Y_2}^{Y_1} \frac{dY}{Y-Y^*}$；

H_L——液相传质单元高度，$H_L = \dfrac{L}{k_X a\Omega}$；

N_L——液相传质单元数，$N_L = \displaystyle\int_{X_2}^{X_1} \frac{dX}{X_i-X}$；

H_{ZL}——液相总传质单元高度，$H_{ZL} = \dfrac{L}{K_X a\Omega}$；

N_{ZL}——液相总传质单元数，$N_{ZL} = \displaystyle\int_{X_2}^{X_1} \frac{dX}{X^*-X}$。

传质单元高度或总传质单元高度实质上是由两个部分组成，一部分是 $\dfrac{G}{\Omega}$ 或 $\dfrac{L}{\Omega}$；另一部分是传质系数或总传质系数与单位体积的填料有效气液传质面积的乘积的倒数，可查阅相关资料获取。

传质单元数或总传质单元数可以通过积分方法来计算(图3-12)。以总传质单元数为例，总传质单元数为

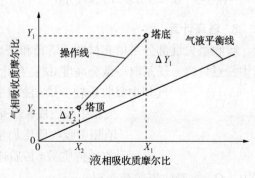

图 3-12　总传质单元数计算模型

$$N_{ZG} = \int_{Y_2}^{Y_1} \frac{dY}{Y - Y^*}$$

操作线方程为

$$Y = \frac{L}{G}X + \left(Y_2 - \frac{L}{G}X_2\right)$$

平衡线方程为：

$$Y^* = mX$$

于是，总传质单元数为

$$N_{ZG} = \int_{X_2}^{X_1} \frac{d\left[\frac{L}{G}X + \left(Y_2 - \frac{L}{G}X_2\right)\right]}{\frac{L}{G}X + \left(Y_2 - \frac{L}{G}X_2\right) - mX}$$

$$= \frac{1}{\frac{L}{G} - m} \ln \left(\frac{\frac{L}{G}X_1 + Y_2 - \frac{L}{G}X_2 - mX_1}{\frac{L}{G}X_2 + Y_2 - \frac{L}{G}X_2 - mX_2}\right) \qquad (3-32)$$

令

$$\frac{L}{G}X_1 + Y_2 - \frac{L}{G}X_2 - mX_1 = Y_1 - Y_1^* = \Delta Y_1$$

$$\frac{L}{G}X_2 + Y_2 - \frac{L}{G}X_2 - mX_2 = Y_2 - Y_2^* = \Delta Y_2$$

于是，总传质单元数 N_{ZG} 为

$$N_{ZG} = \frac{1}{\frac{L}{G} - m} \ln \left(\frac{\Delta Y_1}{\Delta Y_2}\right) \qquad (3-33)$$

式中　$\left(\dfrac{L}{G} - m\right)$——操作线和气液平衡线的斜率差。

第四节　塔径及压力损失计算

1. 泛点气速

吸收塔内部吸收剂(吸收液)从上而下，气体从下而上做逆流流动。当气体流速增加时，吸收剂(吸收液)往下流动阻力增加。当气体流速增加到一定值(泛点气速)时，吸收剂(吸收液)往下流动阻力急剧增加，导致部分或全部吸收剂(吸收液)随气流从塔顶部流出(液泛现象)。产生液泛现象时，气体流动阻力迅速增加并剧烈波动。

对填料塔型吸收塔，泛点气速采用埃克特(Eckert)关联图(图3-13)来求得。

图3-13中：

$$\theta = \frac{L'}{G'}\left(\frac{\rho_G}{\rho_L}\right)^{0.5} \qquad (3-34)$$

$$\delta = \frac{u^2 \phi \varphi}{g}\left(\frac{\rho_G}{\rho_L}\right)\mu_L^{0.2} \qquad (3-35)$$

式中　L'——液体的质量流量，kg/s；

G'——气体的质量流量，kg/s；

ρ_L——液体密度，kg/m³；

ρ_G——气体密度，kg/m³；

u——空塔气速，m/s；

ϕ——填料因子，1/m；

φ——水密度与液体的密度之比；

μ_L——液体黏度，mPa·s；

g——重力加速度，m/s²。

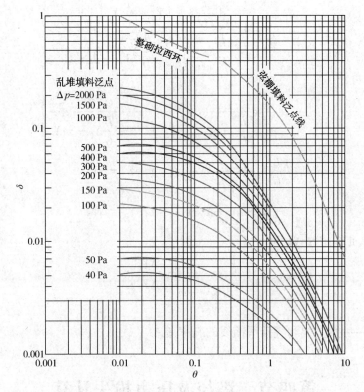

图 3-13　埃克特(Eckert)关联图(泛点线及各种条件下的压力损失)

泛点气速的求法：

先计算横轴 θ，然后利用图 3-13 获得 θ 值对应填料的泛点线上的纵轴 δ 值。再利用式(3-36)计算泛点气速。

$$u = \sqrt{\frac{\delta g}{\phi \varphi \mu_L^{0.2}}\left(\frac{\rho_L}{\rho_G}\right)} \qquad (3-36)$$

2. 空塔气速

对填料塔，空塔气速取泛点气速的 0.5~0.8 倍作为适宜操作空塔气速。

对板式型吸收塔，空塔气速 u 为

$$u = K_v\sqrt{\frac{\rho_L - \rho_G}{\rho_G}} \qquad (3-37)$$

$$F_v = \frac{L}{G}\sqrt{\frac{\rho_G}{\rho_L}} \tag{3-38}$$

K_v 可以通过不同 F_v 值查表 3-5 来获得。

表 3-5　板式型吸收塔系数

板间距/mm	K_v/(m/s)		
	$F_v = 0.01$	$F_v = 0.1$	$F_v = 1.0$
150	0.043	0.019	0.046
300	0.060	0.025	0.068
450	0.077	0.030	0.089
600	0.094	0.036	0.11
750	0.11	0.041	0.13
900	0.13	0.047	0.15

3. 塔径

利用气体的流量(V_s，m^3/s)和空塔气体流速(u，m/s)，来计算吸收塔的塔径(D，m)。

$$D = \sqrt{\frac{V_s}{\frac{\pi}{4}u}} \tag{3-39}$$

4. 压力损失

先计算横轴 θ 和 δ 值，然后利用图 3-13 获得压力损失值。

【例 3-1】含有 SO_2 废气的空气，拟采用乱堆填料(填料因子为 184 1/m)型逆流吸收塔用水(不含 SO_2)吸收来去除 SO_2。已知：

① 空气总流量 $10000m^3/h$(不包含 SO_2)；

② SO_2 摩尔分数为：吸收塔进口 10%，出口 0.01%；

③ 水的质量速度是最小质量速度的 1.5 倍；

④ 吸收塔的 $K_y a = 8.0 \times 10^{-3} kmol/(m^3 s)$；

⑤ 吸收塔操作条件为 101.325kPa，293K。

此时，空气黏度为 $1.81 \times 10^{-5} Pa$，密度为 $1.205 kg/m^3$；水的密度为 $998 kg/m^3$。求：

① 最小液气比；

② 泛点气速；

③ 吸收塔直径；

④ 操作线方程；

⑤ 吸收塔气相总传质单元高度；

⑥ 吸收塔气相总传质单元数；

⑦ 吸收塔的压力损失。

解：①最小液气比计算

当 SO_2 摩尔分数为 10% 时，SO_2 的气相摩尔比 $Y_1 = 10\%/(1-10\%) = 0.111$。

吸收用水不含 SO_2，$X_2 = 0$。

SO_2 分压 $p_{SO_2} = 101.325 \times 10\% = 10.1 kPa$。

由图 3-4 可以得知，SO_2 在水中的溶解度为 $11g/(1000gH_2O)$，SO_2 的液相摩尔比 $X_2^* = 11/64/(1000/18) = 0.00309$。

SO_2 出口摩尔分数为 0.01% 时，SO_2 的气相摩尔比 $Y_2 = 0.01\%/(1-0.01\%) = 0.0001$

利用式(3-25)得最小液气比：

$$\left(\frac{L}{G}\right)_{min} = \frac{Y_1 - Y_2}{X_1^* - X_2} = \frac{0.111 - 0.0001}{0.00309 - 0} = 35.9$$

取实际液气比为最小液气比的 1.5 倍，

$$\frac{L}{G} = 1.5\left(\frac{L}{G}\right)_{min} = 1.5 \times 35.9 = 53.9$$

② 填料塔的泛点气速和③塔径计算

废气质量流量：

$$G' = 10000 \times 1.205 + \frac{10000 \times 10\%}{(1-10\%) \times 22.4} \times \frac{273}{293} \times 64 = 15000 \text{kg/h} = 4.17 \text{kg/s}$$

废气体积流量：

$$V_s = 10000/(1-10\%) = 11100 \text{m}^3/\text{h} = 3.09 \text{m}^3/\text{s}$$

废气密度：$\rho_G = 15000/11100 = 1.35 \text{kg/m}^3$

水的质量流量：

$$L = L' = 53.9 \times 15000 = 80850 \text{kg/h} = 225 \text{kg/s}$$

$$\theta = \frac{L'}{G'}\left(\frac{\rho_G}{\rho_L}\right)^{0.5} = \frac{225}{4.17}\left(\frac{1.35}{998}\right)^{0.5} = 1.98$$

从图 3-13 得乱堆填料乏点时，

$$\delta = \frac{u_F^2 \phi \varphi}{g}\left(\frac{\rho_G}{\rho_L}\right)\mu_L^{0.2} = 0.0091$$

$$u_F = \sqrt{\frac{0.0091g}{\phi\mu_L^{0.2}} \cdot \frac{\rho_L}{\rho_G}} = \sqrt{\frac{0.0091 \times 9.81}{184 \times (1.81 \times 10^{-5})^{0.2}} \times \frac{998}{1.35}} = 1.78 \text{m/s}$$

填料塔，取空塔速度为泛点气体的 0.5 倍，$u = 0.5 \times 1.78 = 0.89 \text{m/s}$

吸收塔径：

$$D = \sqrt{\frac{V_s}{\frac{\pi}{4}u}} = \sqrt{\frac{3.09}{\frac{3.14}{4} 0.89}} = 2.10 \text{m}$$

④ 操作线方程

$$Y_2 = 0.0001, \quad X_2 = 0, \quad L/G = 38.8$$

$$Y = \frac{L}{G}X + \left(Y_2 - \frac{L}{G}X_2\right) = 38.8X + 0.0001$$

⑤ 吸收塔气相总传质单元高度

吸收塔截面积：

$$\Omega = \pi\left(\frac{D}{2}\right)^2 = 3.14\left(\frac{2.10}{2}\right)^2 = 3.46 \text{m}^2$$

$$G = 10000 \text{m}^3/\text{h} = 2.78 \text{m}^3/\text{s} = 2.78/22.4 \times 273/293 = 0.116 \text{kmol/s}$$

$$H_{ZG} = \frac{G}{K_Y a\Omega} = \frac{0.116}{8.0 \times 10^{-3} \times 3.46} = 4.19 \text{m}$$

⑥ 吸收塔气相总传质单元数

$$SO_2吸收平衡线斜率：m=\frac{Y_1}{X_1^*}=\frac{0.111}{0.00309}=35.9$$

从操作线方程可以知道，当 $Y_1=0.111$ 时，$X_1=(0.111-0.001)/38.8=0.0028$

当 $X_1=0.0028$ 时，$Y_1^*=35.9\times0.0028=0.105$

$$\Delta Y_1=Y_1-Y_1^*=0.111-0.105=0.006$$

$$\Delta Y_2=Y_2-Y_2^*=0.0001-0=0.0001$$

$$N_{ZG}=\frac{1}{\dfrac{L}{G}-m}\ln\left(\frac{\Delta Y_1}{\Delta Y_2}\right)=\frac{1}{38.8-35.9}\ln\frac{0.006}{0.0001}=1.4$$

塔高 $H=4.19\times1.4=5.87m$，取 6.0m。

⑦ 吸收塔的压力损失

$$\delta=\frac{u^2\phi\varphi}{g}\left(\frac{\rho_G}{\rho_L}\right)\mu_L^{0.2}=\frac{0.89^2\times184\times1}{9.81}\times\frac{1.35}{998}(1.81\times10^{-5})^{0.2}=0.00226$$

从图 3-13，当 $\theta=1.98$，$\delta=0.00226$ 时，压力损失处 50Pa 和 100Pa 之间，约为 75Pa。

思 考 题

3-1 气体吸收的依据是什么？

3-2 吸收剂对溶质溶解度的大小对吸收操作有哪些影响？

3-3 吸收塔的基本结构主要有哪些？

3-4 溶质在气体中的扩散系数与哪些因素有关？具体影响如何？

3-5 影响气体溶解度的因素有哪些？

3-6 气液两相间的吸收过程可分为哪几个步骤？

3-7 吸收的推动力是什么？有哪些表示方法？

3-8 什么是气相传质阻力控制？什么是液相传质阻力控制？

3-9 气相总传质单元数的定义是什么？它反映了吸收设备什么性能？

3-10 低浓度的气体吸收过程有何特点？

3-11 吸收操作线方程表示了什么关系？

3-12 工业上有时采用部分吸收剂再循环操作，其目的是什么？什么情况下采用部分吸收剂循环操作？由于某种需要，将塔底液体部分返回到塔顶，吸收推动力、出塔气体组成及出塔液体组成可能会怎样变化？

3-13 如何选择填料？

3-14 什么是填料塔的液泛点？什么是空塔速度？

3-15 怎样计算吸收塔塔径？

3-16 怎样计算吸收塔压力损失？

3-17 用逆流填料型吸收塔和水吸收废气($10000\text{m}^3/\text{h}$，298K，101.325kPa)中的丙酮(摩尔比为0.005)，要求出塔气体中丙酮摩尔比为0.001。已知气液平衡关系为 $Y^* = 0.4X$，且为气膜阻力控制过程，$K_Y a \propto G^{0.7}$。

① 吸收剂水不循环使用时，请设计吸收塔。

② 吸收剂水循环使用时，请设计吸收塔。

③ 比较吸收剂水循环对丙酮吸收的影响以及吸收塔参数的变化。

第四章

干 燥

在化工生产过程中，为了使固体物料便于加工、运输和存储，需要去除其所含水分或其他溶剂，该水分或其他溶剂统称为湿分，去除过程简称为去湿。通常，在化学工业中有三种去湿的方法：机械去湿、化学去湿和干燥去湿。机械去湿通常使用沉降、过滤、离心、挤压等机械式方法去除湿分，优点是较为经济，缺点是去湿后湿分含量往往还较高，不能满足工艺要求。能耗较低，适用于初步去湿，化学去湿是利用吸湿剂去除湿分，缺点是吸湿剂吸湿能力有限，只能去除物料中的微量湿分。干燥去湿是通过热能去除固体物料中的湿分，通过加热将热量传递给物料，将其中湿分汽化分离，使得物料中湿分含量降低。

本章将重点讨论干燥去湿法。干燥操作按照操作压力可以分为常压和真空干燥。真空干燥适用于热敏性、易氧化或对产品含湿量要求极低物料的干燥。按操作方式可以分为连续式和间歇式干燥。连续式干燥具有生产能力大、产品质量均匀、热效率高等优点。间歇式干燥适用于小批量、多品种或要求操作时间长的物料干燥，且过程易于控制。按传热方式可以分为传导、对流、辐射、介电加热干燥以及由上述两种或三种方式组合的联合干燥。本章主要讨论以空气为干燥介质的对流干燥过程。

图4-1是典型的对流干燥流程示意图。首先空气进入预热器加热，随后进入干燥器与湿物料接触，通过对流传热的方式将热量传递给物料，使得湿分汽化，废气从末端排出。

图4-1 对流干燥流程示意图

对流干燥过程中，同时存在传热与传质过程：气体将热量传递给物料，为传热过程；物料将湿分传递给气体，为传质过程。整个过程的干燥速率与传热和传质速率有关。干燥过程中物料表面的水汽分压差越大，干燥进行得越快。因此，为了保证干燥过程的快速进行，气体应及时将汽化的湿分带走，保持一定的传质推动力。

第一节 湿空气的性质及湿度图

一、湿空气的性质

湿空气作为干燥介质是不饱和的，是绝干空气和水汽的混合物。在干燥过程中，湿空气的含量是不断变化的，而绝干空气的质量流量是不变的。因此，本章中湿空气的性质以绝干空气为基准。

1. 湿度 H

湿度又称为湿含量或者绝对湿度，表示湿空气中水汽含量的参量，其定义为湿空气中单位质量绝干空气所含的水汽质量，如式(4-1)所示。

$$H = \frac{湿空气中水汽质量}{湿空气中绝干空气质量} = \frac{M_w n_w}{M_a n_a} = \frac{18}{29} \frac{n_w}{n_a} \tag{4-1}$$

式中　H——空气的湿度，$kg_{水汽}/kg_{绝干空气}$；

　　　M_w——水的摩尔质量，$kg/kmol$；

　　　M_a——空气的摩尔质量，$kg/kmol$；

　　　n_w——水汽物质的量，$kmol$；

　　　n_a——绝干空气的物质的量，$kmol$。

假设湿空气的总压为 p，其中水汽分压为 p_w，根据道尔顿分压定律，气体混合物中各组分的摩尔分数之比为其分压之比，式(4-1)也可表示为

$$H = \frac{18 p_w}{29(p-p_w)} = 0.622 \frac{p_w}{p-p_w} \tag{4-2}$$

由式(4-2)可知，湿度是湿空气的总压与水汽分压的函数。

2. 相对湿度 φ

在一定温度和压力条件下，湿空气中的水汽分压 p_w 与相同温度下湿空气中水汽分压所能达到的最大值之比为相对湿度。当总压为 0.1MPa，空气温度低于 100℃ 时，空气中水汽分压的最大值应为同温度下水的饱和蒸气压 p_s，即

$$\varphi = \frac{p_w}{p_s} \times 100\% \quad (p_s \leqslant p) \tag{4-3}$$

当空气温度较高，该温度下的饱和水蒸气压 p_s 大于湿空气的总压 p，但是总压已给定，则水汽分压的最大值为总压值，即

$$\varphi = \frac{p_w}{p} \times 100\% \quad (p_s > p) \tag{4-4}$$

本章只讨论 $p_s < p$ 的情况，当 $\varphi = 100\%$ 时，湿空气中水汽达到饱和，没有除湿能力。相对湿度可用于判断干燥过程能否进行，以及湿空气的吸湿能力。相对湿度 φ 值越小，湿空气吸湿能力越强。在总压一定的情况下，相对湿度 φ 随着湿空气中水汽分压及温度变化而变化。

将式(4-3)代入式(4-2)可得

$$H = 0.622 \frac{\varphi p_s}{p - \varphi p_s} \tag{4-5}$$

由式(4-5)可知，当总压一定时，湿度是相对湿度和温度的函数。

3. 焓 I

湿空气中 1kg 绝干空气以及其所带有的 Hkg 水汽的焓之和，称为湿空气的焓。

$$I = I_a + H I_v \tag{4-6}$$

式中　I——湿空气的焓，$kJ/kg_{干空气}$；

　　　I_a——绝干空气的焓，$kJ/kg_{干空气}$；

　　　I_v——水汽的焓，$kJ/kg_{水汽}$；

　　　H——空气的湿度，$kg_{水汽}/kg_{干空气}$。

绝干空气的焓以 0℃ 绝干空气为基准，水汽的焓为由 0℃ 的水汽化为 0℃ 的水汽所需的

相变焓和水汽在0℃以上的显热之和。因此，对温度为 t，湿度为 H 的湿空气，其焓的计算式可表示为

$$
\begin{aligned}
I &= c_a t + H(r_0 + c_v t) = (c_a + H c_v)t + r_0 H \\
&= c_H t + r_0 H \\
&= (1.01 + 1.88H)t + 2500H
\end{aligned}
\tag{4-7}
$$

式中　c_a——绝干空气的比热容，其值为 $1.01 \text{kJ}/(\text{kg}_{干空气} \cdot ℃)$；

　　　c_v——水汽的比热容，其值为 $1.88 \text{kJ}/(\text{kg}_{水汽} \cdot ℃)$；

　　　c_H——湿空气的比热容，$\text{kJ}/(\text{kg}_{干空气} \cdot ℃)$；

　　　r_0——0℃时水的汽化相变焓，其值约为 $2500 \text{kJ}/\text{kg}_{水}$。

由式(4-7)可知，$c_H = 1.01 + 1.88H$，即湿空气的比热容是湿度的函数。

4. 湿空气的比容 v_H

比容又可称为湿体积、比体积，表示为 1kg 绝干空气与其所带有的 $H\text{kg}$ 水汽的体积之和。

$$
v_H = v_a + v_w H
\tag{4-8}
$$

式中　v_a——干空气的比容，$\text{m}^3/\text{kg}_{干空气}$；

　　　v_w——水汽的比容，$\text{m}^3/\text{kg}_{水汽}$。

气体压力为 p，温度为 t 的 1kg 绝干空气的比容为

$$
v_a = \frac{22.4}{29} \times \frac{273+t}{273} \times \frac{1.013 \times 10^5}{p}
\tag{4-9}
$$

水汽的比容为

$$
v_w = \frac{22.4}{18} \times \frac{273+t}{273} \times \frac{1.013 \times 10^5}{p}
\tag{4-10}
$$

将式(4-9)和式(4-10)代入式(4-8)可得

$$
v_H = (0.772 + 1.244H) \times \frac{273+t}{273} \times \frac{1.013 \times 10^5}{p}
\tag{4-11}
$$

式中，t 的单位是℃，p 的单位是 Pa。

5. 露点温度 t_d

保持总压 p 和湿度 H 不变，将不饱和湿空气冷却达到饱和状态时的温度称为露点温度。当已知露点温度 t_d，便可依据手册查得此温度下对应的饱和蒸气压 p_s，从而根据式(4-2)求得空气的湿度 H。反之，若已知湿空气的湿度 H，可通过上式求得饱和蒸气压的数值 p_s，再从饱和蒸气压表中查找对应的温度，即为露点温度 t_d。

6. 干球温度 t

干球温度是湿空气的真实温度，可用普通温度计测得。

7. 湿球温度 t_w

如图 4-2 所示的两支温度计，左侧的感温球暴露在空气中，测得的温度为空气的干球温度 t。右侧的感温球用纱布包裹浸入水中，直至完全润湿，它在空气中所

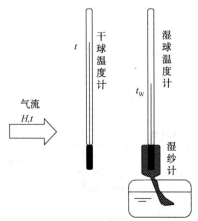

图 4-2　湿球温度的测量

达到的平衡温度称为空气的湿球温度 t_w。

当湿球温度达到稳定时，空气向纱布表面的传热速率为

$$Q = \alpha A(t - t_w) \tag{4-12}$$

式中　Q——传热速率，W；

α——空气对纱布的给热系数，$W/(m^2 \cdot \text{℃})$；

A——空气与纱布接触的表面积，m^2；

t——干球温度，℃；

t_w——湿空气的湿球温度，℃。

同时，湿纱布中水分向空气中汽化的传质速率为

$$N = k_H A(H_{s,w} - H) \tag{4-13}$$

式中　N——传质速率，kg/s；

k_H——以湿度差为推动力的传质系数，$kg/(m^2 \cdot s)$；

$H_{s,w}$——空气在湿球温度下的饱和湿度，$kg_水/kg_{干空气}$；

H——空气的湿度，$kg_水/kg_{干空气}$。

达到稳定状态后，湿纱布与空气间的质、热传递过程可用下式表示

$$\alpha A(t - t_w) = k_H A(H_{s,w} - H) r_w \tag{4-14}$$

即

$$t_w = t - \frac{k_H r_w}{\alpha}(H_{s,w} - H) \tag{4-15}$$

式中　r_w——湿球温度 t_w 下的水的相变焓，kJ/kg。

对于水-空气体系，α/k_H 约为 $1.09kJ/(kg \cdot \text{℃})$，因此，湿球温度是空气干球温度和湿度的函数。

8. 绝热饱和温度 t_{as}

绝热饱和温度是指湿空气经过绝热冷却过程后达到稳态时的温度。图 4-3 是一个典型的绝热饱和冷却器。当不饱和空气在绝热器中与大量的循环水接触，使绝热器里水温稳定为 t_{as}。假设绝热器与周围环境没有热交换，水汽化所需的相变焓全部来自空气本身温度下降产生的显热，同时水又会将相变焓带回空气。因此，整个过程中虽然空气的温度和湿度不断变化，但是空气的焓值保持不变。

湿空气在绝热反应器中达到水汽饱和，空气的温度与循环水的温度相同，此时的温度称为湿空气的绝热饱和温度 t_{as}，对应的饱和湿度为 H_{as}。

进入和离开绝热饱和器时湿空气的焓值分别为 I_1 和 I_2：

$$I_1 = c_H t + H r_0 \tag{4-16}$$

$$I_2 = c_{H,as} t_{as} + H_{as} r_0 \tag{4-17}$$

空气释放的显热正好用于水汽化所需的相变焓，即 $I_1 = I_2$；又 $c_H = c_{H,as}$ 因此，由式(4-16)和式(4-17)可得

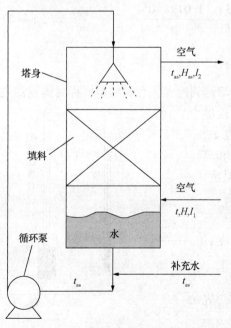

图 4-3　绝热饱和冷却器示意图

$$t_{as} = t - \frac{r_{as}}{c_H}(H_{as} - H) \qquad (4-18)$$

式中 r_{as}——绝热饱和温度下的汽化相变焓，kJ/kg$_水$。

绝热饱和温度和湿球温度都是湿空气的 t 和 H 的函数，对空气-水体系，它们近似相等，但求取的过程不同。湿球温度是大量空气与水接触后的稳定状态时水的温度；绝热饱和温度是大量水与少量空气接触后，空气的稳定温度。水温达到湿球温度时，空气与水之间处于动态平衡，质、热传递依然存在；少量空气达到绝热饱和温度时，空气与水的温度相同，没有质、热传递，处于静态平衡。

对于空气-水体系中湿空气的温度形式：露点温度 t_d，干球温度 t，湿球温度 t_w，以及绝热饱和温度 t_{as}。它们存在以下关系：

对不饱和湿空气 $\qquad\qquad\qquad t > t_{as}(t_w) > t_d \qquad (4-19)$

对饱和湿空气 $\qquad\qquad\qquad t = t_{as}(t_w) = t_d \qquad (4-20)$

【例 4-1】已知湿空气的总压 $p = 101.3kPa$，相对湿度 $\varphi = 0.6$，干球温度 $t = 30℃$。试求：①湿度 H；②焓 I；③露点温度 t_d；④绝热饱和温度 t_{as}；⑤已知空气质量流量为 $100kg_{绝干空气}/h$，将上述状况的空气在预热器中加热至 $100℃$ 所需的传热速率(kJ/h)。

解：已知 $p = 101.3kPa$，$\varphi = 0.6$，$t = 30℃$。由饱和水蒸气表查得水在 $30℃$ 时的蒸气压 $p_s = 4.25kPa$。

① 湿度 H

$$H = 0.622\frac{\varphi p_s}{p - \varphi p_s} = 0.622 \times \frac{0.6 \times 4.25}{101.3 - 0.6 \times 4.25} = 0.016kg/kg$$

② 焓 I

$$I = (1.01 + 1.88H)t + 2500H = (1.01 + 1.88 \times 0.016) \times 30 + 2500 \times 0.016 = 71.5kJ/kg_{干空气}$$

③ 按定义，露点是空气在湿度不变的条件下冷却到饱和时的温度，现已知：$p = \varphi p_s = 0.6 \times 4.25 = 2.55kPa$，由水蒸气表查得其对应的露点温度 t_d 为 $21.4℃$。

④ 绝热饱和温度 t_{as}

$$t_{as} = t - \frac{r_{as}}{c_H}(H_{as} - H)$$

已知 $t = 30℃$ 并已算出 $H = 0.016kg/kg$，又 $c_H = 1.01 + 1.88H = 1.01 + 1.88 \times 0.016 = 1.04kJ/kg$，而 r_{as}、H_{as} 是 t_{as} 的函数，皆为未知，可用试差法求解。

设 $t_{as} = 25℃$，则 $p_{as} = 3.17kPa$，$H_{as} = 0.622\frac{p_{as}}{p - p_{as}} = 0.622 \times \frac{3.17}{101.3 - 3.17} = 0.02kg/kg$，$r_{as} = 2434kJ/kg$，代入上式求得 $t_{as} = 30 - (2434/1.04) \times (0.02 - 0.016) = 20.6℃ < 25℃$。可见所设的 t_{as} 偏高，由此求得的 H_{as} 也偏高。

因此，重设 $t_{as} = 23.7℃$，相应的 $p_{as} = 2.94kPa$，$H_{as} = 0.622 \times 2.94/(101.3 - 2.94) = 0.0186kg/kg$，$r_{as} = 2438kJ/kg$，继续代入上式 $t_{as} = 30 - (2438/1.04) \times (0.0186 - 0.016) = 23.9℃$。两值相当，故 $t_{as} = 23.7℃$。

⑤ 预热器中所需的传热速率

$$Q = L\Delta I = 100 \times (1.01 + 1.88H)(t_2 - t_1) = 100 \times (1.01 + 1.88 \times 0.016) \times (100 - 30)$$
$$= 7282kJ/h$$

二、湿空气的 $I-H$ 图

1. 湿空气的 $I-H$ 图

在干燥过程计算中，需要湿空气的各种参数，比如相对湿度、湿含量、焓、干球温度、湿球温度、露点温度等，为了工程上计算方便，将各参数之间的关系绘制成图，利用图查找各种参数，简化干燥过程的计算。

图 4-4 是常压下湿空气的 $I-H$ 图，以焓与湿度为坐标，为了使图上的曲线更清楚，采用两坐标为 135° 夹角的斜角坐标，另外还有湿空气的温度-湿度图等。图中共有五种曲线关系：

① 等湿度线（等 H 线）：等湿线是一条与纵轴平行的线。

② 等焓线（等 I 线）：等焓线是一条平行于横轴的直线。

③ 等温线（等 t 线）：根据湿空气焓的计算式 $I=1.01t+(1.88t+2500)H$，当 t 不变时，I 与 H 为直线关系。由于直线的斜率 $(1.88t+2500)$ 是温度的函数，所以各等温线并不平行。

④ 等相对湿度线（等 φ 线）：等相对湿度线是根据式 $H=0.622\dfrac{\varphi p_s}{p-\varphi p_s}$ 绘制的一组从原点出发的线。当总压 p 一定时，对一固定的 φ 值，已知任一温度 t，可查到对应的饱和水蒸气压 p_s，根据上式可计算对应的 H 值，将各个 (t,H) 点连接起来，即为等 φ 线。

$\varphi=100\%$ 的等 φ 线称为饱和空气线，此时空气完全被水汽饱和。$\varphi<100\%$ 为空气不饱和区域，此时可作为干燥介质。当空气的湿度 H 一定时，温度越高，相对湿度 φ 越低，作为干燥介质其去湿能力越强。因此，湿空气在进入干燥器之前必须先预热以提高温度。这样可以提高湿空气的焓值以及空气与固体物料表面的温度差，提供干燥器中水分汽化所需的热量和加快干燥速率；同时可降低空气的相对湿度，提高其吸湿能力。

⑤ 水汽分压线：式（4-2）可改写为

$$p_w=\frac{pH}{0.622+H} \tag{4-21}$$

当总压 p 一定时，水汽分压 p_w 只和 H 相关，因 $H\ll0.622$，p_w 与 H 近似成直线关系。

2. $I-H$ 图的用法

利用 $I-H$ 图可以确定湿空气状态的各项参数以及进入干燥器的物料与热量的计算。已知湿空气的某个状态点 A 的位置，如图 4-5 所示，可确定湿空气的 t、φ、H 和 I 值，以及 p_w、t_d 和 $t_{as}(t_w)$ 的值。

① 湿度 H 的确定：由 A 点沿等湿线向下与水平辅助轴交于 H 点，即可获得 A 点的湿度 H 值。

② 焓值 I 的确定：通过 A 点作等焓线的平行线，与纵轴交于 I 点，即可获得 A 点的焓 I 值。

③ 水汽分压 p_w 的确定：由 A 点沿着等湿线向下交水蒸气分压线于 C 点，在右端纵轴上可获得水汽分压 p_w 的值。

④ 露点 t_d 的确定：由 A 点沿着等湿线向下与饱和空气线（$\varphi=100\%$）相交于 B 点，再由过 B 点的等温线获得露点 t_d 的值。

⑤ 绝热饱和温度 t_{as}（湿球温度 t_w）的确定：由 A 点沿着等焓线与饱和空气线相交于 D 点，再由过 D 点的等温线获得绝热饱和温度 t_{as}（湿球温度 t_w）的值。

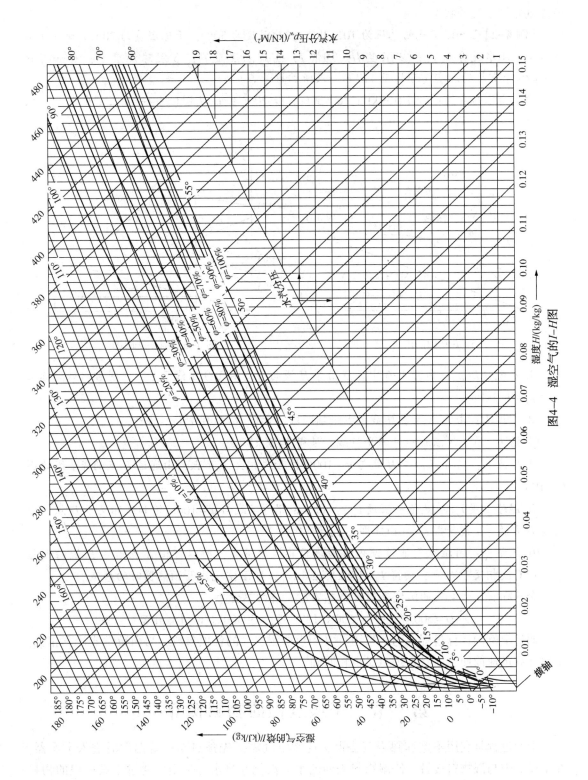

图4-4 湿空气的$I-H$图

湿空气的性质(t、H、φ、I、p)中，只要知道其中两个相互独立的参量，通过$I\text{-}H$图，就能确定湿空气的状态。

【例4-2】已知湿空气的总压为101.3kPa相对湿度为50%，干球温度为20℃。试用$I\text{-}H$图求解：①水气分压p_w；②湿度H；③焓I；④露点温度t_d；⑤湿球温度t_w；⑥如将含600kg/h干空气的湿空气预热至117℃，求所需热量Q。

解：由已知条件：$p=101.3$kPa，$\varphi=50\%$，$t=20℃$在$I\text{-}H$图(图4-6)上定出湿空气状态A点。

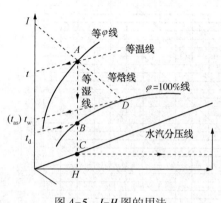

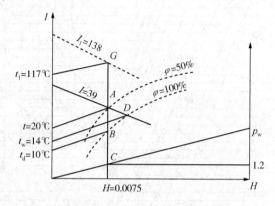

图4-5　$I\text{-}H$图的用法　　　　　图4-6　例4-2附图

① 水气分压p_w：由图4-6中A点沿等H线向下交水气分压线于C，在图右端纵坐标上读得$p_w=1.2$kPa。

② 湿度H：由A点沿等H线交水平辅助轴，读得$H=0.0075$kg$_水$/kg$_{绝干空气}$。

③ 焓I：通过A点作斜轴的平行线，读得$I=39$kJ/kg$_{绝干空气}$。

④ 露点t_d：由A点沿等H线与$\varphi=100\%$饱和线相交于B点，由通过B点的等t线读得$t_d=10℃$。

⑤ 湿球温度t_w(绝热饱和温度t_{as})：由A点沿等I线与$\varphi=100\%$饱和线相交于D点，由通过D点的等t线读得$t_w=14℃$(即t_{as}同为14℃)。

⑥ 热量Q：因湿空气通过预热器加热时其湿度不变，所以可由A点沿等H线向上与$t_1=117℃$线相交于G点，读得$I_1=138$kJ/kg$_{绝干空气}$，即湿空气离开预热器时的焓值。

含600kg/h干空气的湿空气通过预热器所获得的热量为

$$Q=600\times(I_1-I)=600\times(138-39)=59400\text{kJ/h}=16.5\text{kW}$$

通过上例的计算过程说明，采用$I\text{-}H$图求取湿空气的各项参数，与用数学式计算相比，不仅计算迅速简便，而且物理意义也较明确。

第二节　干燥过程的物料衡算

干燥过程是利用不饱和热空气去湿，通常空气需要先预热至一定温度后进入干燥器，在干燥器中与湿物料接触，使湿物料表面的水分汽化并将水汽带走。通过干燥过程的物料衡算，可计算干燥过程中水分蒸发量、空气消耗量，以便确定干燥器的工艺尺寸、辅助设备尺寸以及风机的选择等。

一、物料中含水量的表示方法

1. 湿基含水量 w

湿物料中所含水分的质量分数称为湿物料的湿基含水量。

$$w = \frac{\text{湿物料中水分的质量}}{\text{湿物料的总质量}} \times 100\% \tag{4-22}$$

2. 干基含水量 X

湿物料中水分的质量与绝干物料质量之比为湿物料的干基含水量。

$$X = \frac{\text{湿物料中水分的质量}}{\text{湿物料中绝干物料的质量}} \times 100\% \tag{4-23}$$

上述两种含水量之间的换算关系如下：

$$X = \frac{w}{1-w} \tag{4-24}$$

$$w = \frac{X}{1+X} \tag{4-25}$$

工业生产中，通常用湿基含水量表示物料中水分的多少。在干燥过程中，湿物料的质量不断变化，而绝干物料的质量不变，因此在干燥器的物料衡算中，以绝干物料为计算基准、采用干基含水量计算较为方便。

二、干燥器的物料衡算

如图 4-7 所示，假设 G_1 为进入干燥器的湿物料质量流量(kg/s)；G_2 为出干燥器的产品质量流量(kg/s)；G_c 为湿物料中绝干物料质量流量(kg/s)；w_1、w_2 分别为干燥前后物料的湿基含水量($kg_{水}/kg_{湿物料}$)；X_1、X_2 分别为干燥前后物料的干基含水量($kg_{水}/kg_{湿物料绝干物料}$)；H_1、H_2 分别为进出干燥器的湿空气的湿度($kg_{水汽}/kg_{绝干空气}$)；W 为水蒸发量(kg/s)；L 是湿空气中绝干空气的质量流量(kg/s)。

图 4-7　各物料进出干燥器示意图

在干燥过程中，若无物料损失，则湿物料中水蒸发量 W 和空气中的水分增加量相等，即

$$W = G_c(X_1 - X_2) = L(H_2 - H_1) \tag{4-26}$$

由上式可得干空气消耗量与水分蒸发量之间的关系，即

$$L = \frac{G_c(X_1 - X_2)}{H_2 - H_1} = \frac{W}{H_2 - H_1} \tag{4-27}$$

单位空气消耗量 l(蒸发 1kg 水分所消耗的干空气量，$kg_{绝干空气}/kg_{水}$)为

$$l = \frac{L}{W} = \frac{1}{H_2 - H_1} \tag{4-28}$$

干燥装置所需风机的风量根据湿空气的体积流量 $V(m^3/s)$ 决定：

$$V = L v_H = L \times (0.772 + 1.244H) \frac{273+t}{273} \times \frac{1.013 \times 10^5}{p} \qquad (4-29)$$

式中，空气温度 t、湿度 H 以及压强 p 由风机进口处的空气状态决定。

【例 4-3】 一干燥器中湿物料处理量为 700kg/h，要求物料干燥后含水量由 30% 降至 5%（湿基）。干燥介质为空气，温度为 15℃，相对湿度为 50%，经预热器加热至 120℃，进入干燥器，出干燥器时温度为 45℃，相对湿度为 80%。求：①水分蒸发量 W；②空气消耗量 L 和单位空气消耗量 l；③干燥风机的风量 V。

解： ① 已知 $G_1 = 700$kg/h；$w_1 = 30\%$，$w_2 = 5\%$，则

$$G_c = G_1(1-w_1) = 700 \times (1-0.3) = 490 \text{kg/h}$$

$$X_1 = \frac{w_1}{1-w_1} = \frac{0.3}{1-0.3} = 0.429$$

$$X_2 = \frac{w_2}{1-w_2} = \frac{0.05}{1-0.05} = 0.053$$

$$W = G_c(X_1 - X_2) = 490 \times (0.429 - 0.053) = 184.2 \text{kg}_{水}/\text{h}$$

② 由 I-H 图查得空气在 $t_1 = 15℃$，$\varphi_1 = 50\%$ 时的湿度为 $H_1 = 0.005 \text{kg}_{水汽}/\text{kg}_{绝干空气}$；在 $t_2 = 45℃$，$\varphi_2 = 80\%$ 时的湿度为 $H_2 = 0.052 \text{kg}_{水汽}/\text{kg}_{绝干空气}$。

$$L = \frac{W}{H_2 - H_1} = \frac{184.2}{0.052 - 0.005} = 3919 \text{kg}_{绝干空气}/\text{h}$$

$$l = \frac{1}{H_2 - H_1} = \frac{1}{0.052 - 0.005} = 21.3 \text{kg}_{绝干空气}/\text{kg 水}$$

③ $v_H = (0.773 + 1.244H) \dfrac{15+273}{273} = (0.773 + 1.244 \times 0.005) \times \dfrac{288}{273}$

$$= 0.822 \text{ m}^3_{湿空气}/\text{kg}_{绝干空气}$$

$$V = L v_H = 3919 \times 0.822 = 3221 \text{ m}^3/\text{h}$$

三、热量衡算

物料干燥所消耗的热量以及预热器的传热面积可以通过干燥系统的热量衡算得到，同时还可以确定干燥器中排出废气的湿度 H_2 和焓 I_2 等状态参数。

图 4-8 是干燥过程的热量衡算示意图，含有预热器和干燥器两个部分。图中 I_0、I_1、I_2 分别为新鲜空气进入预热器、离开预热器进入干燥器和离开干燥器所对应的焓（kJ/kg$_{绝干空气}$）；L 为绝干空气的质量流量（kg$_{绝干空气}$/s）；t_0、t_1、t_2 分别为新鲜空气进入预热器、离开预热器进入干燥器和离开干燥器时的温度（℃）；Q_p 是单位时间内空气的消耗量（kW）；G_1、G_2 分别为湿物料进入和离开干燥器的质量流量；Q_D 为单位时间内向干燥器补充

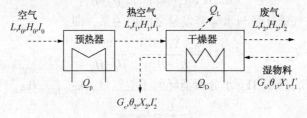

图 4-8 干燥过程的热量衡算示意图

的热量(kW); θ_1、θ_2分别为湿物料进入和离开干燥器的温度(℃); I'_1、I'_2分别为湿物料进入和离开干燥器的焓(kJ/kg$_{绝干空气}$); Q_L为单位时间内干燥器损失的热量(kW)。

1. 预热器的热量衡算

假设预热器的热损失忽略不计，图4-8中预热器的热量衡算关系为

$$Q_P = L(I_1 - I_0) = L(1.01 + 1.88H_0)(t_1 - t_0) \tag{4-30}$$

2. 干燥器的热量衡算

根据热量衡算，单位时间内进入干燥器的热量和从干燥器中移出的热量相等，则

$$L I_1 + G_c I'_1 + Q_D = L I_2 + G_c I'_2 + Q_L \tag{4-31}$$

整理得

$$L(I_1 - I_2) + Q_D = G_c(I'_2 - I'_1) + Q_L \tag{4-32}$$

式中，物料的焓 I' 是指以 0℃ 为基准温度时，1kg 绝干物料及其所含水分两者焓之和，以 kJ/kg$_{绝干物料}$ 表示。

若物料的温度为 θ，以 1kg 绝干物料为基准的湿物料焓 I' 的计算式为

$$I' = c_s\theta + Xc_w\theta = (c_s + Xc_w)\theta = c_m\theta \tag{4-33}$$

式中 c_s——绝干物料的比热容，kJ/(kg$_{绝干物料}$ · ℃);

c_w——水分的比热容，为 4.187kJ/(kg$_水$ · ℃);

c_m——湿物料的比热容，kJ/(kg$_{绝干物料}$ · ℃)。

3. 干燥系统消耗的总热量 Q

干燥系统消耗的总热量 Q 为单位时间内空气的消耗量和单位时间内向干燥器补充的热量之和(kW):

$$Q = Q_P + Q_D = L(I_2 - I_0) + G_c(I'_2 - I'_1) + Q_L \tag{4-34}$$

式(4-34)也可表达为

$$Q = Q_P + Q_D = L(1.01 + 1.88H_1)(t_2 - t_0) + W(2500 + 1.88t_2 - 4.187\theta_1) + G_c c_{m2}(\theta_2 - \theta_1) + Q_L \tag{4-35}$$

干燥系统的热量消耗主要有四方面因素：①加热绝干空气使之由 t_0 升至 t_2; ②蒸发水分; ③加热物料由 θ_1 升温至 θ_2; ④干燥系统热损失。

四、干燥器出口空气状态的确定

在干燥器设计过程中，空气和湿物料的进口状态是确定的，出口状态是根据工艺要求或者规定的条件计算求得。不同的干燥过程可分为理想干燥过程和实际干燥过程。

1. 理想干燥过程

理想干燥过程又称为等焓干燥过程。整个过程中忽略设备的热损失和物料进出干燥器温度的变化，并且不向干燥器补充热量，此时可认为在干燥器内的空气释放的显热全部用于蒸发湿物料中的水分，最后水汽又将这部分潜热带回空气中。理想干燥过程中气体状态变化如图4-9所示。湿空气的初始状态(t_0, H_0)确定点 A，预热器中空气湿度不变，沿着等湿线升温至 t_1，点 B; 进入干燥器后沿着等焓线降温、增湿至 t_2; 交于点 C，即为空气出干燥器的状态点。

2. 实际干燥过程

在实际过程中，干燥器有一定的热损失，湿物料也要吸收部分热量被加热，θ_1 和 θ_2 不相等，因此空气的状态并不是沿着等焓线变化，如图4-10所示。图中 BC_1 线表明干燥器出口气体的焓小于进口气体的焓; 此时不向干燥器补充热量，或补充的热量小于损失的热量

和加热物料所消耗的热量之和；BC_2 线表明干燥器出口气体的焓高于进口气体的焓，此时向干燥器补充的热量大于损失的热量和加热物料所消耗的热量之和。实际干燥过程气体出干燥器的状态由物料衡算和热量衡算联立求解确定。

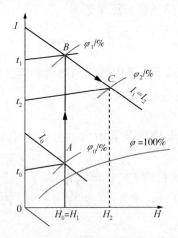
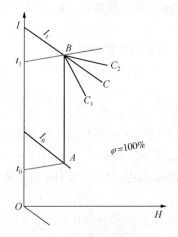

图 4-9　理想干燥过程湿空气的状态　　　图 4-10　实际干燥过程湿空气状态
　　　　变化示意图　　　　　　　　　　　　　　变化示意图

五、干燥系统的热效率

1. 干燥器的热效率 η'

$$\eta' = \frac{\text{空气在干燥器内所放出的热量}}{\text{空气在预热器中所获得的热量}} \times 100\%$$

$$= \frac{L(1.01+1.88H_0)(t_1-t_2)}{L(1.01+1.88H_0)(t_1-t_0)} \times 100\% \qquad (4\text{-}36)$$

$$= \frac{t_1-t_2}{t_1-t_0} \times 100\%$$

2. 干燥效率 η

$$\eta = \frac{\text{干燥器中蒸发水分所需热量}}{\text{空气在干燥器内放出的热量}} \times 100\%$$

$$= \frac{W(2500+1.88t_2-4.187\theta_1)}{L(1.01+1.88H_0)(t_1-t_2)} \times 100\% \qquad (4\text{-}37)$$

【例 4-4】已知干燥器的生产能力为 200kg/h，假设干燥器的热损失忽略不计。空气进预热器前 t_0 为 20℃，φ_0 为 60%；进干燥器前 t_1 为 90℃；离开干燥器时，t_2 为 40℃，φ_2 为 60%。物料进干燥器前 θ_1 为 20℃，X_1 为 0.25kg$_{水}$/kg$_{干料}$；离开干燥器时，θ_2 为 35℃，X_2 为 0.01kg$_{水}$/kg$_{干料}$；其中绝干物料的比热容 c_s 为 1.6kJ/(kg$_{绝干料}$·℃)。试求：①空气消耗量，m³/h；②干燥器需补充的热量 Q_D，kJ/h；③干燥器的效率和干燥效率。

解：①绝干物料量

$$G_c = G_2\left(1-\frac{X_2}{1+X_2}\right) = 200\times\left(1-\frac{0.01}{1+0.01}\right) = 198\text{kg}_{绝干物料}/\text{h}$$

水分蒸发量 $W = G_c(X_1-X_2) = 198\times(0.25-0.01) = 47.5\text{kg}_{水}/\text{h}$

当 t_0 为 20℃，φ_0 为 60% 时，由 I-H 图查得 H_0 为 $0.01\mathrm{kg}_{水}/\mathrm{kg}_{干空气}$；$t_2$ 为 40℃，φ_2 为 60% 时，H_2 为 $0.03\mathrm{kg}_{水}/\mathrm{kg}_{干空气}$。

$$绝干空气质量\ L=\frac{W}{H_2-H_1}=\frac{47.5}{0.03-0.01}=2375\mathrm{kg}_{干空气}/\mathrm{h}$$

$$空气消耗量\ V=Lv_\mathrm{H}=L(0.772+1.244H_0)\frac{t_0+273}{273}$$

$$=2375\times(0.772+1.244\times0.01)\times\frac{20+273}{273}=2000\mathrm{m}^3/\mathrm{h}$$

② 预热器的传热量 $Q_\mathrm{P}=L(I_1-I_0)=L(1.01+1.88H_0)(t_1-t_0)$

$$=2375\times(1.01+1.88\times0.01)\times(90-20)=1.71\times10^5\frac{\mathrm{kJ}}{\mathrm{h}}=47.5\mathrm{kW}$$

干燥器内补充热量

$$Q_\mathrm{D}=1.01L(t_2-t_0)+W(2500+1.88t_2)+G_\mathrm{c}c_\mathrm{m}(\theta_2-\theta_1)+Q_\mathrm{L}-Q_\mathrm{P}$$

$$=1.01\times2375\times(40-20)+47.5\times(2500+1.88\times40)+198\times$$

$$(1.6+0.01\times4.187)\times(35-20)+0-1.71\times10^5=7.15\times10^3\frac{\mathrm{kJ}}{\mathrm{h}}=1.99\mathrm{kW}$$

③ 干燥器的热效率 $\eta'=\dfrac{t_1-t_2}{t_1-t_0}\times100\%=\dfrac{90-40}{90-20}\times100\%=71.4\%$

$$干燥效率\ \eta=\frac{W(2500+1.88t_2-4.187\theta_1)}{L(1.01+1.88H_0)(t_1-t_2)}\times100\%$$

$$=\frac{47.5\times(2500+1.88\times40-4.187\times20)}{2375\times(1.01+1.88\times0.01)\times(90-40)}\times100\%=96.9\%$$

第三节　固体物料干燥过程的平衡和速率关系

一、物料中水分的分类

通过物料衡算以及热量衡算可以得到干燥一定量的物质所需的空气量以及热量，但是需要什么样规格的干燥器以及需要干燥多长的时间，则必须通过干燥动力学方可得知。固体物料的去湿过程可以分为两个步骤：水分从物料内部迁移至物料表面；再由表面经汽化过程进入空气。因此，干燥速率不仅取决于干燥条件以及空气性质，还与固体物料中所含水分的性质相关。

1. 平衡水分与自由水分

当固体物料与一定温度及湿度的空气充分接触后，物料会吸收或者失去水分，直至物料表面的水蒸气分压与空气中的水汽分压达到平衡，此时物料中所含的水分称为平衡水分（用 X^* 表示）。平衡水分与物料性质、空气状态以及接触状态等有关，其可用平衡曲线来描述，如图 4-11 所示。物料中所含的水分超过平衡水分的那部分称为自由水分，这些水分可以被干燥方法除去。

2. 结合水与非结合水

与物料以化学力和物理化学力等强结合力相结合的水分称为结合水，它们大多为物料

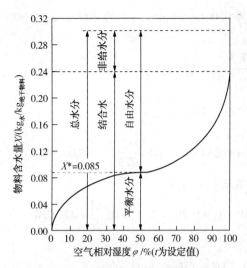

图 4-11　固体物料中所含水分的性质

细胞壁内、可溶固体物溶液以及毛细管中的水分。由于强的结合力，其蒸气压低于同温度下纯水的饱和蒸气压，因此传质推动力降低，干燥过程中水分去除非常困难。非结合水是结合力较弱、附着于固体物料表面的水分，干燥过程中水分去除容易。平衡曲线外延至与相对湿度 $\varphi=100\%$ 时的线相交所对应的值即为结合水量，高于它的数值即为非结合水量。上述水分的关系如图 4-11 所示。

3. 平衡曲线的应用

当干基含水量为 X 的物料与一定状态的空气（相对湿度为 φ）接触时，如图 4-11，可在干燥平衡曲线上找到该湿空气所对应的平衡水分 X^*。当 $X>X^*$ 时，即物料是脱水干燥过程；当 $X<X^*$ 时，即物料将吸水增湿。利用干燥平衡曲线，还可以确定上述状态下，平衡水分与自由水分的含量。例如，已知干基含水量为 $X=0.25\mathrm{kg_{水}/kg_{绝干物料}}$ 的物料，相对湿度 $\varphi=50\%$，由平衡曲线可查得平衡水量为 $X^*=0.085\mathrm{kg_{水}/kg_{绝干物料}}$，因此自由水量 $X-X^*=0.165\mathrm{kg_{水}/kg_{绝干物料}}$。水分去除的难易程度可以通过平衡曲线确定结合水量和非结合水量来进行判断。如图，此固体物料的结合水量为 $0.24\mathrm{kg_{水}/kg_{绝干物料}}$，此部分水分较难去除。

二、干燥速率及干燥速率曲线

1. 干燥速率

固体物料干燥所需要的时间取决于干燥速率的大小，其是指在单位干燥面积上，单位时间蒸发的水分量，如式（4-38）所示：

$$u=\frac{\mathrm{d}W}{A\mathrm{d}\tau}=\frac{\mathrm{d}G(X_1-X_2)}{A\mathrm{d}\tau}=-\frac{G\mathrm{d}X}{A\mathrm{d}\tau} \qquad (4-38)$$

式中　u——干燥速率，$\mathrm{kg/(m^2 \cdot s)}$；

　　　W——蒸发出的水分量，kg；

　　　A——干燥面积，$\mathrm{m^2}$；

　　　τ——干燥时间，s。

为了简化影响因素（干燥介质的温度、湿度、流速以及接触方式等），一般干燥实验在恒定条件下进行，即整个干燥过程保持条件不变。

2. 干燥曲线与干燥速率曲线

在相同的干燥条件下将某物料干燥至某一含水量时所需的干燥时间以及干燥过程中物料表面温度的变化情况即为干燥曲线。在实验过程中，记录每一时间间隔 $\Delta\tau$ 内物料的质量减少量 ΔW 以及物料的温度 θ，直至物料重量不再变化为止，此时物料中所含水分即为该条件下的物料平衡水分。实验结束后，测得物料与空气的接触面积 A，再将物料放入烘箱直至质量不再变化，需要注意的是烘箱温度必须低于物料的分解温度，即可获得绝干物料的质量 G。图 4-12 为物料的含水量 X 以及表面温度 θ 与干燥时间 τ 的关系曲线，即为物料的干燥曲线。

图中，A 点表示物料初始含水量 X_1，温度 θ_1，当与热空气接触后，物料表面温度升高至 θ'，物料含水量下降至 X'，在 AB 段内干燥速率逐渐增大。物料含水量继续下降，在 BC 段内，X 与 τ 呈线性关系，物料表面温度为空气的湿球温度 t_w，热空气传递给物料的显热等于水分从物料中汽化所需的相变焓。随着温度升高，热量一部分用于水分汽化，一部分用于加热物料使其温度由 t_w 升至 θ_2，CDE 段内干燥速率趋于平滑，直至物料含水量降低至平衡水分 X^*。

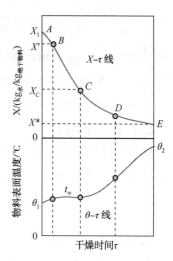

图 4-12　恒定干燥情况下某物料的干燥曲线

根据干燥速率与物料含水量之间的关系式(4-38)，将图 4-12 的各组数据制成曲线图 4-13，即为干燥速率曲线。其中，AB 段为物料预热段，所需干燥时间较短，一般和 BC 段一起分析。BC 段内干燥速率为常数，干燥速率不随物料含水量的变化而变化，此段为恒速干燥阶段，除去的水为非结合水。CDE 段内干燥速率随物料含水量的较少而降低，此段为降速干燥阶段。图中 C 点称为临界点，是恒速和降速的分界点，该点的干燥速率为 u_0，所对应的物料含水量 X_0 称为临界含水量。

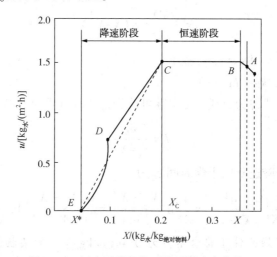

图 4-13　恒定干燥条件下的干燥速率曲线

物料在干燥过程中经历了预热、恒速、降速阶段，用临界含水量 X_0 来进行判断。X_0 越大，说明越早进入降速阶段，干燥相同任务所需的时间越长。需要指出的是，干燥曲线或干燥速率曲线是在恒定的空气条件下获得的，相同的物料，不同的空气温度和湿度，速率曲线的位置是不同的。

三、干燥时间的计算

恒定干燥条件下物料总干燥时间是恒速干燥时间 τ_1 和降速干燥时间 τ_2 之和，即 $\tau = \tau_1 + \tau_2$。

1. 恒速干燥时间

恒速干燥阶段的干燥速率为常量，等于临界点的干燥速率 u_0，物料从初始含水量 X_1 降低至临界含水量 X_0 所需的时间 τ_1，可用式(4-39)计算：

$$\tau_1 = \int_0^{\tau_1} \mathrm{d}\tau = -\frac{G}{Au_0}\int_{X_1}^{X_0}\mathrm{d}X = \frac{G(X_1 - X_0)}{Au_0} \tag{4-39}$$

式中　G——某一绝干物料的质量，kg；

　　　u_0——恒速阶段的干燥速率，$kg/(m^2 \cdot s)$；

　　　A——干燥面积，m^2。

2. 降速干燥时间

降速阶段干燥时间 τ_2 的计算，采用图解积分法或者解析法进行计算。物料含水量由 X_0 下降至 X_2 所需的时间 τ_2，用式(4-40)计算：

$$\tau_2 = \int_0^{\tau_2}\mathrm{d}\tau = -\frac{G}{A}\int_{X_0}^{X_2}\frac{\mathrm{d}X}{u} = \frac{G}{A}\int_{X_2}^{X_0}\frac{\mathrm{d}X}{u} \tag{4-40}$$

由于降速干燥阶段，干燥速率 μ 是变量，可采用图解积分法求解。以 X 为横坐标，$1/\mu$ 为纵坐标对相应的含水量 X 进行标绘，干燥时间 τ_2 的值就是由 $X=X_0$、$X=X_2$、横轴以及绘制的曲线所围成的图形的面积。

用图解积分法求解的干燥时间较为准确，但计算烦琐，工作量较大。当将干燥速率曲线中降速干燥阶段 CE 视为直线时，就可采用解析法进行近似求解，即

$$u = -\frac{G\mathrm{d}X}{A\mathrm{d}\tau} = K(X - X^*) \tag{4-41}$$

式中　X——平衡水含量，$kg_水/kg_{绝干物料}$；

　　　K——比例系数，$kg/(m^2 \cdot s)$。

将此段干燥速率曲线视为直线，K 实际可认为是这段直线的斜率，由此

$$K = \frac{u_0}{X_0 - X^*} \tag{4-42}$$

整理并积分，可得降速阶段干燥时间 τ_2 为

$$\tau_2 = -\frac{G}{AK}\int_{X_0}^{X_2}\frac{\mathrm{d}X}{X - X^*} = \frac{G}{AK}\ln\frac{X_0 - X^*}{X_2 - X^*} = \frac{G(X_0 - X^*)}{Au_0}\ln\frac{X_0 - X^*}{X_2 - X^*} \tag{4-43}$$

【例4-5】在恒定干燥条件下将含水量为 $0.4kg_水/kg_{绝干物料}$ 的某物料中的水分降低80%，共需6h，已知该物料的临界含水量为 $0.15kg_水/kg_{绝干物料}$，平衡含水量为 $0.04kg_水/kg_{绝干物料}$，若将降速阶段的干燥速率曲线作直线处理。求恒速干燥阶段所需时间及降速干燥阶段所需时间。

解：物料含水量 X 由 $0.4kg_水/kg_{绝干物料}$ 降低80%水分，即降至 $0.08kg_水/kg_{绝干物料}$，已知 X_0 为 $0.15kg_水/kg_{绝干物料}$，X_1 为 $0.4kg_水/kg_{绝干物料}$，X^* 为 $0.04kg_水/kg_{绝干物料}$，干燥过程经历两个阶段，将恒速干燥式(4-39)和降速干燥式(4-43)联立：

$$\frac{\tau_1}{\tau_2} = \frac{X_1 - X_0}{(X_0 - X^*)\ln\left(\dfrac{X_0 - X^*}{X_2 - X^*}\right)} = \frac{0.4 - 0.15}{(0.15 - 0.04)\ln\dfrac{0.15 - 0.04}{0.08 - 0.04}} = 2.247$$

又　　　　　　　　　　　　　　　$\tau_1 + \tau_2 = 6$

因此　　　　　　　　　　　　$\tau_1 = 4.15h$，$\tau_2 = 1.85h$

第四节　干燥设备

一、干燥器的基本要求

湿物料的外表形态各不相同，有大块物料或颗粒粉尘，有黏稠溶液或糊状团块或薄膜涂层。物料的物理和化学性质也有很大差别。煤粉、无机盐等物料能经受高温处理，食品、药物等有机物易于氧化，受热易变质。因此，所用的干燥方法和干燥器是各不相同的。通常，干燥器的设计主要从以下几个方面考虑：

干燥物料的适应性：保证产品的质量要求，如有的要求保持一定的形状和色泽，有的产品要求不变形或不发生龟裂等。

设备的生产能力：干燥速率高，干燥时间缩短，以减小设备尺寸，降低能耗。

热效率：这是干燥器的主要经济指标，在工艺条件允许的情况下，使用较高温度的空气进入干燥器，以提高干燥的热效率。

二、干燥器的主要形式

1. 气流干燥器

气流干燥通常用于能在气体中自由流动的颗粒物料的水分去除，流程如图4-14所示。被干燥的物料直接由加料器加入气流干燥管中，鼓风机吸入空气，通过过滤器去除其中的尘埃，再经过预热器加热至一定温度后送入气流干燥管。高速的热气流使得粉粒状湿物料加速并分散地悬浮在气流中，在气流加速和输送湿物料的过程中也完成对湿物料的干燥。如果物料是滤饼状或者块状，则需在气流干燥装置前安装湿物料分散机或块状物料粉碎机。

气流干燥器有以下几个特点：

① 适用于热敏性物料的干燥。由于气流的速度可高达20~40m/s，物料处于悬浮状态，因此气、固间接触面积大，强化传热和传质过程。同时，物料在干燥器中停留时间约为0.5~2s，最多也不会超过5s，因此当干燥介质温度较高时，物料温度也不会升的过高，适用于热敏性、易氧化物料的干燥。

② 体积给热系数大。由于被干燥的物料分散地悬浮在气流中，物料的全部表面都参与给热，因此传热面积大，体积给热系数大，体积给热系数值约为2300~7000W/(m^3·℃)，比转筒干燥器高20~30倍。

③ 热效率较高。气流干燥器的散热面积小，热损失低。干燥非结合水时，热效率可达60%左右，干燥结合水时，由于进干燥器的空气温度较低，热效率约为20%。

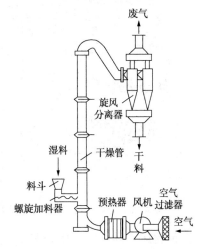

图4-14　气流干燥器

④ 结构简单，操作方便。气流干燥器主体设备是一根空管，管高为6~20m，管径为0.3~1.5m，设备投资费用低。气流干燥器可连续操作，容易实现自动控制。

⑤ 其他。附属设备体积大，分离设备负荷高。又由于操作气速高，物料在高速气流的作用下不仅冲击管壁加快管壁的磨损，而且物料间的相互碰撞摩擦，易将产品磨碎产生微

粉，不适用于对晶体粒度大小有严格要求的物料。

对于气流干燥器，并不是整个干燥管的每一段都同样有效。在加料口 1m 左右的干燥管内，干燥速率最快，由于气体传给物料的热量约为整个干燥管的传热量的 1/2~3/4。这不仅是因为干燥管底部气、固间的温差较大，更为重要的是气、固间相对运动和接触情况有利于传热和传质。在干燥管的上部，物料已经接近或低于临界含水量，即使管子很高，仍不能提供物料升温阶段缓慢干燥所需时间。因此，当要求干燥产物含水量很低时，应选用其他低速干燥器。

2. 流化干燥器

物料在流化干燥器中处于流化状态，湿物料颗粒在热气流中上下翻动，彼此碰撞和混合，气、固间进行传热和传质，以达到干燥的目的。流化床干燥器种类比较多，主要有单层流化床干燥器、多层流化床干燥器和卧式流化床干燥器等。

单层流化床干燥器示意于图 4-15 中。在分布板上加入待干燥的颗粒物料，热空气通过多孔分布板进入床层和物料接触，分布板的作用是均匀分布气体。当气速较低时，颗粒床层呈静止状态称为固定床，此时，气体在颗粒空隙中通过。当气速继续增加时，颗粒在上升的气流中，此时形成的床层称为流化床。由固定床转为流化床时的气速为临界流化速度。气速越大，流化床层越高。

对于干燥物流要求较高或所需干燥时间较长的物料，一般可选择多层流化床干燥器，如图 4-16 所示。物料加入第一层，经溢流管流到第二层，然后由出料口排出。热气体由干燥器的底部送入，经过第二层以及第一层与物料接触后从顶部排出。物料在每层中互相混合，但层与层间不混合，分布较均匀，且停留时间较长，干燥产品的含水量较低，此外还可提高热利用率。

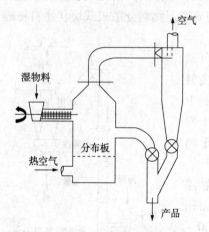

图 4-15 单层圆筒流化床干燥器

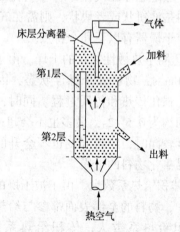

图 4-16 多层圆筒流化床干燥器

流化床干燥器对气体分布器的要求较低，通常在操作气速下，具有 1kPa 压降的多孔分布器即可满足要求。对于易黏结物料，在床层进口处可附设搅拌器以帮助物料分散。

为了物料能均匀地进行干燥，操作稳定可靠，并且流动阻力又较小，可采用卧式多室流化床干燥器，如图 4-17 所示。该流化床干燥器的横截面为长方形，器内用垂直挡板分隔成多室，一般为 4~8 室。挡板下端与多孔板之间留有几十毫米的间隙(一般为流化床中静止物料层高的 1/4~1/2)，使物料能逐室通过，最后越过堰板而卸出。热空气分别通过各室，因此各室的温度、湿度和流量均可调节，这种形式的干燥器与多层流化床干燥器相比，操作稳定可靠，流体阻力较小，但热效率较低。

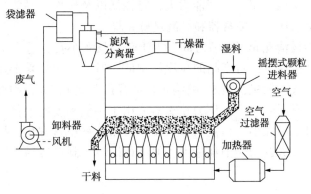

图 4-17　卧式多室流化床干燥器

3. 喷雾干燥器

喷雾干燥器是将溶液、膏状物或含有微粒的悬浮液通过喷雾而成雾状细滴分散于热气流中，使水汽迅速气化而达到干燥的目的。如果将 $1cm^3$ 体积的液体雾化成直径为 $10\mu m$ 的球形雾滴，其表面积将增加数千倍，显著地加大了水分蒸发面积，提高了干燥速率，缩短了干燥时间。

热气流与物料以并流、逆流或混合流的方式相互接触使得物料达到干燥的目的。这种干燥方法不需要将原料预先进行机械分离，而操作结束后可获得 $30\sim50\mu m$ 微粒的干燥产品，并且操作时间仅为 $5\sim30s$，因此试用于热敏性物料的干燥。目前喷雾干燥已广泛地应用于食品、医药、染料、塑料以及化肥等工业生产中。

常用的喷雾干燥流程如图 4-18 所示。浆液用送料泵压至喷雾器，在干燥室中喷成雾滴而分散在热气流中，雾滴在与干燥器内壁接触前水分已迅速气化，成为微粒或细粉落入器底，产品由风机吸至旋风分离器中而被回收，废气经过风机排出。

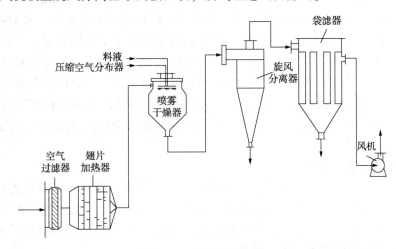

图 4-18　喷雾干燥过程

一般喷雾干燥操作中雾滴的平均直径为 $20\sim60\mu m$。液滴的大小以及均匀度对产品的质量和技术经济等指标影响很大，特别是干燥热敏性物料时，雾滴的均匀度尤为重要，如雾滴尺寸不均匀，就会出现大颗粒还没达到干燥要求，小颗粒却已干燥过度而变质。因此，使溶液雾化所用的喷雾器(雾化器)是喷雾干燥器的关键元件。因此，对喷雾器有以下要求：所产生的雾滴均匀，结构简单，生产能力大，能耗低以及操作容易等。常用的喷雾器有三种形式：离心喷雾器、压力式喷雾器和气流式喷雾器。

离心式喷雾器能量消耗介于三者之间，由于转盘没有小孔，适用于高黏度(9Pa·s)或带固体的料液，操作弹性大，对产品的粒度影响低，但离心式喷雾干燥器的机械加工要求严格，制造费用高，雾滴较粗，喷矩(喷滴飞行的径向距离)较大，因此干燥器的直径也相应地比使用另两种喷雾器时要大。压力喷雾器适用于一般黏度的液体，动力消耗最少，但必须有高压液泵，且因喷孔小，易被堵塞以及磨损而影响正常雾化，操作弹性小，产量可调节范围窄。气流式喷雾器动能消耗最大，但结构简单，制造容易，适用于任何黏度或较稀的悬浮液。

三、干燥器的设计原则

设计干燥器时，主要应用于以下四个基本关系：物料衡算、热量衡算、传热速率方程式和传质速率方程式。因为给热系数和传质系数目前还没有通用的关联式，所以干燥器的设计目前还停留在经验或半经验的模式。设计的基本原则在于湿物料在干燥器停留的时间必须等于或稍大于所需的干燥时间。

干燥操作条件的确定和很多因素有关，而各操作条件之间又相互牵制，所以，在选择干燥操作条件时应综合考虑各种因素，下面简单介绍选择干燥条件的一般原则。

1. 干燥介质的选择

在对流干燥操作中，干燥介质可选择空气、惰性气体、烟道气和过热蒸汽。对干燥温度不太高且氧气的存在不影响被干燥物料性能的情况，采用热空气作为干燥介质较为合适。对易氧化物料或从物料中蒸发出易燃易爆气体的场合，可采用烟道气作为干燥介质。

2. 流动的方式

干燥介质与物料在干燥器中的流动方式一般可分为并流、逆流和错流。

物料的移动方向和干燥介质的移动方向相同的操作称为并流操作。并流操作适用于：物料允许快速干燥而不发生龟裂和焦化，对产品含水量要求不高的情况；干燥后期不耐高温的物料(产品易发生变色、氧化或分解)。物料的移动方向和干燥介质的移动方向相反的操作称为逆流操作。逆流操作适用于：物料不允许快速干燥，且对产品含水量要求较高的场合；干燥后期耐高温的物料。物料的移动方向和干燥介质的移动方向相互垂直的操作称为错流操作。错流操作适用于：允许快速干燥且耐高温的物料；并流和逆流操作不适用的场合。

3. 干燥介质的进口温度

干燥介质的进口温度宜保持在物料允许的最高范围内，同时还应避免物料发生变色、分解。对同一种物料，介质的进口温度随干燥器型式不同而异，例如在转筒、气流等干燥器中，物料与介质接触较为充分，干燥速率快，时间短，因此介质进口温度可选择高一些。

4. 干燥介质出口的温度和相对湿度

提高干燥介质的出口相对湿度，可以减少空气用量以及传热量，可降低操作费用；但同时介质中水蒸气分压也增高，从而使干燥过程中传质推动力降低，若要保持相同的干燥能力，必须增大干燥器的尺寸，即增加设备投资费用，所以最佳的介质出口相对湿度应通过经济核算来核算。

干燥介质出口温度 t_2 应该与介质出口相对湿度同时考虑。若提高 t_2 则热损失大，干燥器热效率低；若降低温度，则相对湿度提高，此时湿空气在干燥器后面的设备和管道中析出水滴，从而影响正常操作。在气流干燥器中，一般要求干燥介质出口温度较物料高 $10\sim30℃$，较进口介质的绝热饱和温度高 $20\sim50℃$。

5. 物料出口温度

在连续并流操作的干燥器中，气体和物料的温度变化如图 4-19 所示。恒速干燥阶段时，物料出口温度与它相接触的气体的湿球温度相等。降速干燥阶段时，物料温度不断升高，此时气体传给无聊的热量一部分用于蒸发物料中的水分，一部分用于加热物料使其升温。

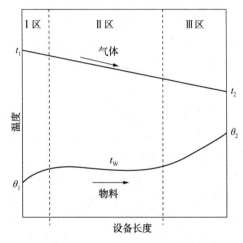

图 4-19　在连续并流干燥器中物料温度变化
Ⅰ区—预热阶段；Ⅱ区—恒速干燥阶段；Ⅲ区—降速干燥阶段

思　考　题

一、填空题

1. 温度为 40℃，水汽分压为 5kPa 的湿空气与水温为 30℃ 的水接触，则传热方向为_____，传质方向为_____。已知 30℃ 和 40℃ 下水的饱和蒸气压分别为 4.24kPa 和 7.38kPa。

2. 冬季将洗好的湿衣服晾在室外，室外温度在 0℃ 以上，衣服有无可能结冰？_____，其原因是_____。

3. 若干燥器出口废气的温度_____而湿度_____可以提高热效率，但同时会降低干燥速率，这是因为_____。

4. 在同一房间里不同物体的平衡水汽分压是否相同？_____；它们的含水量是否相同？_____；湿度是否相等？_____。

5. 降速干燥阶段，水分由物料内部向表面迁移的速率_____水分表面蒸发速率（小于、大于、等于）。

6. 在测量湿球温度时，空气速度需大于 5m/s，这是为了_____。

7. 恒速干燥与降速干燥阶段的分界点，称为_____；其对应的物料含水量称为_____。

8. 已知在 $t=50℃$、$p=1atm$ 时空气中水蒸气分压 $p_w=55.3mmHg$，则该空气的湿含量 $H=$_____；相对湿度 $\varphi=$_____；（50℃时水的饱和蒸气压为 92.51mmHg）。

9. 间歇恒定干燥时，如进入干燥器的空气中水汽分压增加，温度不变，则恒速阶段物料温度_____，恒速阶段干燥速率_____，临界含水量 X_C_____。（增大，减小，不变，不确定）。

10. 等焓干燥过程的条件是_____。

11. 一吸湿性物料和一非吸湿性物料，具有相同的干燥面积，在相同的干燥条件下进行干燥，前者的干燥速率为 N_A，后者的干燥速率为 N_B，则在恒速干燥段 N_A_____ N_B（>，=，<）干燥器内部无补充加热的情况下，进干燥器的气体状态一定，干燥任务一定，则气体离开干燥器的湿度 H_2 越大，干燥器的热效率越_____。

12. 将含水量为 20%（湿基）的物料 200kg 置于温度为 61℃、湿球温度 $t_w=31℃$ 的空气中，在恒定干燥条件下进行干燥。湿物料在该条件下的临界含水量为 $0.15kg_水/kg_干料$。空气平行流过物料，干燥面积为 $5m^2$，对流传热系数为 $80W/(m^2·℃)$，湿球温度下水的汽化相变焓为 2400kJ/kg，则恒速段干燥速率 =_____ $kg/(m^2·s)$。

13. 某干燥器无补充热量及热损失。则空气通过干燥器后，干球温度 t_____，露点温度 t_d_____，湿球温度 t_w_____相对湿度 φ_____，焓 I_____（变大，变小，不变）。

14. 若维持不饱和空气的湿度 H 不变，提高空气的干球温度，则空气的湿球温度_____，露点_____，相对湿度_____（变大，变小，不变，不确定）。影响恒速干燥速率的因素主要是_____，影响降速干燥速率的因素主要是_____。

15. 在 101.325kPa 下，不饱和湿空气的温度为 40℃，相对湿度为 60%，若加热至80℃，则空气的下列状态参数如何变化？湿度_____，相对湿度 φ_____，湿球温度 t_w_____，露点温度 t_d_____，焓 I_____（变大，变小，不变）。

二、计算题

1. 已知常压、25℃下水分在氧化锌与空气之间的平衡关系为：相对湿度 $\varphi=100\%$ 时，平衡含水量 $X^*=0.02kg_水/kg_干料$；相对湿度 $\varphi=40\%$ 时，平衡含水量 $X^*=0.007kg_水/kg_干料$。现氧化锌的含水量为 $0.25kg_水/kg_干料$，令其与 25℃、$\varphi=40\%$ 的空气接触。试问物料的自由含水量、结合水分及非结合水分的含量各为多少？

2. 一理想干燥器在总压 100kPa 下将物料由含水 50% 干燥至含水 1%，湿物料的处理量为 20kg/s。室外空气温度为 25℃，湿度为 $0.005kg_水/kg_干气$，经预热后送入干燥器。废气排出温度为 50℃，相对湿度 60%。试求：
① 空气用量 V；
② 预热温度；
③ 干燥器的热效率。

3. 间歇干燥处理某湿物料 3.89kg，含水量为 10%（湿基），用总压 100kPa、温度为50℃的空气进行干燥，并测得空气的露点温度为 23℃，湿球温度为 30℃，要求干燥产品的含水量不超过 l%(湿基)。已知干燥面积为外 $0.5m^2$，气相传质系数 k_H 为 $0.0695kg/(s \cdot m^2)$，物料的临界自由含水量 X_c 为 $0.07kg/kg_{干料}$，平衡含水量可视为零。降速阶段的干燥速率曲线可按通过原点的直线处理，求干燥时间。已知条件见题表 4-1。

题表 4-1　已知条件

温度 $t/℃$	23	30	50
饱和蒸气压/kPa	2.904	4.250	12.34

4. 湿度为 0.02 的湿空气在预热器中加热到 120℃后通入绝热常压(总压为 760mmHg)干燥器，离开干燥器时空气的温度为 49℃。求离开干燥器时空气的露点温度 t_d。水的饱和蒸气压数据见题表 4-2。

题表 4-2　水的饱和蒸气压数据

温度 $t/℃$	30	35	40	45	50	55	60
饱和蒸气压/mmHg	31.8	42.18	55.3	78.9	92.5	118.0	149.4

5. 在总压为 760mmHg 的 N_2 和 C_3H_6O(丙酮)体系中，已知丙酮的露点为 15℃，相对湿度为 0.4，求出体系的温度为多少？两酮的 Antoine 常数 $A = 7.11212$，$B = 1204.67$，$C = 223.5$，Antoine 公式 $\lg p = A - B/(t+C)$，p：_____ mmHg，t：_____℃。

6. 常压下以空气为干燥介质干燥某种湿物料，新鲜空气的体积流量为 $1800m^3/h$，温度为 30℃，湿度为 $0.012kg/kg_{干空气}$，空气先经预热器加热至 100℃后再进入干燥器；湿物料的处理量为 400kg/h，要求将含水量从 10%干燥降至 0.5%(均为湿基含水量)，若干燥过程可视为理想干燥过程，试确定：

① 空气用量，kg 干空气/h；
② 水分汽化量和离开干燥器的空气湿度；
③ 空气离开干燥器的温度；
④ 预热器对空气提供的热量。

7. 用常压气流干燥器干燥某种物料，要求其干基含水量从 $X_1 = 0.12kg_{水}/kg_{绝干物料}$ 降到 $X_2 = 0.02kg_{水}/kg_{绝干物料}$，干燥器生产能力为 1000kg/h(以绝干产品计)；空气进入干燥器时湿含量为 $0.01kg_{水}/kg_{干空气}$，温度为 110℃；空气出干燥器时湿含量为 $0.03kg_{水}/kg_{干空气}$，按理想干燥过程计算，试求：

① 蒸发水分量，(kg/h)；
② 干空气消耗量，($kg_{干空气}$/h)；
③ 空气出干燥器时的温度；
④ 若系统总压取 101.3kPa，试求干燥器出口处空气中的水汽分压。

第五章

精　馏

化工生产常需进行液体混合物的分离以达到提纯或回收有用组分的目的。互溶液体混合物的分离有多种方法，蒸馏及精馏是其中最常用的方法。本章重点介绍精馏。

第一节　精馏原理

简单蒸馏和平衡蒸馏只能达到组分的部分增浓，如何利用两组分挥发度的差异实现连续的高纯度分离，是本节将要讨论的内容。精馏是多级分离过程，即对混合液进行多次部分气化和部分冷凝，可使混合液得到几近完全的分离。混合液中各组分间挥发度的差异是分离的前提和基础，回流则是实现精馏操作的条件。

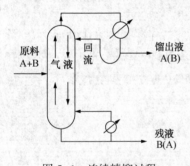

图 5-1　连续精馏过程

图 5-1 为连续精馏塔。原料(A+B)自塔的中部某适当位置连续地加入塔内，塔顶设有冷凝器将塔顶蒸气冷凝为液体。冷凝液的一部分回入塔顶，称为回流液，其余作为塔顶产品(馏出液)连续排出。在塔内上半部(加料板位置以上)上升蒸气和回流液体之间进行着逆流接触和物质传递。塔底部装有再沸器(蒸馏釜)以加热液体产生蒸气，蒸气沿塔上升，与下降的液体逆流接触并进行物质传递，塔底部分液体作为塔底产品(残液)连续排出。

在加料板的位置以上，上升蒸气中所含的重组分向液相传递，而回流液中的轻组分向气相传递。如此物质交换的结果，使上升蒸气中轻组分的浓度逐渐升高。只要有足够的相际接触面和液体回流量，到达塔顶的蒸气将成为高纯度的轻组分。塔的上半部完成了，上升蒸气的精制，即除去其中的重组分，因而称为精馏段。

在加料板位置以下，下降液体(包括回流液和加料中的液体)中的轻组分向气相传递，上升蒸气中的重组分向液相传递。这样，只要两相接触面和上升蒸气量足够，到达塔底的液体中所含的轻组分可降至很低，从而获得高纯度的重组分。塔的下半部完成了下降液体中重组分的提浓，即提出了轻组分，因而称为提馏段。

一个完整的精馏塔应包括精馏段和提馏段，在这样的塔内可将一个双组分混合物连续地、高纯度地分离为轻、重两组分。

由此可见，精馏区别于蒸馏就在于"回流"，包括塔顶的液相回流与塔底部分汽化造成的气相回流。回流是构成气、液两相接触传质的必要条件，没有气、液两相的接触也就无从进行物质交换。另一方面，组分挥发度的差异造成了有利的相平衡条件。这使上升蒸气在与自身冷凝回流液之间的接触过程中，重组分向液相传递，轻组分向气相传递。有利的相平衡条件使必需的回流液的数量小于塔顶冷凝液量的总量，即只需要部分回流而无须全部回流。只有这样，才有可能从塔顶抽出部分冷凝液作为产品。因此，精馏过程的基础仍然是组分挥发度的差异。

设置精馏段的目的是除去蒸气中的重组分。由气液两相相际传质可知，回流液量与上升蒸气量的相对比值大，有利于提高塔顶产品的纯度。回流量的相对大小通常以回流比即塔顶回流量 L 与塔顶产品量 D 之比表示。

$$R = L/D \tag{5-1}$$

在塔的处理量 F 已定的条件下，若规定了塔顶及塔底产品的组成，根据全塔物料衡算，塔顶和塔底产品的量也已确定，因此增加回流比并不意味着产品流率 D 的减少而意味着上升蒸气量的增加。增大回流比的措施是增大塔底的加热速率和塔顶的冷凝量，其代价是能耗的增大。

设置提馏段的目的是脱除液体中的轻组分，提馏段内的上升蒸气量与下降液量的相对比值大，有利于塔底产品的提纯。加大回流比本来就是靠增大塔底加热速率达到的，因此加大回流比既增加精馏段的液、气比，也增加了提馏段的气、液比，对提高两组分的分离程度都起积极作用。

第二节　双组分连续精馏塔的计算

双组分连续精馏塔的工艺计算主要包括以下内容：

① 确定产品的流量和组成。

② 确定精馏塔的类型，如选择板式塔抑或填料塔。根据塔型，求算理论板层数或填料层高度。

③ 确定塔高和塔径。

④ 对板式塔，进行塔板结构尺寸的计算及塔板流体力学验算，对填料塔，需确定填料类型及尺寸，并计算填料塔的流体阻力。

⑤ 计算冷凝器和再沸器的热负荷，并确定两者的类型和尺寸。

本节重点讨论前三项内容。

一、理论板的概念及恒摩尔流的假定

理论板是指离开这种板的气液两相互成平衡，而且塔板上的液相组成也可视为均匀一致的。例如，对任意层理论板 n 而言，离开该板的液相组成 x_n 与气相组成 y_n 符合平衡关系。实际上，由于塔板上气液间接触面积和接触时间是有限的，因此在任何型式的塔板上气液两相都难以达到平衡状态，也就是说理论板是不存在的。理论板仅是作为衡量实际板分离效率的依据和标准，它是一种理想板。通常，在设计中先求得理论板层数，然后用塔板效率予以校正，即可求得实际板层数。总之，引入理论板的概念，对精馏过程的分析和计算是十分有用的。

若已知某系统的气液平衡关系，则离开理论板的气液两相组成 y_n 与 x_n 之间的关系即已确定。如再能知道由任意板下降液体的组成 x_n 及由它的下一层板上升的蒸气组成 y_{n+1} 之间的关系，从而塔内各板的气液相组成可逐板予以确定，由此即可求得在指定分离要求下的理论板层数。而y_{n+1}与x_n间的关系是由精馏条件所决定的，这种关系可由物料衡算求得，并称之为操作关系。

由于精馏过程是既涉及传热又涉及传质的过程，相互影响的因素较多，为了便于导出表示操作关系的方程式，需做以下两项假设：

1. 恒摩尔气化

精馏操作时，在精馏塔的精馏段内，每层板的上升蒸气摩尔流量都是相等的。在提馏段内也是如此，但两段的上升蒸气摩尔流量却不一定相等。即

$$V_1 = V_2 = \cdots\cdots = V_n = V$$
$$V'_1 = V'_2 = \cdots\cdots = V'_m = V'$$

式中　V——精馏段中上升蒸气的摩尔流量（下标表示塔板序号），kmol/h；

　　　V'——提馏段中上升蒸气的摩尔流量（下标表示塔板序号），kmol/h。

2. 恒摩尔溢流

精馏操作时，在塔的精馏段内，每层板下降的液体摩尔流量都是相等的。在提馏段内也是如此，但两段的液体摩尔流量却不一定相等。即：

$$L_1 = L_2 = \cdots\cdots = L_n = L$$
$$L'_1 = L'_2 = \cdots\cdots = L'_m = L'$$

式中　L——精馏段中下降液体的摩尔流量（下标表示塔板序号），kmol/h；

　　　L'——提馏段中下降液体的摩尔流量（下标表示塔板序号），kmol/h。

上述两项假设常称之为恒摩尔流假定。在塔板上气液两相接触时，若有1000mol的蒸气冷凝相应就有1000mol的液体气化，这时恒摩尔流的假定才能成立。为此，必须满足以下条件：

① 各组分的摩尔气化相变焓相等。

② 气液接触时因温度不同而交换的显热可以忽略。

③ 塔设备保温良好，热损失可以忽略。

由此可见，精馏操作时，恒摩尔流虽是一项假设，但有些系统能基本上符合上述条件，因此，可将这些系统在塔内的气液两相视为恒摩尔流动。

二、物料衡算和操作线方程

1. 全塔物料衡算

通过全塔物料衡算，可以求出精馏产品的流量、组成和进料流量、组成之间的关系。

对图5-2所示的连续精馏塔做全塔物料衡算，并以单位时间为基准，即

总物料　　　　　　　　　　　$F = D + W$　　　　　　　　　　　　　（5-2）

易挥发组分　　　　　　　　$Fx_F = Dx_D + Wx_W$　　　　　　　　　　（5-3）

式中　F——原料液流量，kmol/h；

　　　D——塔顶产品（馏出液）流量，kmol/h；

　　　W——塔底产品（釜残液）流量，kmol/h；

　　　x_F——原料液中易挥发组分的摩尔比；

　　　x_D——馏出液中易挥发组分的摩尔比；

　　　x_W——釜残液中易挥发组分的摩尔比。

在精馏计算中，分离程度除用两种产品的摩尔比表示外，有时还用回收率表示，即

$$\text{塔顶易挥发组分的回收率} = \frac{Dx_D}{Fx_F} \times 100\% \tag{5-4}$$

$$\text{塔底难挥发组分的回收率} = \frac{W(1-x_W)}{F(1-x_F)} \times 100\% \tag{5-5}$$

2. 精馏段操作线方程

在连续精馏塔中，因原料液不断地进入塔内，故精馏段和提馏段的操作关系是不相同的，应分别予以讨论。

按图 5-3 虚线范围(包括精馏段的第 $n+1$ 层板以上塔段及冷凝器)作物料衡算，以单位时间为基准，即

总物料 $\qquad\qquad\qquad V = L + D \tag{5-6}$

易挥发组分 $\qquad\qquad V y_{n+1} = L x_n + Dx_D \tag{5-7}$

式中 x_n——精馏段第 n 层板下降液体中易挥发组分的摩尔比；

y_{n+1}——精馏段第 $n+1$ 层板上升蒸气中易挥发组分的摩尔比。

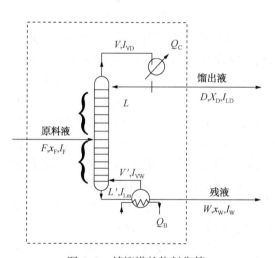

图 5-2　精馏塔的物料衡算

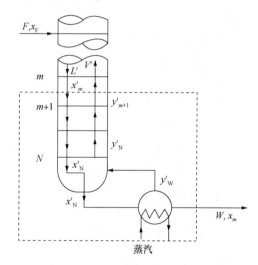

图 5-3　精馏段操作线方程式的推导

将式(5-6)代入式(5-7)，可得

$$y_{n+1} = \frac{L}{L+D} x_n + \frac{D}{L+D} x_D \tag{5-8}$$

上式等号右边两项的分子及分母同时除以 D，则

$$y_{n+1} = \frac{L/D}{L/D+1} x_n + \frac{1}{L/D+1} x_D$$

令 $R = \dfrac{L}{D}$，代入上式得

$$y_{n+1} = \frac{R}{R+1} x_n + \frac{1}{R+1} x_D \tag{5-9}$$

式中 R——回流比。

根据恒摩尔流假定，L 为定值，且在稳定操作时 D 及 x_D 为定值。故 R 也是常量，其值一般由设计者选定。

式(5-8)与式(5-9)均称为精馏段操作线方程式。此二式表示在一定操作条件下，精馏段内自任意第 n 层板下降的液相组成 x_n 与其相邻的下一层板（如第 $n+1$ 层板）上升的气相组成 y_{n+1} 之间的关系。该式在 $x-y$ 直角坐标图上为直线，其斜率为 $R/(R+1)$，截距为 $x_D/(R-1)$。

应注意，若待分离物系不符合恒摩尔流假设，则操作线不是直线，这种情况可参阅有关蒸馏专著。

3. 提馏段操作线方程

按图 5-4 虚线范围（包括提馏段第 m 层板以下塔段及再沸器）做物料衡算，以单位时间为基准，即

总物料 $$L' = V' + W \tag{5-10}$$
易挥发组分 $$L'x'_m = V'y'_{m+1} + Wx_W \tag{5-11}$$

式中　x'_m——提馏段第 m 层板下降液体中易挥发组分的摩尔比；

y'_{m+1}——提馏段第 $m+1$ 层板上升蒸气中易挥发组分的摩尔比。

将式(5-10)代入式(5-11)，并整理可得：

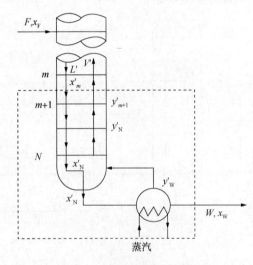

图 5-4　提馏段方程式的推导

$$y'_{m+1} = \frac{L'}{L'-W} x'_m - \frac{w}{L'-W} x_W \tag{5-12}$$

式(5-12)称为提馏段操作线方程式。此式表示在一定操作条件下，提馏段内自任意第 m 层板下降液体组成 x'_m 与其相邻的下层板（第 $m+1$ 层）上升蒸气组成 y'_{m+1} 之间的关系。根据恒摩尔流的假定，L' 为定值，且在稳定操作时，W 和 x_W 也为定值，故式(5-12)在 $x-y$ 图上也是直线。与精馏段的一样，对不符合恒摩尔流假定的物系，式(5-12)也不是直线方程。

应予指出，提馏段的液体流量 L' 不如精馏段的回流液流量 L 那样易于求得，因为 L' 除了与 L 有关外，还受进料量及进料热状况的影响，在此不详细讨论了。

三、进料热状况的影响

在实际生产中，加入精馏塔中的原料液可能有以下五种不同的热状况：

① 温度低于泡点的冷液体；

② 泡点下的饱和液体；

③ 温度介于泡点和露点之间的气液混合物；

④ 露点下的饱和蒸气；

⑤ 温度高于露点的过热蒸气。

由于不同进料热状况的影响，使从进料板上升的蒸气量及下降的液体量发生变化，也即上升到精馏段的蒸气量及下降到提馏段的液体量发生了变化。图 5-5 定性地表示在不同的进料热状况下，由进料板上升的蒸气与由此板下降的液体间的摩尔流量关系。

对于冷液进料，提馏段内回流液流量 L' 包括以下三部分：

① 精馏段的回流液流量；

② 原料液流量；

③ 为将原料液加热到板上温度，必然会有一部分自提馏段上升的蒸气被冷凝下来，冷凝液也成为 L' 的一部分。由于这部分蒸气的冷凝，故上升到精馏段的蒸气量比提馏段的要少，其差额即为冷凝的蒸气量。

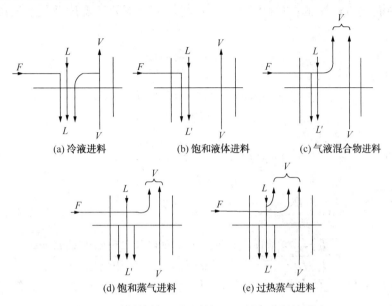

(a) 冷液进料   (b) 饱和液体进料   (c) 气液混合物进料

(d) 饱和蒸气进料   (e) 过热蒸气进料

图 5-5　进料热状况对进料板上、下各流段的影响

对于泡点进料，由于原料液的温度与板上液体的温度相近，因此原料液全部进入提馏段，作为提馏段的回流液，而两段上升蒸气流量则相等，即

$$L' = L + F \qquad V' = V$$

对于气液混合物进料，则进料中液相部分成为 L' 的一部分，而蒸气部分则成为 V 的一部分。

对于饱和蒸气进料，整个进料变为 V 的一部分，而两段的液体流量则相等，即

$$L' = L \qquad V = V' + F$$

对于过热蒸气进料，此种情况与冷液体进料的恰好相反，精馏段上升蒸气流量包括以下三部分：提馏段上升蒸气流量；原料液流量；为将进料温度降到板上温度，必然会有一部分来自精馏段的回流液体被气化，气化的蒸气量也成为 V 中的一部分。由于这部分液体的气化，故下降到提馏段中的液体量将比精馏段的 L 少，其差额即为气化的那部分液体量。

由上面分析可知，精馏塔中两段的气液摩尔流量之间的关系与进料的热状况有关，通用的定量关系可通过进料板上的物料衡算及热量衡算求得。

对图 5-6 所示的进料板分别作总物料衡算及热量衡算，即：

$$F + V' + L = V + L' \qquad (5-13)$$

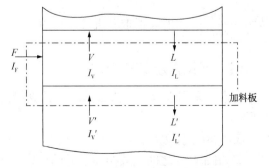

图 5-6　进料板上的物料衡算
和热量衡算

及

$$FI_F + V'I_{V'} + LI_L = VI_V + L'I_{L'} \tag{5-14}$$

式中　I_F——原料液的焓，kJ/kmol；

　I_V、$I_{V'}$——进料板上、下处饱和蒸气的焓，kJ/kmol；

　I_L、$I_{L'}$——进料板上、下处饱和液体的焓，kJ/kmol。

由于塔中液体和蒸气都呈饱和状态，且进料板上、下处的温度及气、液浓度都比较相近，故

$$I_V \approx I_{V'}，及 I_L \approx I_{L'}$$

于是，式（5-14）可改写为

$$FI_F + V'I_V + LI_L = VI_V + L'I_{L'}$$

整理得

$$(V - V')I_V = FI_F - (L' - L)I_L$$

将式（5-13）代入上式得

$$[F - (L' - L)]I_V = FI_F - (L' - L)I_L$$

$$F(I_V - I_F) = (L' - L)(I_V - I_L)$$

或

$$\frac{I_V - I_F}{I_V - I_L} = \frac{L' - L}{F} \tag{5-15}$$

令

$$q = \frac{I_V - I_F}{I_V - I_L} \approx \frac{\text{将 1kmol 进料变成饱和蒸气所需的热量}}{\text{原料液的千摩尔气化相变焓}} \tag{5-16}$$

q 值称为进料热状况的参数，对各种进料热状况，均可用式（5-16）计算 q 值。于是由式（5-15）得

$$L' = L + qF \tag{5-17}$$

将式（5-13）代入上式，并整理得

$$V = V' - (q - 1)F \tag{5-18}$$

由式（5-17）还可以从另一方面来说明 q 的意义。以 1kmol/h 进料为基准时，提馏段中的液体流量较精馏段增大的数量 kmol/h，即为 q 值。对于饱和液体、气液混合物及饱和蒸气三种进料热状况而盲，q 值就等于进料中的液相分率。

将式（5-17）代入式（5-12），则提馏段操作式方程式可写为

$$y'_{m+1} = \frac{L + qF}{L + qF - W}x'_m - \frac{W}{L + qF - W}x_W \tag{5-19}$$

对一定的操作条件而言，式（5-19）中的 L、F、W、χ_W 及 q 都是已知值或易于求算的值。与式（5-12）相比，其物理意义相同，在 x-y 图上也为同一条线，只是斜率 $L + qF - W$ 及截距 $-\dfrac{W}{L + qF - W}$ 中消去了难以直接计算的 L'。

四、理论板层数的求法

通常，采用逐板计算法成图解法计算精馏塔的理论板层数。求算理论些层数时，必须利用：

① 气液平衡关系。

② 相邻两板之间气液两相组成的操作关系，即操作线方程。

1. 逐板计算法

参见图 5-7，若塔顶采用全凝器，从塔顶最上层板（第 1 层板）上升的蒸气进入冷凝器

中被全部冷凝，因此塔顶馏出液组成及回流液组成均与第1层板的上升蒸气组成相同，即

$$y_1 = x_D = 已知值$$

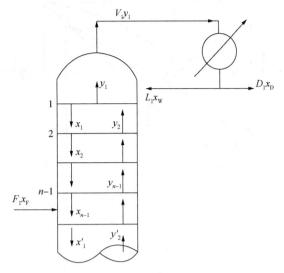

图 5-7　逐板计算法示意图

由于离开每层理论板的气液两相组成是互成平衡的，故可由 y_1 用气液平衡方程求得 x_1。由于从下一层（第2层）板的上升蒸气组成 y_1 与 x_1 符合精馏段操作线关系，故用精馏段操作线方程可由 x_1 求得 y_2，即

$$y_2 = \frac{R}{R+1}x_1 + \frac{1}{R+1}x_D$$

同理，y_2 为与 x_2 互成平衡，即可用平衡方程由 y_2 求得 x_2。以及再用精馏段操作线方程由 x_2 求得 y_3，如此重复计算，直至计算到 $x_n \leq x_F$（仅指饱和液体进料情况）时，说明第 n 层理论板是加料板，因此精馏段所需理论板层数为 $(n-1)$。应予注意，在计算过程中，每使用一次平衡关系，表示需要一层理论板。

此后，可改用提馏段操作线方程，继续用与上述相同的方法求提馏段的理论板层数。因为 $x'_1 = x_n = $ 已知值，故可用提馏段操作线方程求 y'_2。即

$$y'_2 = \frac{L+qF}{L+qF-W}x'_1 - \frac{W}{L+qF-W}x_W$$

再利用气液平衡方程由 y'_2 求 x'_2，如此重复计算，直至计算到 $x'_m \leq x_W$ 为止。由于一般再沸器相当于一层理论板，故提馏段所需的理论板层数为 $(m-1)$。

逐板计算法是求算理论板层数的基本方法，计算结果较准确。且可同时求得各层板上的气液相组成。但该法比较烦琐，尤其当理论板层数较多时更甚，故一般在两组分精馏塔的计算中较少采用。

2. 图解法

图解法求理论板层数的基本原理与逐板计算法的完全相同，只不过是用平衡曲线和操作线分别代替平衡方程和操作线方程，用简便的图解法代替繁杂的计算而已。图解法中以直角梯级图解法最为常用。虽然图解的准确性较差，但因其简便，目前在两组分精馏中仍被广泛采用。

（1）操作线的画法

如前所述，精馏段和提馏段操作线方程在 $x-y$ 图上均为直线。根据已知条件分别求出二线的截距和斜率，便可绘出这两条操作线。但实际作图还可简化，即是分别找出该两直线上的固定点，例如，操作线与对角线的交点及两操作线的交点等，然后由这些点及各线的截距或斜率就可以分别作出两条操作线。

① 精馏段操作线的画法：若略去精馏段操作线方程式中变量的下标，则该式变为

$$y = \frac{R}{R+1}x + \frac{1}{R+1}x_D$$

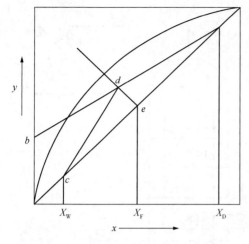

图5-8 操作线的画法

对角线方程为

$$y = x$$

上两式联立求解，可得到精馏段操作线与对角线的交点，即交点的坐标为 $x = x_D$、$y = x_D$，如图5-8中的点 a 所示，再根据已知的 R 及 x_D，算出精馏段操作线的截距为 $x_D/(R+1)$，依此定出该线在 y 轴的截距，如图5-8上点 b 所示。直线 ab 即为精馏段操作线。当然也可以从点 a 作斜率为 $R/(R+1)$ 的直线 ab，得到精馏段操作线。

② 提馏段操作线的画法：若略去提馏段操作线中变量的上下标，则方程式变为

$$y = \frac{L+qF}{L+qF-W} x - \frac{W}{L+qF-W} x_W$$

上式与对角线方程联解，得到该操作线与对角线的交点坐标为 $x = x_W$，$y = x_W$，如图5-8上点 c 所示。由于提馏段操作线截距的数值往往很小，交点 $c(x_W、x_W)$ 与代表截距的点离得很近，作图不易准确。若利用斜率 $(L+qF)/(L+qF-W)$ 作图不仅较麻烦，且不能在图上直接反映出进料热状况的影响。故通常找出提馏段操作线与精馏段操作线的交点，将点 c 与此交点相连即可得到提馏段操作线。两操作线的交点可由联解两操作线方程而得。

精馏段操作线及提馏段操作线方程可用式(5-7)及式(5-11)表示，因在交点处两式中的变量相同，故可略去式中变量的上下标，即

$$V_y = Lx + D x_D$$

$$V'_y = L'x - Wx_W$$

两式相减得

$$(V' - V) y = (L' - L) x - (D x_D + W x_W) \quad (5-20)$$

由式(5-3)、式(5-17)及式(5-18)知：

$$Dx_D + Wx_W = Fx_F$$

$$L' - L = qF$$

$$V' - V = (q-1)F$$

将此三式代入式(5-20)，得

$$(q-1) F_y = qFx - Fx_F$$

上式各项同除以 $F(q-1)$，并整理得

$$y = \frac{q}{q-1} x - \frac{x_F}{q-1} \quad (5-21)$$

式(5-21)称为 q 线方程或进料方程，为代表两操作线交点的轨迹方程。该式也是直线方程，其斜率为 $q/(q-1)$，截距为 $x_F/(q-1)$。

式(5-21)与对角线方程联立，解得交点坐标为 $x = x_F$、$y = x_F$，如图5-8上的点 e 所示。再从点 e 作斜率为 $q/(q-1)$ 的直线，如图上的 ef 线，该线与 ab 线交于点 d，点 d 即为两操作线的交点。联 cd，cd 线即为提馏段操作线。

③ 进料热状况对 q 线及操作线的影响：进料热状况不同，q 值及 q 线的斜率也就不同，

故 q 线与精馏段操作线的交点因进料热状况不同而变动，从而提馏段操作线的位置也就随之而变化。当进料组成、回流比及分离要求一定时，进料热状况对 q 线及操作线的影响如图 5-9 所示。

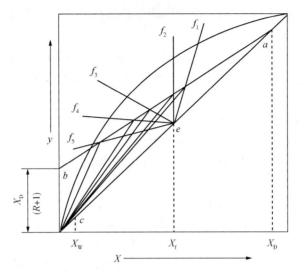

图 5-9　进料热状况对操作线的影响

不同的进料热状况 q 值及 q 线的影响情况列于表 5-1 中。

表 5-1　进料热状况对 q 值及 q 线的影响

进料热状况	进料的焓 I_F	q 值	q 线的斜率 $\frac{q}{q-1}$	q 线在 x-y 图上的位置
冷液体	$I_F < I_L$	>1	+	$ef_1(\nearrow)$
饱和液体	$I_F = I_L$	1	∞	$ef_2(\uparrow)$
气液混合物	$I_L < I_F < I_V$	$0<q<1$	−	$ef_3(\nwarrow)$
饱和蒸气	$I_F = I_V$	0	0	$ef_4(\leftarrow)$
过热蒸气	$I_F > I_V$	<0	+	$ef_5(\swarrow)$

（2）图解法求理论板层数的步骤

参见图 5-10，图解法求理论板层数的步骤如下：

① 在直角坐标上绘出待分离混合液的 x-y 平衡曲线，并作出对角线。

② 在 $x=x_D$ 处作铅垂线，与对角线交于点 a，再由精馏段操作线的截距 $x_D/(R+1)$ 值，在 y 轴上定出点 b，联 ab。ab 线即为精馏段操作线。

③ 在 $x=x_F$ 处作铅垂线，与对角线交于点 e，从点 e 作斜率为 $q/(q-1)$ 的 q 线 ef，该线与 ab 线交于点 d。

④ 在 $x=x_W$ 处作铅垂线，与对角线交于点 c，联 ab。ab 线即为提馏段操作线。

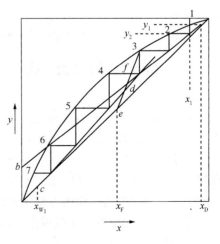

图 5-10　求理论板层数的图解法

⑤ 从点 a 开始，在精馏段操作线与平衡线之间绘由水平线及铅垂线组成的梯级。当梯级跨过点 d 时，则改在提馏段操作线与平衡线之间绘梯级，直至某梯级的铅垂线达到或小于 x_W 为止。每一个梯级，代表一层理论板。梯级总数即为理论板总层数。应予指出，也可从点 c 开始往上绘梯级，结果相同。这种求理论板层数的方法称为麦克布-蒂利(McCabe-Thiele)法，简称 $M\text{-}T$ 法。

在图 5-10 中，梯数总数为 7，表示共需 7 层理论板。第 4 层跨过点 d，即第 4 层为加料板，故精馏段层数为 3；因再沸器内气液两相一般可视为互成平衡的，相当于最后一层理论板，故提馏段层数为 3。

有时从塔顶出来的蒸气先在分凝器中部分冷凝，冷凝液作为回流，未冷凝的蒸气再用全凝器冷凝，凝液作为塔顶产品。因为离开分凝器的气相与液相互呈平衡，故分凝器也相当于一层理论扳。此时精馏段的理论板层数应比梯级数少一。

（3）适宜的进料位置

如前所述，图解过程中当某梯级跨过两操作线交点时，应更换操作线。跨过交点的梯级即代表适宜的加料板(逐板计算时也相同)，这是因为对一定的分离任务而言，如此作图所需的理论板层数为最少。

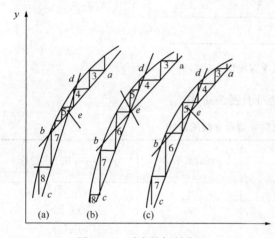

图 5-11　适宜的加料位置

如图 5-11(a)所示，若梯级已跨过两操作线的交点 d，而仍在精馏段操作线和平衡线之间绘梯级，由于交点 d 以后精馏段操作线与平衡线的距离较提馏段操作线与平衡线之间的距离来得近，故所需理论板层数较多。反之，如还没有跨过交点，而过早的更换操作线，也同样会使理论板层数增加，如图 5-11(b)所示。由此可见。当梯级跨过两操作线交点后便更换操作线作图，所定出的加料板位置为适宜的位置。

需要注意，上述求理论板层数的方法，都是基于恒摩尔流的假设。这个假设能够成立的主要条件是混合液中各组分的摩尔气化相变焓相等或相近。对偏离这个条件较远的物系就不能采用上述方法，而应用焓浓图等其他方法求理论板层数。

五、几种特殊情况的理论板层数计算

1. 直接蒸汽加热

若待分离的混合液为水溶液，且水是难挥发组分，即馏出液为非水组分、釜液近于纯水，这时可采用直接加热方式，以省掉再沸器。

直接蒸汽加热时理论板层数的求法，原则上与上述的方法相同。精馏段的操作情况与常规塔的没有区别，故其操作线不变。q 线的作法也与常规的作法相同。但由于釜中增多了一股蒸汽，故提馏段操作线方程应予修正。

对图 5-12 所示的虚线范围作物料衡算，即

总物料 $$L' + V_0 = V' + W$$

易挥发组分 $$L'x'_m + V_0 y_0 = V'y'_{m+1} + Wx_w$$

式中　V_0——直接加热蒸汽流量，kmol/h；

　　　　y_0——加热蒸汽中易挥发组分的摩尔比，一般$y_0=0$。

若恒摩尔流假定仍能适用，即$V'=V_0$，$L'=W$，则上式可改写为

$$Wx'_m = V_0 y'_{m+1} + W x_w$$

或
$$y'_{m+1} = \frac{W}{V_0} x'_m - \frac{W}{V_0} x_w \qquad (5-22)$$

上式即为直接蒸汽加热时的提馏段操作线方程式。该式与间接蒸汽加热时的提馏段操作线方程形式相似，它和精馏段操作线的交点轨迹方程仍然是q线，但与对角线的交点不在点(x_w, x_w)上。由式(5-22)可见，当$y'_{m+1}=0$时，$x'_m=x_w$，因此提馏段操作线通过横轴上的$x=x_w$点，即图(5-13)中的点g，联gd，即得提馏段操作线。此后，便可从点a开始绘梯级，直至$x'_m \leqslant x_w$为止，如图5-13所示。

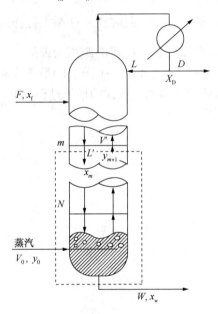

图5-12　直接蒸汽加热时提馏段
操作线的推导图

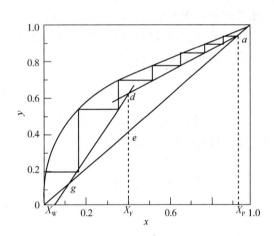

图5-13　直接蒸汽加热时理论
板层数的图解法

对于同一种进料组成、状况及回流比，若希望得到相同的馏出液组成及回收率时，利用直接蒸汽加热时所需理论板层数比用间接蒸汽加热时的要稍多些，这是因为直接蒸汽的稀释作用，故需增加塔板层数来回收易挥发组分。

2. 多例线的塔

在工业生产中，有时要求获得不同规格的精馏产品，此时可根据所需的产品浓度在精馏段(或提馏段)不同位置上开设侧线出料口，有时为分离不同浓度的原料，则宜在不同塔板位置上设置不同的进料口。这些情况均构成多侧线的塔。若精馏塔中共有i个侧线(进料口亦计入)，则计算时应将全塔分成$(i+1)$段。通过每段的物料衡算，分别写出相应的操作线方程式。图解理论板层数的原则与前述的相同。具体的计算方法在此不详述。

六、回流比的影响及其选择

前已述及，回流是保证精馏塔连续稳定操作的必要条件之一，且回流比是影响精馏操

作费用和投资费用的重要因素，对于一定的分离任务（即 F、x_F、q、x_W、x_D 一定）而言，应选择适宜的回流比。

回流比有两个极限值，上限为全回流时的回流比，下限为最小回流比，实际回流比为介于两级限值之间的某适宜值。

1. 全回流和最少理论板层数

若塔顶上升蒸汽经冷凝后，全部回流至塔内，这种方式称为全回流。此时，塔顶产品 D 为零、通常 F 及 W 也均为零，即既不向塔内进料，亦不从塔内取出产品，全塔也就无精馏段和提馏段之区分，两段的操作合二为一。

全回流时的回流比为

$$R = \frac{L}{D} = \frac{L}{0} = \infty$$

因此，精馏段操作线的斜率 $\frac{R}{R+1} = 1$，在 y 轴上的截距 $\frac{x_D}{R+1} = 0$。此时在 x-y 图上操作线与对角线相重合，操作线方程式为 $y_{n+1} = x_n$。显然，此时操作线和平衡线的距离为最远，因此达到给定分离程度所需的理论板层数为最少，以 N_{min} 表示。N_{min} 可在 x-y 图上的平衡线和对角线间直接图解求得，也可以从芬斯克（Fenske）方程式计算得到。该式的推导过程如下：

全回流时，求算理论板层数可由平衡方程和操作线方程导出。

设气液平衡关系可用下式表示，即

$$\left(\frac{y_A}{y_B}\right)_n = a_n \left(\frac{x_A}{x_B}\right)_n$$

（式中下标 n 表示第 n 层理论板）

全回流时操作线方程式为

$$y_{n+1} = x_n$$

若塔顶采用全凝器，则

$$y_1 = x_D$$

或

$$\left(\frac{y_A}{y_B}\right)_1 = \left(\frac{x_A}{x_D}\right)_D$$

离开第 1 层板的气液平衡关系为

$$\left(\frac{y_A}{y_B}\right)_1 = a_1\left(\frac{x_A}{x_D}\right)_1 = \left(\frac{x_A}{x_B}\right)_D$$

在第 1 层板和第 2 板间的操作关系为

$$y_A2 = x_{a_1} \text{ 及 } y_{B_2} = x_{B_1}$$

或

$$\left(\frac{y_A}{y_B}\right)_1 = \left(\frac{x_A}{x_B}\right)_1$$

所以

$$\left(\frac{x_A}{x_B}\right)_D = a_1\left(\frac{y_A}{y_B}\right)_2$$

将第 2 层板的气液平衡关系 $\left(\frac{y_A}{y_B}\right)_2 = a_2\left(\frac{x_A}{x_B}\right)_1$ 代入上式得

$$\left(\frac{x_A}{x_B}\right)_D = a_1 a_2\left(\frac{x_A}{x_B}\right)_2$$

将第 2 层与第 3 层板间的操作关系 $\left(\dfrac{y_A}{y_B}\right)_3 = \left(\dfrac{x_A}{x_B}\right)_2$ 代入上式得

$$\left(\frac{x_A}{x_B}\right)_D = a_1 a_2 \left(\frac{y_A}{y_B}\right)_3$$

若将再沸器视为第 $N+1$ 层理论板，重复上述的计算过程，直至再沸器止，可得

$$\left(\frac{x_A}{x_B}\right)_D = a_1 a_2 \cdots a_{N+1} \left(\frac{x_A}{x_B}\right)_W$$

若令 $a_m = \sqrt[N+1]{a_1 a_2 \cdots a_{N+1}}$ 则上式可改写为

$$\left(\frac{x_A}{x_B}\right)_D = a_m^{N+1} \left(\frac{x_A}{x_B}\right)_W$$

因全回流时所需理论板层数为 $N_{\min}$，以 $N_{\min}$ 代替上式的 N，并将该式等号两边取对数，经整理得

$$N_{\min} + 1 = \frac{\log\left[\left(\dfrac{x_A}{x_B}\right)_D \left(\dfrac{x_B}{x_A}\right)_W\right]}{\log a_n} \tag{5-23}$$

对双组分溶液，上式可略去下标 A、B 而写为

$$N_{\min} + 1 = \frac{\log\left[\left(\dfrac{x_D}{1-x_D}\right)\left(\dfrac{1-x_w}{x_w}\right)\right]}{\log a_m} \tag{5-24}$$

式中　$N_{\min}$——全回流时所需的最少理论板层（不包括再沸器）；

a_m——全塔平均相对挥发度，当 a 变化不大时，可取塔顶和塔底的几何平均值。

式（5-23）及式（5-24）称为芬斯克公式，用以计算全回流下采用全凝器时的最少理论板层数。若将式中 x_w 换成进料组成 x_F，a 取为塔顶和进料处的平均值，则该式也可用以计算精馏段的理论板层数及加料板位置。

应当注意，全回流是回流比的上限。由于在这种情况下得不到精馏产品，即生产能力为零，因此对正常生产无实际意义。但是在精馏的开工阶段或实验研究时，多采用全回流操作，以便于过程的稳定或控制。

2. 最小回流比

由图 5-14 可以看出，当回流从全回流逐渐减小时，精馏段操作线的截距随之逐渐增大，两操作线的位置将向平衡线靠近，因此为达到相同分离程度时所需的理论板层数亦逐渐增多。当回流比减小到使两操作线交点正好摺在平衡线（如图 5-14 上点 d 所示）时，所需理论板层数要无限多。这是因为在点 d 前后各板之间（进料板上、下区域），气液两相组成基本上不发生变化，即无增浓作用，故这个区域称为恒浓区（或称为挟紧区），点 d 称为挟紧点。此时若在平衡线和操作线之间绘梯级，就需要无限多梯级才能达到点 d，这种情况下的回流比称为最小回流比，以 $R_{\min}$ 表示。最小回流比是回流的下限。当回流比较 $R_{\min}$ 还要低时，操作线和 q 线的交点就落在平衡线之外，精馏操作就无法进行。但若回流比较 $R_{\min}$ 稍高一点，就可以进行实际操作，不过所需塔板层数很多。

最小回流比 $R_{\min}$ 有以下两种求法，即：

① 作图法：依据平衡曲线形状不同，作图方法有所不同。对于正常的平衡曲线

（图 5-14），由精馏段操作线斜率知：

$$\frac{R_{min}}{R_{min}+1}=\frac{x_D-y_q}{x_D-x_q}$$

将上式整理可得

$$R_{min}=\frac{x_D-y_q}{y_q-x_q} \tag{5-25}$$

式中　x_q、y_q——q 线与平衡线的交点坐标，可由图中读得。

某些不正常的平衡曲线，如图 5-15 所示的乙醇-水溶液的平衡曲线，具有下凹的部分。在操作线与 q 线的交点未落到平衡线上之前，操作线已与平衡线相切，如图中点 g 所示。此时恒浓区出现在 g 附近，对应的回流比为最小回流比。对于这种情况下 R_{min} 的求法是由点 $a(x_D, x_D)$ 向平衡线作切线，再由切线的截距或斜率求 R_{min}。

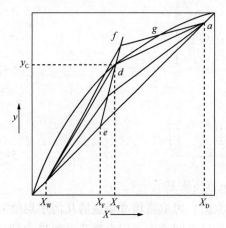

图 5-14　最小回流比的确定

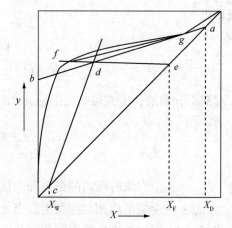

图 5-15　不正常平衡曲线的 R_{min} 的确定

② 解析法：因在最小回流比下，操作线与 q 线交点坐标 (x_q, y_q) 位于平衡线上，对于相对挥发度为常量（或取平均值）的理想溶液可用下表示，即

$$y_q=\frac{a\,x_q}{1+(a-1)x_q}$$

将上式代入式(5-25)得

$$R_{min}=\frac{x_D-\dfrac{a\,x_q}{1+(a-1)x_q}}{\dfrac{a\,x_q}{1+(a-1)x_q}-x_q}$$

简化上式得

$$R_{min}=\frac{1}{a-1}\left[\frac{x_D}{x_q}-\frac{a(1-x_D)}{1-x_q}\right] \tag{5-26}$$

对于某些进料热状况，上式可进一步简化，即

饱和液体进料时，$x_q=x_F$，故

$$R_{min}=\frac{1}{a-1}\left[\frac{x_D}{x_q}-\frac{a(1-x_D)}{1-x_F}\right] \tag{5-27}$$

饱和蒸气进料时，$y_q = y_F$，联立气液平衡方程$\left[y = \dfrac{\alpha x}{1+(\alpha-1)x}\right]$及式(5-25)得

$$R_{\min} = \frac{1}{a-1}\left(\frac{ax_D}{y_q} - \frac{1-x_D}{1-y_F}\right) - 1 \tag{5-28}$$

式中　y_F——饱和蒸气原料中易挥发组分的摩尔比。

3. 适宜回流比的选择

由上面讨论可以知道，对于一定的分离任务，若在全回流下操作，虽然所需理论板层数为最少，但是得不到产品；若在最小回流比下操作，则所需理论板层数为无限多。因此，实际回流比总是介于两种极限情况之间。适宜的回流比应通过经济衡算来决定，即操作费用和设备折旧费用之和为最低时的回流比，为适宜的回流比。

精馏的操作费用，主要决定于再沸器中加热蒸汽(或其他加热介质)消耗量及冷凝器中冷却水(或其他冷却介质)的消耗量，而此两量均取决于塔内上升蒸气量。

因　　　　　　　　　　　　$V = L + D = (R+1)D$

及　　　　　　　　　　　　$V' = V + (q-1)F$

故当 F、q、D 一定时，上升蒸气量 V 和 V' 正比于 $(R+1)$。当 R 增大时，加热和冷却介质消耗量亦随之增多，操作费用相应增加，如图5-16中的线2所示。

设备折旧费是指精馏塔、再沸器、冷凝器等设备的投资费乘以折旧率。如果设备类型和材料已经选定，此项费用主要决定于设备的尺寸。当 $R = R_{\min}$ 时，塔板层数 $N = \infty$，故设备费用为无限大。但 R 稍大于 $R_{\min}$ 后，塔板层数从无限多减至有限层数，故设备费急剧降低，当 R 继续增大时，塔板层数虽然仍可减少，但减少速率变得缓慢(图5-17)。而另一方面，由于 R 增大，上升蒸气也随之增加，从而使塔径、塔板面积、再沸器及冷凝器等尺寸相应增加，因此增至某一值后，设备费用反而上升，如图5-16中的线3所示。总费用中最低值所对应的回流比即为适宜回流比。

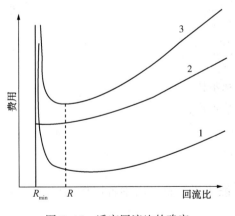

图5-16　适宜回流比的确定

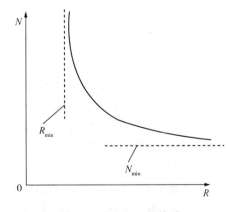

图5-17　N 和 R 的关系

在精馏设计中，一般并不进行详细的经济衡算，而是根据经验选取。通常，操作回流比可取为最小回流比的 1.1～2 倍，即

$$R = (1.1 \sim 2)R_{\min}$$

应予指出，上述考虑的是一般原则，实际回流比还应视具体情况选定。例如，对于难分离的混合液应选用较大的回流比，又如为了减少加热蒸气消耗量，就应采用较小的回流比。

精馏塔理论板层数除了可用前述的图解法和逐板计算法求算外，还可采用简捷法计算，其中经验关联图的捷算法最为广泛，因篇幅原因在此不介绍此法。

七、塔高和塔径的计算

1. 塔高的计算

对于板式精馏塔，应先利用塔板效率将理论板层数折算成实际板层数，然后再由实际板层和板间距(指相邻两层实际板之间的距离，可取经验值，具体可查阅相关资料)来计算塔高度；对于填料塔，则需知道等板高度，即和当于一层理论板所需的填料层高度，由理论板层数和等板高度相乘即可求得填料层高度。应予注意，由上面算出的板式塔或填料塔的高度，均指精馏塔主体的有效高度，面不包括塔底蒸馏釜和塔顶空间等高度在内。

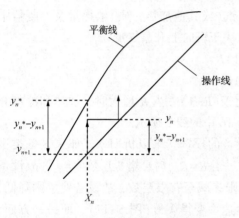

图 5-18　单板效率示意图

(1) 板效率和实际板数

前已指出，气液两相在实际板上接触时，一般不能达到平衡状态，因此实际塔板层数总是比理论板层数要多。理论板只是衡量实际板分离效果的标准。由于实际板和理论板在分离效果上的差异，因此，引入了"板效率"这个参数。塔板效率有多种表示方法，下面介绍两种常用的表示方法。

① 单板效率 E_M：单板效率又称默弗里(Murphree)效率，它是以气相(或液相)经过实际板的组成变化值与经过理论板的组成变化值之比来表示的。如图 5-18 所示，对任意的第 n 层塔板，单板效率可分别按气相组成及液相组成的变化来表示，即

$$E_{MV} = \frac{y_n - y_{n+1}}{y_n^* - y_{n+1}} \tag{5-29}$$

$$E_{ML} = \frac{x_{n-1} - x_n}{x_{n-1} - x_n^*} \tag{5-30}$$

式中　y_n^*——与 x_n 成平衡的气相中易挥发组分的摩尔比；

x_n^*——与 y_n 成平衡的液相中易挥发组分的摩尔比；

E_{MV}——气相默弗里效率；

E_{ML}——液相默弗里效率。

单板效率通常由实验测定。

② 全塔效率 E：全塔效率又称总板效率，一般来说，精馏塔中各层板的单板效率并不相等，为简便起见，常用全塔效率来表示，即

$$E = \frac{N_T}{N_P} \times 100\% \tag{5-31}$$

式中　E——全塔效率；

N_T——理论板层数；

N_P——实际板层数。

全塔效率反映塔中各层塔板的平均效率，因此它是理论板层数的一个校正系数，其值

恒小于 1。对一定结构的板式塔，若已知在某种操作条件下的全塔效率，便可由式(5-29)求得实际板层数。

由于影响板效率的因素很多，且非常复杂，因此目前还不能用纯理论公式计算板效率。设计时一般选用经验数据，或用经验公式估算。有关板效率的内容在第三章中还要进一步讨论。

（2）理论板当量高度和填料层高度

由于填料塔中填料是连续堆积的，上升蒸气和回流液体在塔内填料表面上进行连续逆流接触，因此两相在塔内的组成是连续度化的。计算填料高度，常引入理论板当量高度的概念。

设想在填料塔内，将填料层分为若干相等的高度单位，每一单位的作用相当于一层理论板，即通过这一高度单位后，上升蒸气与下降液体互成平衡。此单位填料层高度称为理论板当量高度，简称等板高度，以 $HETP$ 表示。理论板层数乘以等板高度即可得所需的填料层高度。

与板效率一样，等板高度通常由实验测定，在缺乏实数据时，可用经验公式估算。

2. 塔径的计算

精馏塔的直径，可由塔内上升蒸气的体积流量及其通过塔横截面的空塔线速度求出。即

$$V_s = \frac{\pi}{4}D^2 u$$

或
$$D = \sqrt{\frac{4V_s}{\pi u}} \tag{5-32}$$

式中　　D——精馏塔的内径，m；

　　　　u——空塔速度，m/s；

　　　　V_s——塔内上升蒸气的体积流量，m^3/s。

空塔速度是影响精馏操作的重要因素，适宜空塔速度的计算将在本册第三章中讨论。

精馏段和提馏段内的上升蒸气体积流量 V_s 可能不同，因此两段的 V_s 及直径应分别计算。

（1）精馏段 V_s 的计算

$$V = L + D = (R+1)D$$

由上式求得的上升蒸气流量为千摩尔流量，其单位为 kmol/h，需按下式换算为体积流量，m^3/s，即

$$V_s = \frac{VM_m}{3600\rho_V} \tag{5-33}$$

式中　　ρ_V——在平均操作压强和温度下气相密度，kg/m^3；

　　　　M_m——平均分子量，kg/kmol。

若精馏操作压强较低时，气相可视为理想气体混合物，则

$$V_s = \frac{22.4V}{3600} \cdot \frac{TP_0}{T_0 P} \tag{5-34}$$

式中　　T、T_0——操作的平均温度和标准状况下的温度，K。

　　　　P、P_0——操作的平均压强和标准状况下的压强，Pa。

（2）提馏段 V'_s 的计算

$$V' = V + (q-1)F$$

由上式求得 V' 后，可按式(5-33)或式(5-34)的方法计算提馏段的体积流量 V'_s。由于进料热状况及操作条件的不同，两段的上升蒸气体积流量可能不同，故所要求的塔径也不相同。但若两段的上升蒸气体积流量引差不太大时，为使塔的结构简化，两段宜采用相同的塔径。

八、连续精馏装置的热量衡算

对连续精馏装置进行热量衡算，可以求得冷凝器和再沸器的热负荷以及冷却介质和加热介质的消耗量，并为设计这些换热设备提供基本数据。

1. 冷凝器的热量衡算

对图 5-2 所示的全凝器作热量衡算，以单位时间为基准，并忽略热损失，则

$$Q_C = VI_{VD} - (LI_{LD} + DI_{LD})$$

而

$$V = L + D = (R+1)D$$

代入上式并整理得

$$Q_C = (R+1)D(I_{VD} - I_{LD}) \tag{5-35}$$

式中　Q_C——全凝器的热负荷，kJ/h；

　　　I_{VD}——塔顶上升蒸气的焓，kJ/kmol；

　　　I_{LD}——塔顶馏出液的焓，kJ/kmol。

冷却介质消耗量可按下式计算，即

$$W_C = \frac{Q_C}{c_{pC}(t_2 - t_1)} \tag{5-36}$$

式中　t_1、t_2——冷却介质在冷凝器进、出口处的温度，℃。

2. 再沸器的热量衡算

对图 5-2 所示的再沸器作热量衡算，以单位时间为基准，即

$$Q_B = V'I_{VW} + WI_{LW} - L'I_{Lm} + Q_L \tag{5-37}$$

式中　Q_B——再沸器的热负荷，kJ/h；

　　　Q_L——再沸器的热损失，kJ/h；

　　　I_{VW}——再沸器上升蒸气的焓，kJ/kmol；

　　　I_{LW}——釜残液的焓，kJ/kmol；

　　　I_{Lm}——提馏段底层塔板下降液体的焓，kJ/kmol。

若近似取 $I_{VW} = I_{Lm}$，且因 $V' = L' - W$，则

$$Q_B = V'(I_{VW} - I_{LW}) + Q_L \tag{5-38}$$

加热介质消耗量可用下式计算，即

$$W_h = \frac{Q_B}{I_{B_1} - I_{B_2}} \tag{5-39}$$

式中　W_h——加热介质消耗量，kg/h；

　　　I_{B_1}、I_{B_2}——分别为加热介质进、出再沸器的焓，kJ/kg。

若用饱和蒸汽加热，且冷凝液在饱和温度下排出，则加热蒸汽消耗量可按下式计算即

$$W_h = \frac{Q_B}{r} \tag{5-40}$$

式中　r——加热蒸汽的相变焓，kJ/kg。

应予指出，再沸器的热负荷也可以通过全塔的热量衡算求得。

第三节　间歇精馏

间歇精馏又称分批精馏，其流程如图 5-19 所示。间歇精馏操作开始时，全部物料加入精馏釜中，再逐渐加热气化，自塔顶引出的蒸气经冷凝后，一部分作为馏出液产品，另一部分作为回流送回塔内，待釜液组成降到规定值后，将其一次排出，然后进行下一批的精馏操作。因此，间歇精馏与连续精馏相比，具有以下特点：

① 间歇精馏为非稳态过程。由于釜中液相的组成随精馏过程的进行而不断降低，此塔内操作参数(如温度、组成)不仅随位置而变，也随时间而变化。

② 间歇馏塔只有精馏段。

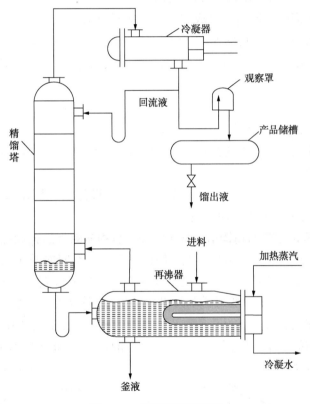

图 5-19　间歇精馏流程图

间歇精馏有两种基本操作方式：其一是馏出液组成恒定的间歇精馏操作，即馏出液组成保持恒定，而相应的回流比不断地增大；其二是回流比恒定的间歇精馏操作，即回流比保持恒定，而馏出液组成逐渐减小。实际生产中，有时可采用联合操作方式，即某一阶段(如操作初期)采用恒馏出液组成的操作，另一阶段(如操作后期)采用用恒回流比下操作。联合的方式可视具体情况定。

应指出，化工生产中虽然以连续精馏为主，但是在某些场合却宜采用间歇精馏操作。例如：精馏的原料液是由分批生产得到的，这时分离过程也要分批进行，在实验室或科研室的精馏操作一般处理量较少，且原料的品种、组成及分离程度经常变化，采用间歇精馏，更为灵活方便，多组分混合液的初步分离，要求获得不同馏分(组成范围)的产品，这时也可采用间歇精馏。

一、回流比恒定时的间歇精馏计算

间歇精馏时由于釜中溶液的组成过程进行而不断降低，因此在恒定回流比下，馏出液组成必随之减低。通常，当釜液组成或馏出液的平均组成达到规定值时，就停止精馏操作。恒回流比下的间歇精馏的主要计算内容如下：

1. 确定理论板层数

间歇精馏理论板层数的确定原则与连续精馏的完全相同。通常，计算中已知原料液组成馏出液平均组成x_{D_m}或最终釜液组成x_{W_e}，设计者选择适宜的回流比后，即可确定理论板层数。

（1）计算最小回流比R_{min}和确定适宜回流比R

恒回流比间歇精馏时，馏出液组成和釜液组成具有对应的关系，计算中以操作初态为基准，此时釜液组成为x_F，最初的馏出液组成为x_{D_1}（此值高于馏出液平均组成，由设计者假定）。根据最小回流比的定义，由x_{D_1}，x_F及气液平衡关系可求出R_{min}，即

$$R_{min} = \frac{x_{D_1} - x_F}{y_F - x_F} \tag{5-41}$$

式中　y_F——与x_F呈平衡的气相组成，摩尔比。

前已述及，操作回流比可取为最小回流比的某一倍数，即$R = (1.1 \sim 2) R_{min}$

（2）图解法理论板层数

在x-y图上，由x_{D_1}，x_F及R即可图解求得理论板层数，图解步骤与前述相同，如图5-20所示。图中表示需要3层理论板。

2. 对具有一定理论板数的精馏塔，确定操作过程中各瞬间的x_D和x_W的关系

由于间歇精馏操作过程中回流比不变，因此各个操作瞬间的操作线斜率$R/(R+1)$都相同，各操作线为彼此平行的直线。若在馏出液的初始和终了组成的范围内，任意选定若干x_{D_i}值，通过各点(x_{D_i}, x_{D_i})作一系列斜率为$R/(R+1)$的平行线，这些直线分别为对应于某x_{D_i}的瞬间操作线。然后，在每条操作线和平衡线间绘梯级，使其等于所规定的理论板层数。最后一个梯级所达到的液相组成，就是与x_{D_4}相对应的x_{W_4}值，如图5-21所示。

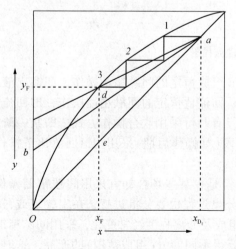

图5-20　恒回流比间歇精馏时理论板层数的确定

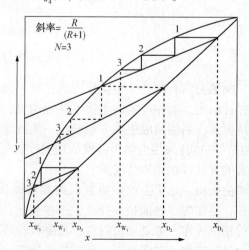

图5-21　恒回流比间歇精馏时x_D和x_W的关系

3. 对具有一定理论板层数的精馏塔，确定操作过程中 x_D 或 x_W 或与釜液量 W、馏出液量 D 间的关系

恒回流比间歇精馏时，x_D、x_W 与 W、D 间的关系应通过微分物料衡算得到。这一衡算结果与简单蒸馏时导出的式(5-14)完全相同，仅需将式(5-14)中的 y 和 x 用瞬时的 x_D 和 x_W 来代替，即

$$\ln \frac{F}{W_0} = \int_{x_{W_e}}^{x_F} \frac{dx_W}{x_D - x_W} \tag{5-42}$$

式中 W_0——与釜液组成 X_{W_e} 相对应的釜液量，kmol。

式(5-42)等号右边积分项 x_D 中和 x_W 均为变量，它们间的关系可用上述的第二项作图法求出，积分值则可用图解积分法求得，从而由该式可求出与任一 x_W 或 x_D 相对应的釜液量 W。

应予指出，前面第一项计算中所假设的 x_{Di} 是否合适，应以整个精馏过程中所得的 x_{D_m} 是否能满足分离要求为准。当按一批操作物料衡算求得的 x_{D_m} 等于或稍大于规定值时，则上述计算正确。

间歇精馏时一批操作的物料衡算与连续精馏的相似，即

总物料 $D = F - W$

易挥发组分 $D x_{D_m} = F x_F - W x_W$

联立上二式解得

$$x_{D_m} = \frac{F x_F - W x_W}{F - W} \tag{5-43}$$

由于间歇精馏过程中回流比 R 恒定，故一批操作的气化量 V 可按下式计算，即

$$V = (R+1)D$$

若将气化量除以气化速率，就可求得精馏过程所需的时间。应予指出，气化速率和精馏时间是相互制约的，前者与塔径、塔釜传热面积有关，后者影响生产能力，因此气化速率和精馏时间应视具体情况予以选定。气化速率可通过塔釜的传热速率及混合液的潜热计算。

二、馏出液组成恒定时的间歇精馏计算

间歇精馏时，釜液组成不断下降，为保持恒定的馏出液成，回流比必须不断地变化。在这种操作方式中，通常已知原料液量 F 和组成 x_F、馏出液组成 x_D 及最终的釜液组成 x_W，要求设计者确定理论板层数，回流比范围和气化量等。

1. 确定理论板层数

对于馏出液组成恒定的间歇精馏，由于操作终了时釜液组成 x_{W_e} 最低，所要求的分离程度最高，因此需要的理论板层应按精馏最终阶段进行计算。

（1）计算最小回流比 R_{min} 和确定操作回流比 R

由馏出液组成 x_D 和最终的釜残液组成 x_{W_e}，按下式求最小回流比，即

$$R_{min} = \frac{x_D - y_{W_e}}{y_{W_e} - x_{W_e}} \tag{5-44}$$

式中 y_{W_e}——与 x_{W_e} 以呈平衡的气相组成，摩尔比。

同样，由 $R=(1.1\sim2)R_{\min}$ 的关系确定精馏最后阶段的作回流比 R_{e}。

（2）图解法求理论层

在 $x-y$ 图上，由 x_{D}、x_{W} 和 R_{e} 即可图解求得理论板层数，图解方法如图 5-22 所示。图中表示需要 4 层理论板。

2. 确定 x_{W} 和 R 的关系

在一定的理论板层数下，不同的釜液组成 x_{W} 与回流比 R 之间具有固定的对应关系。若已知精馏过程某一时刻的回流比为 R_{1}，对应的 $x_{w_{1}}$ 可按下述步骤求得（图 5-23）。

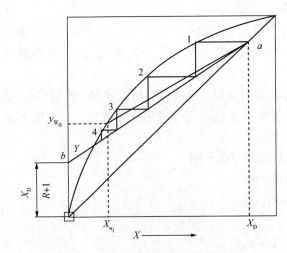

图 5-22　恒馏出液组成时间歇精馏
理论板层数的确定

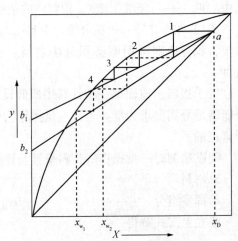

图 5-23　恒馏出液组成时间歇
精馏理论板层数的确定

① 计算操作线截距 $X_{D}/(R_{1}+1)$ 值，在 $x-y$ 图的 y 轴上定出点 b_{1}。

② 连接点 $a(X_{D}，X_{D})$ 和点 b_{1}，所得的直线即为回流比 R_{1} 下的操作线。

③ 从点 a 开始在平衡线和操作线间绘梯级，使其等于给定的理论板层数，则最后一个梯级所达到的液相组成即为釜液组成 $x_{w_{1}}$。

依相同的方法，可求出不同回流比 R_{i} 下的釜液组成 $x_{w_{i}}$。操作初期可采用较小的回流比。

若已知精馏过程某一时刻下釜液组成 $x_{w_{i}}$，对应的 R 可用上述的相同步骤求得，不过应采用试差作图的方法，即先假设一 R 值，然后在 $x-y$ 图上图解求理论板层数，若梯级数与给定的理论板层数相等，则 R 即为所求。否则重设 R 值，直至满足要求为止。

3. 计算气化量

设在 $\mathrm{d}t$ 时间内，溶液的气化量为 $\mathrm{d}V$ kmol，馏出液量为 $\mathrm{d}D$ kmol，回流液量为 $\mathrm{d}L$ kmol，则回流比为

$$R=\frac{\mathrm{d}L}{\mathrm{d}D}$$

对塔顶冷凝器作物料衡算得

$$\mathrm{d}V=\mathrm{d}L+\mathrm{d}D=\frac{\mathrm{d}L}{\mathrm{d}D}\mathrm{d}D+\mathrm{d}D=(R+1)\mathrm{d}D \tag{5-45}$$

一批操作中任一瞬间的馏出液量 D 可由物料衡算得到（忽略塔内滞液量），即联立式（5-18）及式（5-19），可得

$$D = F\left(\frac{x_F - x_W}{x_D - x_W}\right) \tag{5-46}$$

和

$$W = F - D \tag{5-47}$$

微分式(5-46)得

$$dD = F\frac{(x_F - x_D)}{(x_D - x_W)^2}dx_w \tag{5-48}$$

将上式代入式(5-46)得

$$dV = F(x_F - x_D)\frac{(R+1)}{(x_D - x_W)^2}d\,x_w$$

积分上式得

$$V = \int_0^V dV = F(x_D - x_F)\int_{x_{W_e}}^{x_F}\frac{(R+1)}{(x_D - x_W)^2}dx_W \tag{5-49}$$

式中 V——对应釜液组成为 x_{W_e} 时的气化总量，而 x_W 和 R 的对应关系，可由上述的第二项的方法求出，于是式中右边积分项可用图解积分法求得。

应指出，实际生产中的间歇精馏，有时采用联合操作方式，即某阶段用恒馏出液组成操作，另一阶段用恒回流比操作，联合的方式视具体情况而定。

第四节　恒沸精馏与萃取精馏

如前所述，一般的精馏操作是以液体混合物中各组分的挥发度不同为依据的。组分间挥发度差别越大，分离越易。但若溶液中两组分的挥发度非常接近，为完成一定分离任务所需塔板层数就非常多，故经济上不合理或在操作上难于实现。又若待分离的为恒沸液，则根本不能用普通的精馏方法实现分离。上述两种情况可采用恒沸精馏或萃取精馏来处理。这两种特殊精馏的基本原理都是在混合液中加入第三组分，以提高各组分间相对挥发度的差别，使其得以分离。因此，两者都属于多组分非理想物系的分离过程。本节仅介绍恒沸精馏及萃取精馏的流程和特点。

一、恒沸精馏

若在两组分恒沸液中加入第三组分(称为挟带剂)，该组分能与原料液中的一个或两个组分形成新的恒沸液，从而使原料液能用普通精馏方法予以分离，这种精馏操作称为恒沸精馏。

图5-24为分离乙醇-水混合液的恒沸精馏流程示意图。在原料液中加入适量的挟带剂苯，苯与原料液形成新的三元非均相恒沸液(相应的恒沸点为64.85℃，恒沸摩尔组成为苯0.539、乙醇0.228、水0.233)。只要苯量适当，原料液中的水分可全部转移到三元恒沸液中，因而使乙醇-水溶液得到分离。

由图5-24可知，原料液与苯进入恒沸精馏塔中，由于常压下此三元恒沸液的恒沸点为64.85℃，故其由塔顶蒸出，塔底产品为近于纯态的乙醇。塔顶蒸气进入冷凝器中冷凝后，部分液相回流到恒沸精馏塔，其余的进入分层器，在器内分为轻重两层液体。轻相返回恒沸精馏塔作为补充回流。重相送入苯回收塔的顶部，以回收其中的苯。苯回收塔的蒸气由塔顶引出也进入冷凝器中，苯回收塔底部的产品为稀乙醇，被送到乙醇回收塔中。乙醇回

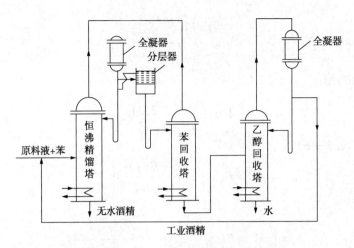

图 5-24　恒沸精馏流程示意图

收塔中塔顶产品为乙醇-水恒沸沸液，送回恒沸精馏塔作为原料，塔底产品几乎为纯水。在操作中苯是循环使用的，但因有损耗，故隔一段时间后需补充一定量的苯。

恒沸精馏可分离具有最低恒沸点的溶液、具有最高恒沸点的溶浓以及挥发度相近的物系。恒沸精馏的流程取决于挟带剂与原有组分所形成的恒沸液的性质。

在恒沸精馏中，需选择适宜的挟带剂。对挟带剂的要求是：①挟带剂应能与被分离组分形成新的恒沸液，其恒沸点要比纯组分的沸点低，一般两者沸点差不小于 10℃；②新恒沸液所含挟带剂的量越少越好，以便减少挟带剂用量及气化、回收时所需的能量；③新恒沸液最好为非均相相合物，便于用分层法分离；④无毒性、无腐蚀性，热稳定性好；⑤来源容易，价格低廉。

二、萃取精馏

萃取精馏和恒沸精馏相似，也是向原料液中加入第三组分(称为萃取剂或溶剂)，以改变原有组分间的相对挥发度而得到分离。但不同的是要求萃取剂的沸点较原料液中各组分的沸点高得多，且不与组分形成恒沸液。萃取精馏常用于分离各组分沸点(挥发度)差别很小的溶液。例如，在常压下苯的沸点为 80.1℃，环己烷的沸点为 80.73℃，若在苯-环己烷溶液中加入萃取剂糠醛，则溶液的相对挥发度发生显著的变化，如表 5-2 所示。由表可见，相对挥发度随萃取剂量加大而增高。

表 5-2　苯-环己烷溶液加入糠醛后 α 的变化

溶液中糠醛的摩尔比	0	0.2	0.4	0.5	0.6	0.7
相对挥发度	0.98	1.38	1.86	2.07	2.36	2.7

图 5-25 为分离苯-环己烷溶液的萃取精馏流程示意图。

图 5-25 中原料液进入萃取精馏塔中，萃取剂(糠醛)由萃取精馏塔顶部加入，以便在每层板上都与苯相结合。塔顶蒸出的为环己烷蒸气。为回收微量的糠醛蒸气，在萃取精馏塔上部设置萃取剂回收段(若萃取剂沸点很高，也可以不设回收段)。塔底釜液为苯-糠醛混合液，再将其送入苯回收塔中。由于常压下苯沸点为 80.1℃，糠醛的沸点为 161.7℃，故两者很容易分离。苯回收塔中釜液为糠醛，可循环使用。在精馏过程中，萃取剂基本上不

被气化，也不与原料液形成恒沸液，这些都是有异于恒沸精馏的。

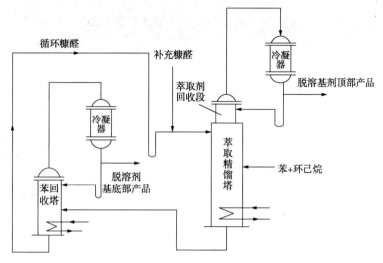

图 5-25　苯-环己烷萃取精馏流程示意图

选择适宜萃取剂时，主要应考虑：①萃取剂应使原组分间相对挥发度发生显著的变化；②萃取剂的挥发性应低些，即其沸点应较纯组分的为高，且不与原组分形成恒沸液；③无毒性、无腐蚀性，热稳定性好；④来源方便，价格低廉。

萃取精馏与恒沸精馏的特点比较如下：①萃取剂比挟带剂易于选择；②萃取剂在精馏过程中基本上不气化，故萃取精馏的耗能量较恒沸精馏的为少；③萃取精馏中，萃取剂加入量的变动范围较大，而在恒沸精馏中，适宜的挟带剂量多为一定，故萃取精馏的操作较灵活，易控制；④萃取精馏不宜采用间歇操作，而恒沸精馏则可采用间歇操作方式；⑤恒沸精馏操作温度较萃取精馏的为低，故恒沸精馏较适用于分离热敏性溶液。

思 考 题

5-1　比较蒸馏和精馏有哪些异同点。

5-2　为什么说回流液的逐板下降和蒸气逐板上升是实现精馏的必要条件。

5-3　进料量对精馏塔的塔板数有何影响？

5-4　对不正常形状的气液平衡曲线，是否必须通过曲线的切点来确定最小回流比 R_{min}，为什么？

5-5　如何选择进料热状况？

5-6　通常精馏操作回流比 $R=(1.1\sim2)R_{min}$，请分析根据哪些因素确定倍数的大小。

5-7　若精馏塔加料偏离适宜位置，其他操作条件均不变，将会导致什么后果？

5-8　建立操作线的依据是什么？操作线为直线的条件是什么？

典型化工工艺安全

第六章

合 成 氨

第一节 概 述

一、合成氨的发现

1727 年英国牧师、化学家哈尔斯（HaLes，1677—1761 年）用氯化铵与石灰的混合物在以水封闭的曲颈瓶中加热，只见水被吸入瓶中而不见气体放出。1774 年化学家普利斯德里（J. Joseph Priestley，1733—1804 年）重做这个实验，用汞代替水来密闭曲颈瓶，制得了碱空气（氨）。其后戴维（Davy，1778—1829 年）等化学家继续研究，进一步证实了 2 体积的氨气通过火花放电之后，分解为 1 体积的氮气和 3 容积的氢气。

19 世纪以前，农业生产所需氮肥的来源，主要是有机物的副产物和动植物的废物，如粪便、种子饼、腐鱼、屠宰废料、腐烂动植物等。人们设想，能不能把空气中大量的氮气固定下来，于是开始设计以氮气和氢气为原料合成生产氨。

1900 年法国化学家勒夏特利（Henri Le ChateLier，1850—1936 年）最先研究氢气和氮气在高压下直接合成氨的反应。由于他所用的氢气和氮气的混合物中混进了空气，实验过程中发生爆炸。他在没有查明事故原因的情况下，放弃了这项实验。

德国的物理学家、化工专家 F. 哈伯（Haber，1868—1934 年）和他的学生仍然坚持系统地研究。起初他们想在常温下使氨和氢反应，但没有氨气产生。又在氮、氢混合气中通以电火花，只生成了极少量的氨气，而且耗电量很大。后来才把注意力集中在高压这个问题上，他们认为高压是最有可能实现合成反应的。根据理论计算表明，氢气和氮气在 600℃ 和 20MPa 下进行反应，大约可能生成 6% 的氨气。如果在高压下将反应进行循环加工，同时还要不断地分离出生成的氨气，势必需要很有效的催化剂。为此他们进行了大量的实验，发现锇和铀具有良好的催化性能。在 17.5～20MPa 和 500～600℃ 的条件下使用催化剂，氮、氢反应能产生高于 6% 的氨。哈伯把他们取得的成果介绍给他的同行和巴登苯胺纯碱公司，并在他的实验室做了示范表演。巴登公司的经理布隆克和专家们，认为这种合成氨方法具有很高的经济价值，于是，该公司耗巨资投入技术力量，并委任德国化学工程专家 C. 波施

(Bosch，1874—1940年)将哈伯研究的成果设计付诸生产。

1910年巴登苯胺纯碱公司建立了世界上第一座合成氨试验工厂，1913年建立了工业规模的合成氨工厂，该厂在第一次世界大战期间开始为德国提供当时缺少的氮化合物，用于生产炸药和肥料。

二、合成氨工业发展

氮和氢是生产合成氨的原料，氮来源于空气，氢来源于水，空气和水可谓取之不尽。传统的合成氨方法之一是低温下将空气液化、分离制取氮，而氢气由电解水制取。由于电解制氢电能消耗大、成本高，未能在工业中得到推广应用。另一种传统合成氨方法是高温下将各种燃料与水蒸气反应制造氢。合成氨生产的原料有焦炭、煤、焦炉气、天然气、石脑油、重油(渣油)等，经过100多年的发展，全球合成氨的需求和产能越来越高。

2018年，全球氮素消费量约145Mt，其中农业消费量占74%，其余为工业等其他领域消费。全球合成氨年产能约220Mt，按原料结构划分，天然气、煤各占产能比例的70%和28%。世界各地区合成氨产能现状和预测如表6-1所示。

表6-1　世界合成氨产能现状和预测　　　　　　　　　　Mt

地　　区	2018 年	2023 年
西欧	12.6	12.6
中欧	7.1	6.8
东欧、中亚	30.0	33.2
北美洲	22.5	22.5
拉丁美洲	12.1	12.2
非洲	11.3	15.4
西亚	20.2	21.8
南亚	22.0	27.3
东亚	79.9	74.4
大洋洲	2.2	2.2
合计	219.9	228.4

中国合成氨工业自20世纪30年代，经80多年发展，产量已跃居世界第1位，掌握了以焦炭、无烟煤、褐煤、焦炉气、天然气及油田伴生气和液态烃等气固液多种原料生产合成氨的技术，形成中国特有的煤、石油、天然气原料并存和大、中、小生产规模并存的合成氨生产格局。中国合成氨生产装置原料以煤、焦为主；其中以煤、焦为原料的占总装置的96%，以气为原料的仅占4%。中国引进大型合成氨装置的总生产能力为$1000×10^4t/a$，只占中国合成氨总产能的1/4左右，可见我国合成氨行业对外依赖性并不高。中国还自行研发了多套工艺技术，促进了氮肥生产的发展和技术水平的提高。如合成气制备、CO变换、脱硫脱碳、气体精制和氨合成技术。

合成氨除原料为天然气、石油、煤炭等一次能源外，整个生产过程还需消耗电力、蒸汽二次能源，且用量很大。合成氨能耗约占世界能耗总量的2.5%，中国合成氨能耗约占世界合成氨能耗的3.5%，且吨氨生产成本中能源费用占60%以上，能耗是衡量合成氨技术水平和经济效益的重要标志，开发低能耗合成氨新工艺十分重要，近年开发的部分低能耗合成氨工艺见表6-2。

表 6-2　近年开发的低能耗合成氨工艺比较

项　　目	20 世纪 70 年代凯洛格工艺	美国凯洛格公司MEAP 工艺	美国帝国化学工业 AM-V 工艺	布朗公司冷净化工艺
合成氨压力/MPa	14.48	14.27	10.20	13.37
能耗/(GJ/t)	40.19	29.68	29.17	28.95
按相同条件的能耗/(GJ/t)①	40.19	29.89	28.81	29.08
相对能耗	100	74.37	71.68	72.34

① 指没有采用燃气平时的能耗。

合成氨生产特点之一是工序多、设备多、连续性强。20 世纪 60 年代以前的过程控制多采用分散式，即在独立的几个车间中进行操作，只要有一个环节出现问题均会影响整个系统的正常生产。为了保证能够长周期的安全运行，对过程控制提出了更高的要求，从而发展到把全流程的温度、压力、流量、液位和成分五大参数的模拟仪表、报警、联锁系统全部集中在控制室并能显示和实时监控。20 世纪 70 年代开始计算机技术应用到合成氨生产上，1975 年美国霍尼威尔(Honeywell)公司成功开发了 TDC-2000 总体分散控制系统，简称集散控制系统(DCS)。DCS 采用分布式结构，在开放式的冗余通信网络上分布了多台现场程控站(FCS)，用于现场控制的程控单元其物理位置分散、控制功能分散、系统功能分散，而用于监视管理的人机接口单元功能集中。此外，还采用了微机技术的可编程序逻辑控制器(PLC)代替过去的继电器，由用户编程的程序实现自动的"开""停"和复杂程序，实现各种不同的逻辑控制、计时、计数、模拟控制等功能。

三、合成氨事故案例分析

合成氨生产所用原料(天然气、石脑油、渣油)，中间物料(甲烷、氢、一氧化碳)、产品(氨)是易燃、易爆、有毒、有害物质。合成氨生产的物料和工艺条件决定其具有极大固有危险性，事故统计表明，化工系统爆炸中毒事故最集中的就是合成氨生产。合成氨生产工艺过程中的危险有害因素主要有：

火灾爆炸：合成氨生产过程中压缩机、合成塔、换热器、脱硫塔、转化炉、天然气管道、锅炉等存在火灾爆炸的危险。生产工艺条件中高温、高压使可燃气体爆炸极限扩宽，极易在设备和管道内发生爆炸。

中毒窒息：生产过程中存在的有毒、窒息性物质有硫化氢、一氧化碳、氨、二氧化碳、氮气等。操作不当、安全设施未设置或设置不完善，如反应器、泵、管道和鼓风机等处发生泄漏，扩散会造成人员中毒窒息事故。

高温灼烫：装置中一段转化炉、合成塔、热力管道、锅炉、蒸发器等都属高温设备，内部最高温度可达 900℃ 以上，如保温层效果不好或绝热层有损坏，当作业人员接触又未戴手套，极有可能造成高温烫伤。

噪声、机械伤害等其他危险性因素：生产区压缩机、风机等设备是噪声发生源，当噪声的大小超过一定值后，不仅影响工厂正常的工作和生产，且对人员健康和安全生产会造成一定的危害。

1. 天津某化工公司中毒窒息事故

（1）事故经过

2018 年 4 月 26 日 20 时，天津某化工公司进行检维修作业时，作业人员在更换合成氨变换炉顶部人孔盖时，发生一起一氧化碳泄漏中毒事故，造成 3 人死亡、2 人受伤，直接经济损失(不含事故罚款)约为 356 万元人民币，是一起生产安全责任事故。

（2）事故原因

经调查取证，事故调查组认定，合成氨变换炉气密性检修作业期间，事故装置上游的煤气化炉已开始点火运行，因合成氨变换炉与火炬之间管道上阀门关闭不严且未按照要求倒升温氮气盲板，致使一氧化碳气体通过火炬总管进入了发生事故的合成氨变换炉，并从炉顶部入溢出，是造成这起事故的直接原因。

2. 日本合成氨装置爆炸事故

（1）事故经过

2009 年 10 月 9 日，日本昭田川崎工厂的一套合成氨装置，在操作中突然发出破裂声并喷出气体，气体充满压缩机房后，流向楼下的净化塔和合成塔。压缩机系统的操作工听到喷出气体的声音后，立刻停掉压缩机打开送风阀。合成系统的操作工着手关闭净化塔的各个阀门，但在这个操作过程中附近发生了爆炸。造成 17 名操作工死亡，63 人受伤，装置的建筑物和机械设备部分被破坏，相邻装置的窗玻璃被震坏。由于爆炸使合成塔前的变压器损坏，变压器油着火，点燃从损坏的管道中漏出来的氢气，大火持续了约 4h，经济损失约7100 万日元。

（2）事故原因

① 最初漏气的地方是在两个油分离器和一个净化塔联结的高压管线的三通接头部分，连接管的螺纹外径比正规值小，而且它的螺距比相对的螺纹的螺距大，因而导致螺纹牙与牙的接合较差，并在一部分螺纹的牙根引起过度的应力集中。

② 安装时，不适当的紧固和长期使用的疲劳会使其发生磨损。

③ 最初大爆炸的火源被认为是与净化塔内流出来的催化剂，喷出的气体与净化塔内流出的催化剂相接触造成爆炸。

四、合成氨工艺流程简述

Haber Bosch 建立的世界上第一座合成氨装置是用氨碱电解制氢，氢气与空气燃烧后剩余氮气作为原料合成氨。现代合成氨工业以各种化石能源和空气作为原料制取氢气和氮气，制气工艺因原料不同而各异。

传统型合成氨工艺以 Kellogg 工艺为代表，以两段天然气蒸汽转化为基础，包括如下工艺单元：合成气制备(有机硫转化和 ZnO 脱硫+两段天然气蒸汽转化)、合成气净化(高温变换和低温变换+湿法脱碳+甲烷化)、氨合成(合成气压缩+氨合成+冷冻分离)。以天然气、油田气等气态烃为原料，空气、水蒸气为气化剂的蒸汽转化法制氨工艺的原则工艺流程图见图 6-1；以渣油、煤为原料，在加压或常压条件下，以氧、水蒸气为气化剂采用部分氧化法，制合成气生产合成氨；其中，合成气的净化采用低温甲醇洗，工艺流程图见图 6-2。

制气工艺和净化工艺的不同组合构成各种不同的制氨工艺流程，其代表性的大型合成氨工艺有美国 Kellogg-MEAP、丹麦 Topsoe、英国 Braun、德国伍德 UHDE 工艺和 ICI-AMV 低能耗工艺流程等。这几种氨合成工艺流程类似，主要差别在于合成塔内件结构形式，其设计理念都是围绕着提高氨净值和节能为最终目的，表 6-3 给出了这几种不同专利商天然气合成氨部分技术对比分析。

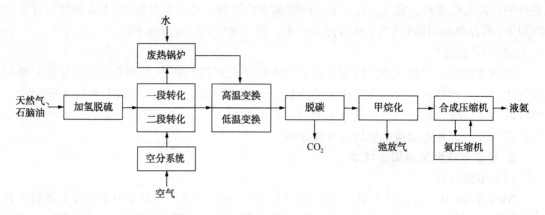

图 6-1 天然气、石脑油制氨工艺流程

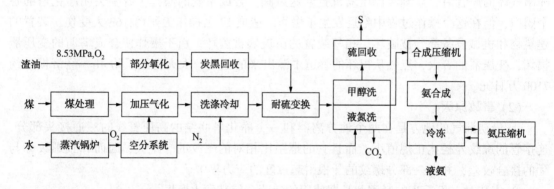

图 6-2 渣油、煤制氨工艺流程方框图

表 6-3 天然气制氨典型工艺技术特征比较

项　　目	Kellogg-MEAP	Topsoe	Braun	UHDE	ICI-AMV
水碳比	3.2	2.5	2.7	2.8	3.0
出口温度/℃	805	800	700	740~788	800
出口压力/MPa	3.6	3.4~3.6	3.1	3.4	3.6~4.0
工艺空气	空气过量 10%	计量值	空气过量 50%	空气过量 20%	计量值
CO 变换	中变串低变	低温高活性催化二段或三段变化	中变串低变	中变串低变	中变串低变
CO₂ 脱除	低热耗 Benfield 或 Sslexol	低热耗 Benfield 或 Sslexol 或 MEDA 法	低热耗 Benfield 或 MEDA 法	低热耗 Benfield 或 Sslexol 或 MEDA 法	低热耗 Benfield 或 MEDA 法
深冷净化	无	无	有	有	无
合成塔	卧式径向层间换热	S-200 与 S-50 双塔串联	3 座单层绝热壁合成塔串联	Uhde 径向三床中间换热或 Casale 轴径向塔	Uhde 三床中间换热或 2 座合成塔串联
反应热回收	副产高压蒸汽	副产高压蒸汽	副产高压蒸汽	预热锅炉给水或副产高压蒸汽	副产高压蒸汽

第二节 原料气制备与净化

一、原料气制备工序

氨的合成以氮、氢两种气体为原料。原料气制备工序主要任务是制造生产合成氨所用的粗原料气，即氢气和氮气的混合物。要生产合成氨，首先要制造含有氢、氮混合气的原料气。工业上合成氨的原料主要有：固体原料(煤和焦炭)、液体原料(原油和重油等)、气体原料(天然气和焦炉气等)，以下介绍不同原料制备合成氨原料气的工序和方法。

固体原料主要有煤和焦炭。将煤或焦炭放入半水煤气发生炉里，交替通入空气和水蒸气或连续通入富氧空气与水蒸气，就可以得到半水煤气。半水煤气的有效成分是 N_2 和 H_2，还含有 CO、CO_2 和 H_2S 等杂质。半水煤气经净化后，可作为合成氨的原料气。

液体原料主要有原油、轻油、重油等，它们可用分子式 C_mH_n 表示。用水蒸气和氧气的混合气体来气化重油，可得到 H_2 和 CO。利用重油气化法制取合成氨原料气，是近代合成氨工业中的一个重要发展。

常用的气体原料有天然气、油田气、炼厂气和焦炉气四种。在这些气体原料中，天然气用量最大。用天然气制合成氨原料气的方法很多，概括起来可分为四大类，即热解法、水蒸气转化法、部分氧化法和综合法。

（1）热解法

热解法是在没有催化剂的情况下，利用高温使天然气中的甲烷受热分解而制得氢气的方法；是天然气中低碳烷烃在高温下吸收大量能量而分解为低碳不饱和烃和氢，甚至完全分解为元素碳和氢的烃类裂解过程。

$$CH_4 \longrightarrow 2H_2 + C \tag{6-1}$$

（2）水蒸气转化法

天然气的主要成分为甲烷，约占90%以上，甲烷蒸气转化反应是一个复杂的反应体系，但主要是蒸气转化反应和一氧化碳的变换反应。水蒸气转化法是在 700~900℃ 的温度下，使水蒸气和甲烷通过镍催化剂而起反应。

$$CH_4 + H_4O \longrightarrow CO + 3H_2 \tag{6-2}$$
$$CO + H_2O \longrightarrow CO_2 + H_2 \tag{6-3}$$

（3）部分氧化法

部分氧化法是在950℃左右和镍作为催化剂的条件下，使甲烷进行不完全氧化。此方法中，氢气是由烃类高温裂解而得到，而裂解所需的热量则是由部分烃类原料燃烧提供，此工艺是纯粹的热过程，无须催化剂。

$$2CH_4 + O_2 \longrightarrow 2CO + 4H_2 \tag{6-4}$$

（4）综合法

综合法是在制取乙炔的同时，副产物氢气成为氨的原料气。将天然气和氧气同时通入转化炉中，高温下使部分甲烷进行燃烧，放出的热使剩余的天然气受热后分解而生成乙炔和氢气，分离后可得到氢气。

$$2CH_4 \longrightarrow C_2H_2 + 3H_2 \tag{6-5}$$

氮气来源于空气，如以煤为原料制气时，在制氢过程中直接加入空气，将空气中的氧与可燃性物质反应而除去，剩下的氮气与氢气混合，即得到氢、氮混合原料气。不论是以煤和焦炭或是天然气作为原料气合成氨，原料气中都会有杂质存在，下面对以煤炭制取的原料气进行除杂提纯的工艺进行介绍。

二、原料气中固体杂质的清除

1. 原料气除尘的必要性

固体燃料气化所制得的原料气中的粉尘主要是飞灰和固体燃料的微粒。这些粉尘随着气体而被带出炉外，被带出的粉尘数量和颗粒大小随燃料的种类和燃料的气化方法而异。不同固体燃料气化过程中所夹带的粉尘含量的数据见表6-4。

表6-4 不同固体燃料在气化过程中夹带的粉尘含量

固体燃料的种类	发生炉类型	煤气中粉尘的含量/(g/m^3)
粒度25~75mm的焦炭	固定层煤气发生炉	0~6
粒度25~75mm的无烟煤	固定层煤气发生炉	0~16
粒度2~10mm的褐煤半焦	沸腾层煤气发生炉	200~250
粒度90μm的粉煤	柯柏斯-托切克粉煤气化炉	90~150

气体中大量粉尘的存在，会给后续的生产过程带来困难。例如：引起设备和管道的堵塞、系统阻力的增加和造成鼓风机、压缩机等机械过早地磨损，此外，粉尘在气体流过的设备中沉降，会把这些设备中的催化剂、拉西环或其他类型的填料堵塞而需要经常清理、更换。因此，在进行原料气净化时，必须首先将气体中的粉尘除去，除尘方法的选择应根据气体制造的方法决定。

2. 初步除尘

在固定层煤气发生炉的生产流程中，集尘器和洗气塔往往用作初步除尘装置。集尘器是利用惯性原理而将粉尘捕集的，一般只有收尘作用。如，旋风分离器(图6-3)的工作原理是分散于气体中的固体微粒在离心力的作用下有较大的离心惯性，该力足以克服气体阻力飞向器壁，微粒碰到器壁而下落，并聚集于旋风分离器的锥形底内，然后间歇地排出旋风分离器外。

洗气塔为湿式除尘，可同时进行煤气的除尘和冷却。洗气塔内装有填充物，填充物可以是焦炭，也可以是整齐排列的拉西环。气体在洗气塔内迂回，流经被水润湿的填充物时，气体中的粉尘被水润湿，然后被水冲下，经洗涤后气体含尘量可降至100mg/m³以下。一般情况下，栅条填料洗气塔中的平均实际气速(操作状态下，塔底流速与塔顶

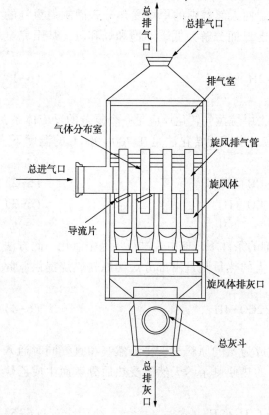

图6-3 旋风分离器结构图

总排气口
排气室
气体分布室
旋风排气管
总进气口
旋风体
导流片
旋风体排灰口
总灰斗
总排灰口

流速的平均值)可取 1~2.5m/s,塔截面淋水量为 15m/h(需要根据冷却要求确定)。为了便于进行检修,栅条可分成几段安装,并在各段间设置人孔作检修用。

3. 精细除尘

煤气经初步除尘后,根据用来输送煤气的鼓风机的技术条件,以及下一工艺过程的净化要求,确定是否需进一步除尘。如湿法脱硫对气体中含尘的要求是 20mg/m³,干法脱硫则为 5mg/m³ 以下。

因此,当采用透平鼓风机时,不论煤气经脱硫还是不经脱硫系统以及采用什么样的脱硫方法,都应进一步精细地除去煤气中的粉尘,以减少对设备的磨损和填充料的消耗,提高生产效率。目前国内外合成氨厂较成熟的精细除尘方法有:泡沫除尘、喷水除尘、静电除尘和湿式电除尘等。图 6-4 为湿式电除尘器的结构示意图。

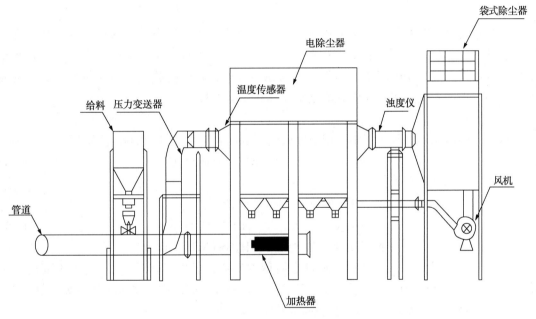

图 6-4　湿式电除尘器结构示意图

三、合成氨原料气脱硫

合成氨原料气中硫的含量,可以认为与原料中硫的含量成正比。一般来说,以焦炭或无烟煤为原料制得的水煤气或半水煤气中,硫含量较高,重油、轻油中硫含量因石油产地不同有很大的差异。在重油部分氧化法制气过程中,重油中的硫分有 95% 以上转化为 H_2S,只有少部分变成有机硫,其主要组分为硫氧化碳。原料气中的有机硫在高温变换催化剂的作用下可以转化成 H_2S,有机硫在脱碳溶液中还可发生水解反应而生成 H_2S。同时,一些有机硫对催化剂可直接造成毒害。因此,无论是无机硫还是有机硫都必须在合成氨的生产过程中尽量脱除干净。

1. 硫化氢的理化性质

硫化氢是一种无色气体,有类似腐蛋的臭味、有毒。比空气重,易凝为液体,能溶于水,在 0℃ 时 1 体积水可吸收 4.65 体积的硫化氢,溶解热为 18.92kJ/mol,溶有硫化氢的水溶液呈弱酸性,生成的硫氢酸极易造成设备的腐蚀,表 6-5 给出了硫化氢的主要物化特性。

表 6-5　硫化氢的主要物化特性

项　　目	数　据	项　　目	数　据
沸点/℃	-60.4	闪点/℃	-50
蒸气密度/(g/L)	1.19	熔点/℃	-85.5
饱和蒸气压/kPa(空气=1，25.5℃)	2026.5	爆炸极限	4.0%~46.0%

2. 原料气中硫化物的危害

硫化物对合成氨生产的主要危害如下：①毒害催化剂，硫含量超标会使触媒(合成、变换)中毒，降低触媒活性；②腐蚀设备，硫化物腐蚀管道与阀门，单质硫和部分硫化物堵塞管道；③污染环境，生产过程中硫化氢的泄漏会造成环境污染和影响人体健康；④降低产品质量，硫化物的存在会影响精炼工段铜液成分。

3. 湿法脱硫

含大量无机硫的原料气通常采用湿法脱硫。湿法脱硫的优点：①脱硫剂为液体，便于输送；②脱硫剂较易再生并能回收富有价值的化工原料硫黄，从而构成一个脱硫循环系统实现连续操作。湿法脱硫广泛应用于以煤为原料及以含硫较高的重油、天然气为原料的制氨流程中。下面介绍氨水中和法脱硫基本原理和影响因素。

（1）基本原理

煤气中的硫化氢在脱硫塔中，用氨水脱硫，氨水和半水煤气中的硫化氢进行以下反应：

$$NH_4OH+H_2S \Longleftrightarrow NH_4HS+H_2O+Q \tag{6-6}$$

此外还有副反应产生：

$$NH_4OH+CO_2 \Longleftrightarrow NH_4HCO_3 \tag{6-7}$$

$$2NH_4OH+CO_2 \Longleftrightarrow (NH)_2CO_3+H_2O \tag{6-8}$$

$$(NH_4)_2CO_3+H_2S \Longleftrightarrow NH_4HS+NH_4HCO_3 \tag{6-9}$$

从以上三个副反应看，二氧化碳发生两种副反应，虽然氨水能与 H_2S、CO_2 同时起反应，但是两者进行反应的条件不一样，只要控制好条件，就能实现氨水选择性吸收 H_2S。

（2）接触时间、氨水浓度对脱硫的影响

实践表明，虽然 CO_2 的电离常数($k=4.3\times10^{-7}$)比 H_2S 的电离常数($k=5.7\times10^{-8}$)大，但因为 H_2S 溶于水后立即电离为 H^+ 与 HS^-[式(6-10)]，H^+ 又立即与 OH^- 反应结合成 H_2O；而 CO_2 必须与水反应，形成 H_2CO_3，然后 H_2CO_3 再电离为 H^+ 和 HCO_3^-[式(6-11)]，由于水反应速度非常慢，所以缩短接触时间有利于氨水对 H_2S 的吸收。

$$H_2S \Longleftrightarrow H^++HS^- \tag{6-10}$$

$$CO_2+H_2O \Longleftrightarrow H^++HCO_3^- \tag{6-11}$$

H_2S 脱硫率与 NH_3/H_2S 之间的关系如图 6-5 所示，当 NH_3/H_2S 比值越大，即氨水浓度越高时，脱硫率越高。

4. 干法脱硫

干法脱硫净化度高，并能脱除各种有机硫。当气体净化度要求很高时，可在湿法脱硫之后串联干法脱硫，使脱硫在工艺上和经济上都更合理。下面简要介绍氧化锌干法脱硫法的基本原理和工艺流程。

（1）基本原理

氧化锌是内表面积大、硫容量较高的一种固体脱硫剂，在脱除气体中的硫化氢及部分

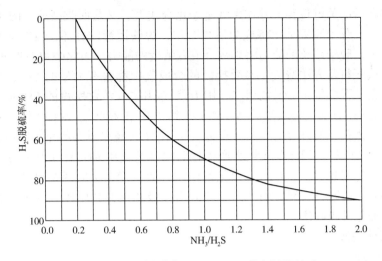

图 6-5　H_2S 脱硫率与 NH_3/H_2S 二者之间的关系

有机硫的过程中，速度极快，广泛应用于精细脱硫。硫容量通常由生产厂家给出，是指每单位质量脱硫剂吸附的硫的质量，计算公式为

气量×硫含量×运行时间/1000/（脱硫剂体积×脱硫剂比重）

各变量单位为：气量（Nm^3/h），硫含量（g/Nm^3），运行时间（h），脱硫剂体积（m^3），脱硫剂比重（kg/m^3）。

氧化锌脱硫剂可直接吸收硫化氢生成硫化锌，反应式为

$$H_2S+ZnO \longrightarrow ZnS+H_2O \tag{6-12}$$

对有机硫，如硫氧化碳、二硫化碳等则先转化成硫化氢，然后再被氧化锌吸收，反应式为

$$COS+H_2 \longrightarrow H_2S+CO \tag{6-13}$$

$$CS_2+4H_2 \longrightarrow 2H_2S+CH_4 \tag{6-14}$$

氧化锌脱硫的化学反应速率很快，硫化物从脱硫剂的外表面通过毛细孔到达脱硫剂的内表面，内扩散速度较慢，是脱硫反应过程的控制步骤。因此，脱硫剂粒度越小，孔隙率越大，越有利于反应进行。

（2）工艺流程

工业上为了能提高和充分利用氧化锌的硫容量，采用了双床串联倒换法，如图 6-6 所示。一般单床操作质量硫容量仅为 13%～18%。而采用双床操作第一床质量硫容量可达 25% 或更高。当第一床更换新 ZnO 脱硫剂后，则应将原第二床改为第一床操作。

四、合成氨原料气脱碳

1. 脱碳单元在合成氨工业中的作用

在最终产品为尿素的合成氨中，脱碳

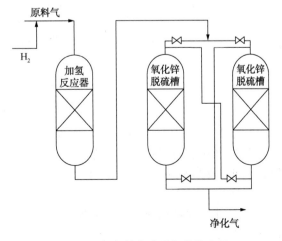

图 6-6　加氢转换串联氧化锌流程

单元处于承前启后的关键位置，其作用既是净化合成气，又是回收高纯度的尿素原料 CO_2。系统的扩能改造工程中脱碳单元将成为系统瓶颈，脱碳运行的好坏，直接关系到整个装置的安全稳定与否。脱碳系统的能力将影响合成氨装置的能力，因此必须同步进行扩能改造。

不论用什么原料及方法造气，经变换后的合成气中都含有大量的 CO_2，原料中烃的相对分子质量越大，合成气中 CO_2 就越多。用天然气（甲烷）转化所得的 CO_2 量较少，合成气中 CO_2 浓度在 $15\% \sim 20\%$，每吨氨的副产物 CO_2 约 $1.0 \sim 1.6t/t_氨$。这些 CO_2 不仅耗费气体压缩功，空占设备体积，而且对后续工序有害。此外，CO_2 还是重要的化工原料，如合成尿素就需以 CO_2 为主要原料。因此合成氨生产中把脱除工艺气中 CO_2 的过程称为"脱碳"，在合成氨尿素联产的化肥装置中，它兼有净化气体和回收纯净 CO_2 的两个目的。一般采用溶液吸收法脱除 CO_2。根据吸收剂性能不同，分为物理吸收法和化学吸收法两大类，热钾碱法就是常用的一种化学吸收法。

2. 热钾碱法脱碳

（1）脱碳原理

用碳酸钾水溶液吸收二氧化碳是目前应用最广泛的工业脱碳方法，碳酸钾水溶液与二氧化碳的反应如式（6-15）。该反应的平衡常数随温度上升而下降，与碳酸钾转化成碳酸氢钾的转化率关系不大，碳酸盐表面的二氧化碳平衡分压随转化率的增大和温度的升高而升高。在高温下吸收后，气体中 CO_2 含量不会低于该温度下的平衡分压，但由于吸收过程在加压条件下进行，仍能达到一般工艺要求的净化度。

$$CO_2(g) \Longleftrightarrow CO_2(L) + K_2CO_3 + H_2O \Longleftrightarrow 2KHCO_3 \tag{6-15}$$

（2）脱碳工艺流程及控制

在实际生产中，工艺流程的设计和选择，除需满足气体净化度、流程简单节能外，还要考虑系统能量和热量的合理利用、物料的损失和回收、操作的可靠性及开停车操作（包括溶液制备和设备清洗等）。工业上通常选择"一段吸收，二段再生"流程，以天然气为原料的氨厂脱碳工艺流程如图6-7所示。

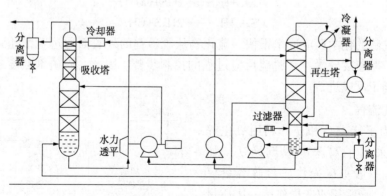

图6-7　脱碳工艺流程图

实际生产过程中，脱碳的工艺控制有如下要点：

① 防止吸收塔气体带液。如果吸收塔的操作不当，会导致净化气大量夹带液体，系统阻力上升，吸收效果不佳，还会影响后续操作。操作时应密切注意相关参数的变化，并做相应调整。

② 防止吸收塔液面过低。吸收塔维持相应的液位，起到一定的鼓泡吸收作用，还能稳定操作压力。

③ 贫液与半贫液的比例。半贫液量比例过大，气体净化度达不到要求；比例过小，再沸器热负荷增加，实际操作时应注意蒸汽压力、变换气温度和流量变化。

④ 系统内水平衡的控制。变换气带入系统的水蒸气量多于再生气和净化气带出系统的水蒸气量，应将再生气水分离器内分离下的冷凝水排出，维持系统水平衡，保证溶液成分稳定。

五、合成氨原料气的精炼

脱碳之后的气体中，仍含有少量 CO、CO_2、O_2、H_2S 及 CH_4 等成分。含量多少取决于变换和脱碳所采用的工艺。进入合成塔之前，必须对原料气进一步净化，以保护合成氨催化剂。常用方法如下：

铜氨液洗涤法：该工艺自 1913 年发展至今已经相当成熟，在高压低温条件下，用铜氨液吸收少量的 CO、CO_2、O_2、H_2S，吸收后的气体（称作精炼气）送至合成工段，液体则再生循环利用。

甲烷化除杂法：20 世纪 60 年代开发的方法，该法将少量的 CO 和 CO_2 在催化剂的作用下与氢气转化成甲烷，将有毒气体转化成无毒气体。该方法仍有待于进一步研究和完善。

甲醇化串甲烷化：近年来国外提出的合成氨原料气精制工艺即原料气甲醇化后甲烷化的方法，因达到甲烷化精致原料气的目的又可联产甲醇而备受关注。中压"双甲"作为合成氨精制原料气新工艺，成功达到除杂目的，同时又可副产甲醇，对中国合成氨技术进步起了重要作用。

高压型甲醇和氨的联产装置：由于中压进甲烷化炉气体含量指标要求，不能按现有的中压联醇的工艺条件操作，这就会影响甲醇产量的提高。国内开发了高压型甲醇和氨的联产装置专利技术，大大减轻了甲烷化炉的负荷和甲烷生成量，满足甲烷化的要求，降低合成氨原料气消耗量。

1. 铜氨液洗涤法

铜氨液是铜离子、酸根离子及氨组成的水溶液。工业上使用的酸有醋酸、碳酸和蚁酸。由于蚁酸昂贵、易分解，碳酸的铜氨液吸收能力差，因此广泛使用的是醋酸铜氨液。

① 铜氨液吸收一氧化碳：

$$Cu(NH_3)_2^- + CO + NH_3 \rightleftharpoons Cu[(NH_3)_3CO]^+ \tag{6-16}$$

这是一个包括气液相平衡和液相中化学平衡的吸收反应。该反应的特点是可逆、放热、体积缩小。根据可逆反应的化学平衡移动原理，增大压力、降低温度、提高铜氨液中一价铜和游离氨浓度，有利于反应平衡向吸收 CO 的方向移动。

② 铜氨液吸收二氧化碳：

$$2NH_4OH + CO_2 \rightleftharpoons (NH_4)_2CO_3 + H_2O \tag{6-17}$$

$$(NH_4)_2CO_3 + CO_2 + H_2O \rightleftharpoons 2NH_4HCO_3 \tag{6-18}$$

上述反应进行时放出大量热，使铜氨液温度上升，同时还消耗游离氨，影响铜氨液对 CO 的吸收能力。生成的碳酸铵和碳酸氢铵在低温下易结晶。当铜氨液中醋酸和氨不足时，还会生成碳酸铜沉淀。因此，当气体中 CO_2 含量高时，铜氨液中醋酸和氨含量也要提高。

③ 铜氨液吸收硫化氢：

$$2NH_4OH + H_2S \rightleftharpoons (NH_4)_2S + 2H_2O \tag{6-19}$$

溶解在铜氨液中的 H_2S，能与低价铜反应生成硫化亚铜沉淀：

$$2Cu(NH_3)_2Ac+2H_2S \rightleftharpoons Cu_2S\downarrow +2NH_4Ac+(NH_4)_2S \qquad (6-20)$$

如果原料气中 H_2S 含量高，易生成 Cu_2S 沉淀，可堵塞管道、设备，还会增大铜氨液黏度，使铜氨液发泡。既增加了铜耗，又易发生带液事故，因此原料气中 H_2S 越低越好。

2. 甲烷化除杂法

CO、CO_2 可以在有催化剂的条件下，发生加氢反应，生成对氨合成催化剂无害的甲烷，达到将 CO、CO_2 脱除到 $10mL/m^3$ 以下的目的。由于这种方法要消耗有效成分氢，生成惰性成分甲烷，因此只适用于有低温变换，CO、CO_2 含量在 1% 以下的流程。

（1）基本原理

主反应：
$$CO+3H_2 \rightleftharpoons CH_4+H_2O \qquad (6-21)$$
$$CO_2+4H_2 \rightleftharpoons CH_4+2H_2O \qquad (6-22)$$

副反应：
$$2CO \rightleftharpoons C+CO_2 \qquad (6-23)$$
$$Ni+4CO \rightleftharpoons Ni(CO)_4 \qquad (6-24)$$

甲烷化反应为放热、体积缩小的反应，因而降低温度和提高压力会使 CO、CO_2 的平衡含量减少，但同时也有利于副反应的发生。

（2）甲烷化工艺流程及设备

根据计算，只要原料中含有 CO 和 CO_2(0.5% ~ 0.7%)，甲烷化反应放出的热量就能将进口气体预热到所需温度(260℃以上)。因此，流程中只要有甲烷化炉，进出气体换热器和水冷却器即可，但考虑到催化剂的升温、还原以及原料气中(CO 和 CO_2)含量的波动，还需配有热源。根据外加热量多少分为 A、B 两种流程，如图 6-8 所示。A 型流程中原料气预热由进出气换热器与外热源(高变气或回收余热后的转化气)的换热器串联而成，该流程的缺点是开工时进出气换热器不能立刻发挥作用，升温困难。B 型流程则全部利用外热预热原料气，出口气余热则用来预热锅炉水。

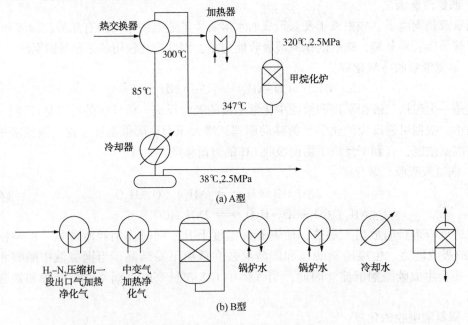

图 6-8 甲烷化的典型生产流程

第三节 氨合成反应工艺

一、典型合成氨工艺流程

氨的合成是将 3 份氢与 1 份氮在高温高压和有接触媒存在的条件下进行的。合成氨的生产可分为三个部分：①造气——制出含氢和含氮占一定比例的原料气；②净化——除去气体中的杂质；③合成——将 3 份氢和 1 份氮合成为氨。

合成氨是一个放热、气体总体积缩小的可逆反应。

$$N_2 + 3H_2 \Longleftrightarrow 2NH_3 \qquad (6-25)$$

加压、升温、使用催化剂、增加 N_2、H_2 的浓度可以提高合成氨的反应速率。加压、降温可提高平衡混合物中的 NH_3 的含量。

为了生产合成氨，首先需要制备含氮与氢的原料气。这可以通过使用煤、石油、天然气等进行制备，不过，制备的氮、氢原料气一般都含有二氧化碳、一氧化碳、硫化物等杂质。因此，氢、氮的原料气送入合成塔之前，必须进行净化处理，除去各种杂质，最后得到生产所要求纯度的氢、氮混合的合成气。合成的生产过程主要包含三个阶段：原料气制备；原料气净化；原料气压缩和合成。

典型合成氨工艺有：①AMV（氨五）工艺法；②德士古水煤浆加压气化法；③凯洛格法；④甲醇与合成氨联合生产的联醇法；⑤纯碱与合成氨联合生产的联碱法；⑥采用变换催化剂、氧化锌脱硫剂和甲烷催化剂的"三催化"气体净化法等。

下面介绍以煤为原料合成氨工艺路线和以天然气为原料合成氨工艺路线。

1. 以煤为原料合成氨工艺路线

以煤为原料合成氨工艺流程如图 6-9 所示。工艺主要分为三个部分，即造气、净化和合成。

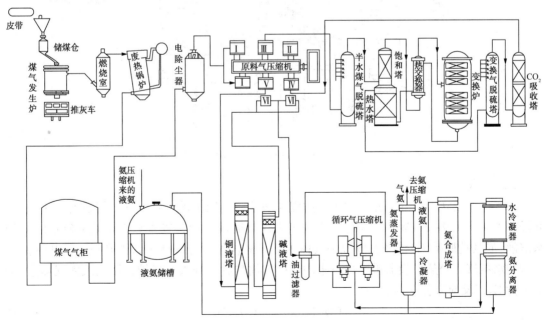

图 6-9 合成氨总流程图

（1）造气

经皮带输送机将粒度为 25~75mm 的无烟煤送到储煤仓，再加入煤气发生炉中，交替地向炉子通入空气和蒸汽，气化所产生的半水煤气（有效成分为 N_2、H_2，还含有 CO、CO_2、H_2S 等杂质）经燃烧室、废热锅炉回收热量后，送到煤气柜储存。

煤气化的主要设备是煤气化炉，又称煤气发生炉（Gasproducer）。气化炉中所进行的反应，除部分为气相均相反应外，大多数属于气固相反应过程，所以气化反应速率与化学反应速度及扩散传质速度有关。原料煤的性质（包括煤中水分、灰分和挥发分的含量，黏结性，化学活性，灰熔点，成渣特性，机械强度和热稳定性以及煤的粒度和粒度分布等）对气化过程有不同程度的影响。因此必须根据煤的性质和对气体产物的要求选用合适的气化方法。按煤在气化炉内的状态，气化方法可划分为三类，即固定床（包括移动床）气化法、流动床气化法和气流床气化法。典型的工业化煤气化炉型有：UGI 炉、鲁奇炉、温克物炉（Gnke）、德士克炉（Texaco）和道化学煤气化炉（DowChemieal）等。图 6-10 为 UGI 煤气化炉。

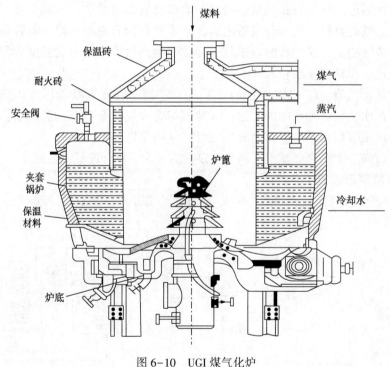

图 6-10　UGI 煤气化炉

（2）净化

半水煤气先送经电除尘器，除去其中固体小粒后，依次进入氮氢气压缩机的第Ⅰ、Ⅰ、Ⅱ段，加压到 1.9~2.1MPa（表压），送到半水煤气脱硫塔中，以含有氧化剂或碱性物质的水溶液（或其他脱硫剂）洗涤，以脱去气体中硫化氢。然后，气体进入饱和塔，用热水使气体饱和水蒸气。经热交换器被变换炉来的变换气加热后，进入变换炉，用蒸汽使气体中 CO 变换为 H_2，反应方程式为

$$CO+H_2O \longrightarrow CO_2+H_2 \tag{6-26}$$

变换后的气体返回热交换器与半水煤气换热后，再经热水塔使气体冷却，进变换气脱

硫塔中洗涤，以脱除变换时有机硫转化而成的 H_2S。此后，气体进入 CO_2 吸收塔，用水（或热钾碱溶液）洗除气体中绝大部分 CO_2。经脱除 CO_2 的气体，回到氮氢气压缩机的第Ⅳ、Ⅴ段，加压到 12.0～13.0MPa（表压），依次进入铜液塔（用醋酸铜氨液洗涤）、碱液塔（用苛性钠溶液洗涤）中，使气体中 CO 和 CO_2 含量小于 20%～30%。

（3）合成

氮氢混合气回到氮氢压缩机第Ⅵ段，加压到 30.0～32.0MPa（表压），入油过滤器中。在此与循环气压缩机来的循环气混合并除去其中油分后，进入冷凝塔与氨蒸发器的管内，再进入冷凝塔下部得到部分液氨，再通过冷凝塔管间与管内气体换热后，进入氨合成塔中，在有铁触媒存在的条件下，进行高温高压合成，约有 10%～16% 合成为氨，再经水冷凝器与氨分离器分离出液氨后，进入循环机循环使用。分离出来的液氨送往液氨储槽。

2. 以天然气为原料的合成氨工艺

以天然气为原料的合成氨工艺路线如图 6-11 所示。天然气需先脱硫，除去硫化物，然后进入转化工序。在催化剂作用下使天然气与空气和水蒸气反应，通过二段转化，使之转化为粗原料气（一氧化碳、氢气、氮气混合物），再分别经过一氧化碳变换、二氧化碳脱除等工序进行气体成分的调整，得到氮氢混合气，再经精制工序处理后，制得氢氮比适当的纯净氢氮气，经压缩机压缩后进入氨合成工序，制得产品氨。

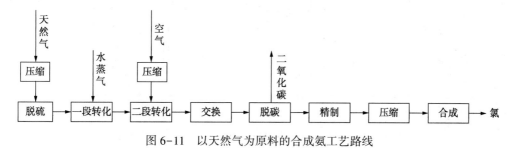

图 6-11　以天然气为原料的合成氨工艺路线

二、合成氨工艺控制

氨合成过程工艺控制要素主要包括压力、温度、空速、气体组成等。

（1）压力

工业上合成氨的各种工艺流程以合成塔压力的高低来分类。高压法压力为 70～100MPa，温度为 550～650℃；中压法压力为 40～60MPa，低者也有用 15～20MPa，一般采用 30MPa 左右，温度为 450～550℃；低压法压力为 10MPa，温度为 400～450℃。中压法是当前世界各国普遍采用的方法。

从化学平衡和化学反应速度两方面考虑，提高合成塔操作压力可以提高氨生产能力，同时简化氨的分离流程。高压下只需要水冷却就可以分离氨，设备较为紧凑，占地面积也较小。不过，压力高时，对设备材质、加工制造的要求均高。同时，高压法的反应温度一般高，催化剂使用寿命较其他两种方法要短。

（2）温度

氨合成反应必须在催化剂存在下才能进行，而催化剂必须在一定温度范围内才具有催化活性，因此，实际生产中必须使合成塔催化剂层中的温度分布尽可能接近最适宜温度曲线，如图 6-12 所示。如果温度过高，会使催化剂过早地失去活性，相反，如果温度过低，则达不到活性温度，催化剂起不到加速反应的作用。控制最适宜的温度是指控制"热点"温度。"热点"温度是在反应过程中催化剂层中温度最高的那一"点"。以双套管并流式催化剂为例分析（图6-12）：设气体进入催化剂层时的温度和氨含量分别为 t_1 和 Y_{NH_3}。要求 t_1 大于或等于催化剂使用温度的下限。反应初期，因远离平衡态，氨合成反应速度较快，放热多，为使温度迅速升到最适宜温度，这一段不设冷却管冷却（即图中 L_1 那一段），故称绝热层，在 L_1 段，氨的浓度也迅速增加。随着温度继续升高，温度上升的速度逐渐缓慢，而且反应后的气体与双套管内的冷气相遇，反应热开始逐步移走。当温度达到最高点后，由于移走的热量超过反应所放出的热量，温度就随催化剂床层深度的增加而降低。在催化剂层中温度最高的那一点即为"热点"。从较理想的情况来看，希望从 $t_1 \sim t_热$ 这一段进行得快一些，从 $t_热 \sim t_2$（气体出催化剂层的温度）则尽可能沿着最适宜温度线进行。这里的热平衡涉及介质的流速、催化剂的活性、层厚度以及反应状态等，是合成塔安全运行的核心问题之一。

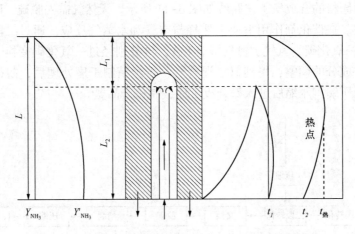

图6-12　催化剂层不同高度的温度分布和氨含量的变化

L_1—绝热层高度；L_2—冷却层高度；L—催化剂高度；Y_{NH_3}—进口氨含量；

Y'_{NH_3}—出口氨含量；t_1—催化剂层进口温度；t_2—出口温度；$t_热$—热点温度

（3）空间速度

空间速度，简称空速，用 S_v 表示，是反应器入口处的体积流量 V_0 与反应器有效容积 V_R 之比：

$$S_v = V_0 / V_R \tag{6-27}$$

其中，S_v 的单位为 s^{-1} 或 min^{-1}。

空速的物料意义，是指单位时间内处理的物料量为反应器有效容积倍数。例如，当 $V_0 = 1m^3/min$，$V_R = 2m^3$ 时，$S_v = V_0 / V_R = 0.5 min^{-1}$，其意义是 $1min$ 处理的物料量为 $V_R(2m^3)$ 的 0.5 倍，即 $1m^3$ 的物料。

对氨合成塔而言，空速的大小意味着处理量的大小。在一定温度、压力下，增大气体空速，就加快了气体通过催化剂床层的速度，气体与催化剂接触时间缩短，出塔气体中氨含量会降低，即氨净值降低。由于氨净值降低的程度比空速的增大倍数要少，所以当空速增加时，氨合成的生产强度有所提高，氨产量有所增加。在其他条件一定时，增加空速能提高催化剂生产强度。但空速增大，将使系统阻力增大，压缩循环气功耗增加，冷冻功也增大。同时，单位循环气量的产氨量减少，所获得的反应热也相应减少。当单位循环气的反应热降低到一定程度时，合成塔就难以维持"自热"，不利于安全生产。一般中压法合成氨，空速在 $20000 \sim 40000 h^{-1}$ 之间。

第四节　氨的分离流程

1. 冷凝法

冷凝法是冷却含氨混合气，使其中大部分氨冷凝，达到与其他气体分开。气相中饱和氨含量随温度降低，随压力增高而减小；加压和降温有利于氨冷凝。若不计惰性组分对氨热力学性质的影响，饱和氨含量可由式(6-28)计算：

$$\lg y^*_{NH_3} = 4.1856 + \frac{18.814}{\sqrt{p}} - \frac{1099.5}{T} \qquad (6-28)$$

式中　$y^*_{NH_3}$——气相平衡氨含量，%；

　　　　p——混合气总压力，MPa；

　　　　T——温度，K。

2. 水吸收法

氨在水中有很大的溶解度，与溶液成平衡的气相氨分压很小。用水吸收法分离氨效果良好，可得到浓氨水产品。从浓氨水制取液氨需经过氨水蒸馏和气氨冷凝，消耗一定的能量，工业上采用此法者较少。

目前，合成氨工业中大多采用的是冷凝法。合成氨出口含氨混合气，先经过水冷却剂器冷却。水冷是否有液氨冷凝，由氨合成压力和水冷温度决定。随后，进入氨冷器，利用管外的液氨蒸发来冷却合成气，使管内气氨冷凝成液氨，水冷和氨冷冷凝的液氨经分离器与气体分离后，减压送入氨储槽。此液氨既作为产品液氨，也用作氨冷却器添加液氨的来源，不足部分由冷冻系统供给。

第五节　液氨储存及输送

一、液氨储存安全技术

氨通常以液氨和氨水的形态储存和运输。液氨的杂质主要是水、油和不凝性气体；氨水则含有各种固体残液。各种用途的液氨和氨水对杂质含量有不同要求。

液氨的储存方式可以按照温度和压力条件区分。原则上在 $-33 \sim -43$℃ 的范围内温度可任意选用，只要能够控制相应的压力。实际上绝大多数储存采用以下 3 种温度和压力条件：高压常温储藏、加压冷冻储藏和常压冷冻储藏。表 6-6 列出了对这 3 种储存方式采用的操作条件和储槽容量。

表 6-6　液氨储槽的操作条件和容量

储槽类型	设计压力/MPa	设计温度/℃	储槽容量/t
高压常温储槽	1.72	43	45.4~272.1
加压冷冻储槽	0.34	-1.1	272.1~2721
常压冷冻储槽	0.007	-33	4535~45350

在储存氨量少于 1360t 的场合，使用几个高压常温储槽比较经济。规格再大就要受到壁厚的限制。表 6-7 系美国和加拿大采用加压储槽的典型规格。这些储槽设计中也考虑到可储存液化石油气。储槽为卧式圆筒，槽底备有输送氨的泵。

表 6-7　高压常温液氨储槽的典型规格

体积/m^2	容量/t	（内径×总长度）/mm	储槽自重/t
68.1	36.3	2743×12624	13.6
132.5	68.0~72.6	3302×16459	26.3
189.2	99.8	3302×23038	38.1
265.0	136.0~140.6	3302×32207	72.6
340.7	181.4	3302×40894	78.0
511.0	272.1	3810×46126	117.0

高压常温储槽采用环境温度和与之对应的压力。我国中型氨厂均设有卧式圆筒形储槽。典型尺寸为长 12m，直径 2260mm，壁厚 26mm。每个储槽可储液氨 20t，最高工作压力为 1.57MPa。少量液氨则规定采用丙类钢瓶，工作压力为 2.94MPa，并在 5.88MPa 下进行水压试验。涂色标志钢瓶是黄色，标字黑色。图 6-13 是小型高压液氨储槽系统的布置示意。

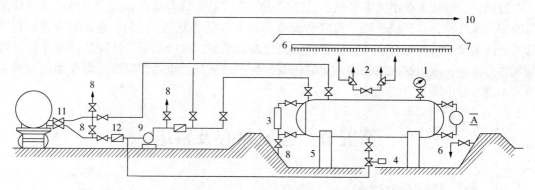

图 6-13　小型加压液氨储槽布置示意图

1—压力表；2—安全阀；3—液位计；4—快速切断阀；5—槽基；6—清洗水管；7—遮阳板；
8—液氨排出；9—液氨泵；10—加压管道；11—槽车输入液氨；12—止逆阀

中等规模储氨采用加压冷储槽比较合适。加压冷冻储槽一般为球形，典型规格列于表 6-8。更大规模的，则采用常压冷冻方式，储槽为直立圆筒，其尺寸主要取决于地基负重条件。

表 6-8　加压冷冻球形储槽的典型规格

直径/m	容量/t	直径/m	容量/t
11.58	453.5	19.20	2267.5
14.32	907.0	20.42	2721.0

常压冷冻储槽的典型规格列于表 6-9。

表 6-9　常压冷冻储槽的典型规格

储槽容量/t	储槽直径/m	槽壁高度/m	储槽容量/t	储槽直径/m	槽壁高度/m
9070	29.5	19.5	27210	41.1	30.8
13605	33.5	23.8	—	50.3	21.0
—	36.3	19.5	—	51.8	19.5
—	38.4	14.6	36280	54.5	19.8
18140	39.6	23.5	45350	56.4	28.9
—	41.1	21.9	—	—	—

冷冻储槽通过液氨蒸发来维持所需要的低温。为此,冷冻储槽通常配备 1 套辅助系统,包括压缩机、冷凝器、回收器、分离器等,自行组成一个回路。

冷冻储槽需和外界隔热,尽量减少热损失,为此大致采用以下三种隔热结构:

双壁结构: 两壁间填充珠光砂,同时充入稍高于常压的空气或氮气,以防空气和水汽渗入。

复合物隔热系统: 例如泡沫苯乙烯、泡沫玻璃、聚氨基甲酸酯以及玻璃纤维和软木等。

铝质隔热结构: 冷冻储槽应当防止水汽渗入。避免在隔热层和槽壁上出现冰霜,造成储槽损坏。为此,大多数储槽底部设有电加热系统,有的则在混凝土桩基空隙中通循环空气;这种储槽的寿命至少有 30 年。

对于等量氨,冷冻储存比常温储存所需容积小,因为液氨体积随温度降低而减小,储 1t 液氨在 40℃ 时为 1.86m³, -33℃ 时只有 1.56m³。另外,常温储槽还需要留有 10%~15% 的容积,以防备液氨膨胀。鉴于这两种因素,储存等量液氨常温储槽比常压储槽多备 25% 容积。若以钢材用量表示,对常温高压储槽,1t 钢材储氨 2.35~2.75t,加压冷冻储槽储氨 10t,常压冷冻储槽则达 41~45t。

我国大型氨厂都设有加压液氨储槽,普遍采用球形结构。代表性规格如下:

① 直径 25.1m,公称容积 8250m³,储氨 5000t,设计压力为 0.40MPa,工作压力为 0.36MPa,设计温度为 -10~+4℃。隔热结构系由聚氨基甲酸酯板覆盖层,不锈钢带捆扎层以及玻璃丝布铝胶合剂覆盖层组成。

② 直径 21.5m,容积 5200m³,储氨 2800t,设计压力为 0.49MPa,工作压力为 0.39MPa,设计温度为 0℃,工作温度为 4℃。隔热层系由聚氨基甲酸乙酯泡沫板、不锈钢带、玛蒂脂-玻璃-布玛蒂脂层以及铝皮组成。

二、液氨运输安全技术

氨气属于高毒物质,有刺激性恶臭味,相对密度是 0.7712g/L,熔点是 -77.7℃,沸点是 -33.35℃,经过常温加压后液化储存,一旦发生泄漏极可能造成人员中毒、窒息死亡。氨在空气中的爆炸极限为 15.7%~27.4%,遇明火极易燃烧、爆炸。在液氨长输管道的整个建设及运营管理过程中,存在很多可能会导致管道泄漏的因素,如因管材质量不好、腐蚀、运行后维护管理不到位、第三方破坏等。当由以上这些因素造成液氨管道泄漏,而又没有被巡视人员或监测设备及时发现,液氨就会从管道中慢慢渗出,然后迅速汽化,蒸发成氨气,向四周扩散,从而会给周边地区的水源、土壤、大气以及人民生命安全造成极大的威胁。

液氨就属于化工事故多发型的高毒物质。据不完全统计，从 1949~2000 年，根据我国化工系统所发生的 51 起重(特)大典型事故的发生频率和事故所造成的伤亡人数分析，其中涉及危险化学品 24 种，分析其中 8 种常见易发生事故的危险化学品物质，包括液氨、一氧化碳、苯、液化石油气、硫化氢、氯乙烯、甲苯、液氯等。在这些物质当中，液氨泄漏事故的发生频率是最高的，伤亡人数排在第三位。

液氨的装卸根据其储存方式可采用各种方法。

在从冷冻储槽输入另一冷冻储槽时可直接用泵，并用一根回流管线使蒸汽从后者回流进前者。如果需从冷冻储槽输入常温加压储槽，例如铁路槽车和汽车槽车，则需先将液氨加热。在生产厂一般用蒸汽作加热介质，在中转液氨库往往用直接燃烧器加热，此时只要液氨能够进入蒸汽相，保证气液立即达到平衡，可以不设蒸汽回流管线。

液氨的运输可以采用钢瓶运输(20~200kg)，铁路槽车和公路槽车运输(20~50t)，内河运输和海运(加压储槽 400~2000t，冷冻储槽 1000~20000t)，管道运输(1000~2000t/d)。

一个完整的液氨运输系统常常需要同时采用多种运输方式，才能将液氨从生产厂转运到各个用户。

液氨管道运输是随着大型氨厂的兴起而出现的。大量的液氨在世界各地依然主要依靠水运和铁路运输，其中又以铁路运输最为普遍。图 6-14 和图 6-15 系铁路槽车的结构及其卸氨操作示意图。

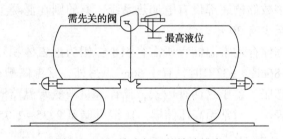

图 6-14　运输液氨用的铁路槽车

注：最高工作压力为 2.16MPa，水压试验为 3.33MPa，容量为 50m³

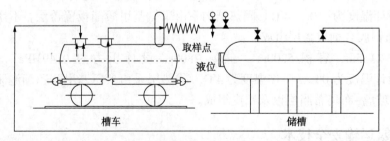

图 6-15　铁路槽车的卸载操作示意图

注：槽车最高工作压力为 2.16MPa，储槽最高工作压力为 0.59MPa(冬天)、1.27MPa(夏天)

在常温加压储槽之间输氨时也可用泵。为了能输入铁路或公路槽车，这些泵只需要提供 0.34~0.52MPa 的压差。除此之外，还常常采用压缩机输氨的方法，即用压缩机将输入储槽上部的蒸气压入输出储槽内，迫使液氨流入输入储槽，如图 6-15 所示。此时两槽间的最大压差取 0.39MPa。实际上 0.07~0.14MPa 的压差已足以把 1 辆 25t 的铁路槽车在 2~2.5h 内卸完。采用这种方法输氨，往往同时可以回收槽车内的蒸气。一辆处于 1.23MPa 压力下的 25t 槽车，卸"空"时还留有大约 385.6kg 蒸气。

无论用哪种方法输氨，都必须遵循严格的操作程序。

第六节 合成氨工厂环保措施

合成氨生产所产生的污染源随原料种类、生产规模、工艺路线、装备先进程度之不同，而有很大差异。根据污染物进入环境的不同性状，污染源可分为废气、废水、固体废弃物等类型。

废气是指以气体状态排放污染物的污染源，合成氨生产过程中产生的废气污染源较多，有组织排放的废气是治理的主要对象，而无组织排放的废气如"跑、冒、滴、漏"而产生的气体一般难以处理和回收，需依靠加强管理，提高操作水平来减轻污染。氨生产过程的主要气体污染物为硫化氢、一氧化碳、二氧化碳以及含尘气体。

废水主要指以水为载体排放污染物质的污染源。废水源种类繁多，按照废水中所含主要污染物质的不同分为炭黑废水、含氰污水、含硫废水、含氨废水、含油污水、甲醇残液、冷却水等。对这些废水污染源的妥善治理是合成氨工业环境保护工作的重要方面。

固体废弃物是以固体废渣等形式排放污染物质，如灰渣、废催化剂等。噪声污染源主要有来自大型运转设备的振动噪声，高压气体排放的冲击噪声以及管道内流体形成涡流、气蚀等的传导噪声等。此外，裸露的高温设备及管道对周围环境造成热辐射污染。含热废水排入水体会形成热污染。要有效地治理这些污染，必须进行详细的污染源调查，选择合理的治理措施，方能收到较好的实效。

一、工艺废气

1. 工艺废气的产生原因

合成氨生产过程中合成气循环使用，甲烷浓度不能过高，因此必须有部分含氨、甲烷等污染物质的尾气排放，以控制甲烷浓度，保证氨合成反应的正常进行。合成氨尾气主要由氢气、氮气、甲烷组成，另外含有氨、微量一氧化碳及惰性气体。尿素系统合成氨尾气各成分平均含量见表 6-10。

表 6-10 尿素系统合成氨尾气气体成分及平均流量

尾气组成	氢气	氮气	甲烷	氨	其他	合计
$V/\%$	56.24	25.16	15.02	2.55	1.03	100
流量(标态)/(m³/h)	5624	2516	1502	255	103	10000

污染物产生的原因是：

① 造气炉底与炉口无组织泄漏：工艺技术落后，间歇操作；因炉口与炉底密封圈高温，人工加煤，开关频繁，易磨损造成漏气；管理不到位，员工操作、维修水平不高。

② 氨合成塔放空管：为合成氨生产正常排放的工艺废气，废气产生量受工艺过程控制和操作水平共同影响。工艺废气含 CH_4、H_2、NH_3 等可燃性成分，送燃烧炉燃烧产生蒸汽。

③ 尿素尾气吸收塔放空管：尿素生产中正常排放的工艺尾气，经软水多级吸收后达标排放。

④ 清洗塔放空气体：复合肥干燥废气，经循环水洗涤处理后达标排放。

⑤ 燃烧炉排气筒：可燃性吹风气与合成气经高温燃烧后，烟气高空排放。

⑥ 燃煤锅炉排气筒：使用低灰分、低硫煤烟气经水膜除尘器处理后达标高空排放。

2. 工艺废气的处理措施

（1）作燃料气供用户使用

合成氨尾气中含大量氢气、甲烷等可燃气，可作为燃料气使用。如为生产中一段转化炉燃烧提供转化用的热量，剩余部分返回转化工段。合成氨尾气一般经水洗除氨后再作燃料气使用。

虽然经水洗除氨可消除氨对大气的污染，但尾气中含大量的氢气，氢气是化工生产中重要的原料。合成氨尾气作燃料气是一种很大的浪费。

（2）氢回收技术

合成氨尾气经水洗除氨后，利用中空纤维膜回收其中的氢气，是一种氢回收效率较高的技术，回收氢气后的尾气仍可作为燃烧气使用。中空纤维膜氢回收系统可根据回收氢气的用途确定回收氢气的纯度，进而确定回收装置的设计。

回收的氢气可以返回生产系统，是一种先进、成熟、资源利用效率高的技术，符合清洁生产的要求。黑龙江某公司有两套合成氨系统，现已采用此技术回收处理合成氨尾气。其中硝铵系统 $6 \times 10^4 t/a$ 合成氨尾气采用二级分离，回收的氢气供双氧水生产，尿素系统 $15 \times 10^4 t/a$ 合成氨尾气采用一级分离，回收的氢气返回合成氨生产系统。

这两种方式产生的稀氨水都必须回收利用。过去企业的稀氨水利用简单的氨回收装置回收一部分，或出售给用户，剩余部分直排。直排会导致水体严重的氨氮污染，同时也是一种资源浪费。稀氨水的治理一般是直接或回收液氨用于生产。

（3）CO_2 回收技术

CO_2 的回收装置由压缩吸附工段、精馏贮存工段以及冷冻液化工段组成。

压缩吸附工段：来自化肥生产装置的二氧化碳在温度 <40℃ 条件下经加压、分水、脱硫后进入干燥器（A/B）。干燥器设计为两个体积相同的吸附床，原料气中的水分、油脂等杂质被床内的干燥剂吸附，气体从干燥器底部流出。出干燥器的气体分成两股物流：食品级物流进入吸附系统，以吸附去除烯烃、烷烃、苯等杂质，净化后的气体进入精馏贮存工段的精馏塔中脱除氧气、甲烷、氮气等轻组分；工业级物流经液化后直接进入单级闪蒸系统，再进入产品罐储存。

精馏储存系统：食品级二氧化碳气体经干燥、吸附、预冷器降温和液化器液化后直接进入精馏塔中，脱除轻组分后得到的食品级液态二氧化碳产品从精馏塔底引出，再经节流降压至 2.2MPa 后送至食品级产品储罐中储存，最后装瓶或装车出厂。工业级二氧化碳气体经预冷器降温、液化器液化后直接进入闪蒸罐中，脱除轻组分后得到的工业级液体二氧化碳从闪蒸罐底部引出，然后经节流降压至 2.2MPa 直接送工业级产品储罐中贮存，再装瓶或装车出厂。不凝气经精馏塔或闪蒸罐顶部排出，节流降压至 0.2MPa 返回预冷器中回收冷量，再经加热升温后作为再生气体进入干燥器或吸附器中。

冷冻液化工段：来自精馏储存工段的气体进入预冷器，来自精馏塔塔顶的低温气体冷却后进入液化器，被节流降温的液氨冷却后，气体被进一步降温，使绝大部分的二氧化碳被液化，连同轻组分（甲烷、氢气、氧气）一起被送入精馏贮存工段。使二氧化碳液化的液氨由制冷系统提供，即氨气经螺杆式冷冻机压缩后进入卧式冷却器中，被冷却水冷却为液氨后储存在储氨器中。由贮氨器出来的液氨分成三路：第一路液氨经节流后进入液化器中，使工业级二氧化碳气体液化，自身被气化后重新返回螺杆式冷冻机；第二路液氨经节流后进入液化器中，使食品级二氧化碳气体液化，自身被气化后重新返回螺杆式冷冻机；第三路液氨经节流后进入精馏塔顶的冷凝器中，使塔顶的二氧化碳气体液化，自身被气化后重新返回螺杆式冷冻机。

(4) 其他气体回收技术

虽然氦、氩气在合成氨尾气中含量很少，但是由于尾气的排放量很大，这些惰性气体的回收利用也是有意义的。目前，此类气体的回收利用是通过精馏方式分离提纯的。

二、废水的综合处理

废水处理一般包括三个步骤，首先是预处理，除去全部的悬浮固体以及浮油；其次是去除胶体物质和溶解的污染物，这一步骤是废水处理的主体和关键过程；最后是按照特定的要求，对水的某些特性加以调节，这是水处理达标的必要补充。废水处理方法可分为物理机械法、生物化学法、物理化学法和化学法等几类。物理机械法是利用物理作用和机械力来分离或者回收废水中的不溶性固体杂质和浮油，较常用的主要有调节、沉降、过滤、隔油和离心分离等，一般用于预处理过程。生物化学法是利用自然界大量存在的各种微生物来分解废水中胶体状态和溶解状态的有机物以及某些种类的无机物，通过生化过程使之转化为稳定的、无毒的无机物，生化法用于处理废水，不仅效率较高，而且运行费用也低，常见的生物化学处理有活性污泥法、生物滤池法、氧化塘、曝气池等，经生化处理后的水质较高，可用作二、三级的污水处理过程。物理化学法是采用化工单元操作过程来处理用机械法所不能去除的污染物质，常用的有吸附、萃取、汽提、吹脱、电渗析等，可用作污水二级或三级处理。化学法主要是通过化学药剂或化学反应，将废水中的溶解物质或胶体物质去除或转化为无害物质，如混凝法、化学氧化法、电化学法、沉淀法、离子交换法等，可作为废水的二级或三级处理。

对于量大而浓度较低的废水，可以利用水体的自净能力来自然处理，将废水排入流动大、自净能力强的水体中，也能取得很好的效果。经处理后的废水，凡达到标准的可循环使用或直接排放。对仍含有一定有毒物质而达不到标准的，还需进行最终的无害化处理。

在合成氨厂废水的单项处理往往只除去其中一两种主要的污染物质，而对比较次要的污染物质不能同时处理或去除效果较差。建立综合的废水处理厂是比较经济可行的，不仅能同时处理多种工业、生活污水，而且可以节省基建投资，提高污水的整体处理效率。集中处理的废水经深度处理后，可达到地面水质标准，给缺水地区开辟了新的可靠的水源，对促进生产的全面发展具有非常深刻的意义。合成氨厂的废水集中处理场的处理深度大多为三级净化，处理规模一般为500~1500t/h。为了调节稳定水量和均衡成分，设有调节池和均衡池。用气浮和絮凝设施去除浮油、乳化油及胶体物质。设置生物处理设施去除废水中溶解的有机物、无机物等可生化降解的污染物质，如传统曝气池、加速曝气池、延时曝气池、生物滤塔、深层曝气池、深层曝气井、接触氧化以及菌藻共生的氧化塘等。在生物处理后设置砂滤、絮凝沉淀、气浮、活性炭过滤等深度后处理。在总排放口之前设置监护池，以测定装置的处理效果。在水处理过程中产生的油泥、浮渣、剩余活性污泥另设浓缩及机械除水装置，进行资源化利用或无害化处理。

三、固体废物的回收与处置

合成氨生产过程中产生的固体废物主要有三类：一是在制气过程中，产生的残渣，包括炉渣、煤灰、炭黑等；二是在生产过程中使用的各种废催化剂；三是在废液回收和水处理过程中产生的沉渣、污泥。

固体废物的处理，主要有两种途径：一是回收其中的有用物质生产副产品；二是对目前还不能利用的废渣进行最终处置。

合成氨产生的煤灰和煤渣的化学成分和矿物组成与原料成分、气化条件及收集方式密切相关，不同的化学成分和在高温下形成的矿物组成及结构，又决定了其用途和回收方法。主要使用的回收利用途径有：用作筑路材料和回填；用于生产建筑材料；用于农业生产——直接施肥；制造微量元素肥料及磁化肥料；粉煤灰提取空心微珠等。

氨合成过程中所使用的各种催化剂失效后，不可随意废弃而浪费资源，污染环境，应进行回收利用。废催化剂回收利用的方法，大体上包括三个过程：一是预处理，除去在使用或卸出过程中附着的杂质，改变其不利于回收操作的外形尺寸；二是将活性组分与载体进行分离，选择合适的分离方法，如溶剂抽提法、还原溶解法等；三是对回收后的有效成分进行成品加工，剩余残渣进行最终处置。

在以铜氨液精炼合成原料气的过程中，少量的 H_2S、CO_2。与铜洗液发生沉淀反应，产生铜液渣。铜液渣与铜矿石混合，在高温下冶炼熔化，回收粗铜。铜液渣能溶于强酸，转化为铜盐溶液，经结晶提纯后，电解回收电解铜。

目前还无法回收利用的废渣，用来填地是一种较简单的最终处置方法，但必须符合卫生要求。合成氨生产中产生的废渣不属于危害性废物，因此可用填埋法处理。在选择填埋场地和在实施填埋的过程中，必须严格按照卫生填地的有关标准进行。

思 考 题

6-1 煤生产合成气的工艺流程有哪些？天然气合成氨有哪些工艺单元？

6-2 硫化物对合成氨生产有哪些危害？简述氨水中和法脱硫的原理及优点。

6-3 叙述以天然气为原料的合成氨工艺流程。

6-4 氨分离常采用的方法有哪些？

6-5 请简述液氨储存的温度和压力条件。

第一节　概　述

烧碱学名氢氧化钠（NaOH），又称为苛性钠，为白色不透明固体，在空气中易潮解，会吸收二氧化碳而变质形成碳酸钠与水。固体碱相对密度（$\rho_水 = 1$）为2.12，熔点为328℃，易溶于水并放出大量的热，其水溶液呈强碱性，能与酸中和发生反应并放热，对许多物质具有强腐蚀性，烧碱对人体有强烈的刺激性和腐蚀性，粉尘刺激眼和呼吸道，腐蚀鼻中隔；皮肤和眼直接接触可引起灼伤；误服可造成消化道灼伤，黏膜糜烂、出血，甚至休克。

烧碱产品有固碱与液碱，固碱又有块状、片状与粒状，液碱规格我国有30%、40%和50%三种，国际上通常为50%。

烧碱的用途非常广。它通常用于制造纸浆、肥皂、染料、人造丝、制铝、石油精制、棉织品整理、煤焦油产物的提纯，以及食品加工、木材加工及机械工业等方面。

工业上电解法生产烧碱也称氯碱工业。氯碱工业是以盐为原料生产烧碱、氯气、氢气的基础原材料工业。氯碱产品种类多，关联度大，其下游产品达到上千个品种，具有较高的经济延伸价值，产品广泛应用于农业、石油化工、轻工、纺织、化学建材、电力、冶金、国防军工、建材、食品加工等国民经济各个领域，在我国经济发展中具有举足轻重的地位。据不完全统计，世界上约60%的化学品生产与氯相关。另外，氯产品也是我们生活饮用水处理、日用化学品的主要原料，与人民生活息息相关。由于氯碱工业所具有的特殊地位，自新中国成立以来，我国一直将主要氯碱产品产量作为我国国民经济统计的重要指标。

一、烧碱的发展历史

烧碱的发现始于天然碱（纯碱）的发现，早在中世纪就发现纯碱存在于盐湖中，主要组分为Na_2CO_3。后来，发明了以石灰和纯碱制取NaOH的方法，这一方法称为苛化法：

$$Na_2CO_3 + Ca(OH)_2 \Longrightarrow 2NaOH + CaCO_3 \tag{7-1}$$

因为苛化过程是加热的，故将NaOH称为烧碱，又称苛化钠，以别于天然碱。

1807年英国人戴维最早开始了食盐熔融法电解的研究；他在1808年正式提出氯为一种元素；1810年，他在研究熔融盐的电解时发现金属钠与汞能生成汞齐，为后来的水银法（汞法）电解制氯奠定了基础。

1851年瓦特第一个取得了电解食盐水制备氯的专利。但由于种种原因，1867年德国人Siemens的直流发电机发明后，于1890年电解法才得以工业化。隔膜法与水银法电解发明时间相差不远，Griesheim隔膜法于1890年在德国出现，第一台水银法电解槽（Castner电解槽)于 1892 年取得专利。

（1）水银法

水银法是在 1807 年英国人戴维发现钠汞齐后，1882 年有人发现食盐水溶液电解产物可用它来分开，钠在汞阴极流体中形成钠汞齐而使其与阳极液分离，然后到另一解汞室加水分解成 NaOH 和 H_2。我国第一家水银法电解厂是锦西化工厂，于 1952 年投产。2000 年左右，我国已完全淘汰水银法生产工艺。

（2）隔膜法

隔膜法工业化的困难首先是阳极材料，要求其既能导电又要耐氯和氯化钠溶液的腐蚀。最早应用的阳极材料是烧结炭，电阻大，槽电压高达 5~8V，且在氯中混有较多的 CO_2。直到 1892 年，Acheson 和 Castner 各自独立发明了人造石墨，才提供了价廉而适用的石墨阳极，使氯碱工业得以迅速发展。到 1970 年左右，石墨阳极才开始被新发明的含贵金属氧化物涂层的金属阳极逐步取代。我国第一家隔膜电解工厂是上海氯碱化工股份有限公司的前身—天原电化厂，于 1929 年投产。目前，我国隔膜法烧碱装置仅有 $22×10^4t$ 产能，作为处理高含盐废水生产装置，其他隔膜法产能都已陆续淘汰。隔膜材料也经历由多孔水泥、石棉水泥多孔膜、石棉纤维到改性隔膜的发展过程。

（3）离子膜法

1952 年，Bergsma 提出采用具有离子选择透过性膜的离子膜法来生产氯和烧碱。1966 年，美国 DuPont 公司开发出宇航技术燃料电池用的全氟磺酸阳离子交换膜"Nafion"，并于 1972 年以后大量生产转为民用。该膜能耐食盐水溶液电解时的苛刻条件，为离子膜法制氯碱奠定了基础。我国第一家离子膜法电解工厂盐锅峡化工厂，于 1986 年投产。目前，国内主要以离子膜法生产烧碱为主，占烧碱总产能的 99.4%。由于离子膜法工艺更加清洁、节能、产品质量好，得到了迅速发展。

二、烧碱工业现状

工业上用电解饱和食盐水溶液的方法来制取氢氧化钠、氯气和氢气，并以它们为原料生产一系列化工产品，称为氯碱工业。主要产品为烧碱、氯气、氢气、聚氯乙烯等，下游关联产品多达上千品种。氯碱化工行业生产出的产品在各个领域中都得到了非常广泛的应用。具体应用领域如图 7-1 所示。截至 2018 年年底，全球烧碱产能约为 $9465×10^4t$，中国烧碱产能达 $4259×10^4t$，占世界比重 45%。两个主要产品产能产量都已经稳居世界首位，完成了产能扩张到经济结构调整、产业转型升级的阶段。2009—2019 年中国烧碱产能变化趋势图如图 7-2 所示。近年来，氯碱行业安全事故呈现氯气事故减少、聚氯乙烯事故增多、新企业事故多发、西部地区事故较多等特点，氯碱行业典型安全事故统计情况见表 7-1。

表 7-1　氯碱行业典型安全事故统计

事故发生时间	事故名称	事故企业	事故简要原因	伤亡情况
2004.04.16	液氯储罐爆炸	四川省某厂	设备腐蚀穿孔盐水泄漏进入液氯系统，氯气与盐水中铵反应生成三氯化氮，富集后浓度达到爆炸极限	9 死 3 伤，15 万群众撤离
2005.03.29	液氯槽罐车爆炸	江苏省某厂	液氯储罐车撞车事故	27 人死亡

事故发生时间	事故名称	事故企业	事故简要原因	伤亡情况
2005.05.19	聚氯乙烯氯气泄漏事故	宁夏回族自治区某聚氯乙烯公司	聚乙烯装置投料生产试运行期间，管道内残留的氯气出现外溢	64人中毒
2010.11.20	聚乙烯车间爆炸事故	陕西省某化工公司	聚合釜出料泵启动开关，由于螺丝密封不严密，漏进了氯乙烯气体，开关内产生的电器火花引起了厂房内氯乙烯气体空间爆炸	4人死亡，2人重伤，3人轻伤
2010.11.23	氯碱跑氮事故	江苏省某氯碱化工公司	氯气泄漏导致下风向紧邻企业职工吸入中毒	30人中毒
2011.10.06	火灾事故	内蒙古某化工有限公司	聚合工段操作失误，导致氯乙烯泄漏所致	2人死亡，3人受伤
2011.10.12	聚乙烯火灾事故	湖北省某氯碱企业	操作工因操作失误，导致氯乙烯泄漏所致	2人死亡，3人受伤

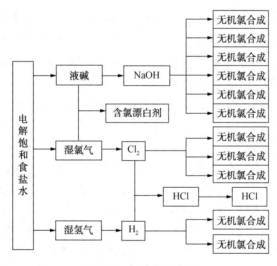

图 7-1 氯碱化工产品

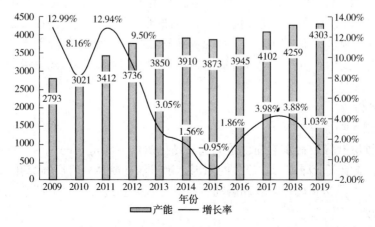

图 7-2 2009—2019 年中国烧碱产能变化趋势图

147

三、烧碱事故案例分析

烧碱生产工程中存在的主要危险、有害因素有火灾爆炸、中毒、触电、灼烫等。

1. 火灾爆炸

根据 GB 50016—2014《建筑设计防火规范(2018 年版)》和 GB 50058—2014《爆炸危险环境电力装置设计规范》，烧碱生产装置中的电解、氯气氢气处理、盐酸等工序中有氢气、氯气、硫酸等易燃易爆或具有助燃性的物质，火灾爆炸危险类别属甲类，易发生火灾和爆炸事故。引起火灾和爆炸的主要因素有大量泄漏，如电解槽、冷却器、储罐、管道损坏等；控制失灵，如阀门、仪表损坏或安全装置失效，使生产过程失控；违章操作或误操作造成超挟、超温，使物料泄漏后引起火灾、爆炸。

2. 中毒窒息

烧碱生产过程中产生的氯气属于剧毒物质，如装置出现故障或发生火灾、爆炸事故，设备、管道损坏，会造成氯气泄漏，防范措施不当，就会造成人员中毒。另外生产中使用的压缩氮气如果不慎泄漏也会造成人员的窒息死亡。

3. 触电

电气事故在烧碱行业有其特殊性，烧碱行业是耗电大户，各种电气设备多、高低压并存、大电流、裸铜排多、环境腐蚀危害严重，导电的电解质多等特点是发生触电事故的重要原因。在电解过程中，由于离子膜电解工段在电解过程中使用的是强大的直流电，电解槽连接的铜排均是裸露的，外表无绝缘防护层，电解操作时直流电负荷很大。因此，在电解操作和日常管理及检查过程中，如缺乏必要的安全措施或违章操作，就非常容易受到电击而发生触电事故。严重时会造成人身伤亡。

4. 灼烫

在烧碱生产过程中，由于存在着大量的盐酸、烧碱、硫酸等强腐蚀性的化学物品，这些物质与人接触后，均会对人造成伤害甚至死亡，因此防化学灼烫是烧碱行业的一大重点。此外，从高纯盐酸合成炉中出来的氯化氢气体温度较高，反应炉壁温也较高，同时装置中存在着蒸发器、加热器，并使用蒸汽进行加热，因此，如果炉壁、管道和设备保温措施不好，或者发生高温气体泄漏时，可能会造成人员高温灼伤或烫伤事故。

（1）事故经过

2004 年 4 月 16 日，重庆某化工厂压力容器发生爆炸，事故造成 9 人死亡，3 人受伤，使江北区、渝中区、沙坪坝区、渝北区的 15 万名群众疏散，直接经济损失 277 万元。

事故爆炸直接因素关系链为：设备腐蚀穿孔导致盐水泄漏进入液氯系统→氯气与盐水中的氨反应生成三氯化氮→三氯化氮富集达到爆炸浓度(内因)→启动事故氯处理装置振动引爆三氯化氮(外因)。

（2）原因分析

① 直接原因

• 设备腐蚀穿孔导致盐水泄漏，是造成三氯化氮形成和富集的原因。根据技术鉴定和专家的分析，造成氯气泄漏和盐水流失的原因是 1 号氯冷凝器列管腐蚀穿孔。

• 三氧化氮富集达到爆炸浓度和启动事故氯处理装置造成振动，引起三氧化氮爆炸。

② 间接原因

• 压力容器设备管理混乱，设备技术档案资料不齐全，两台氯液气分离器未见任何技术和法定检验报告，发生事故的冷凝器1996年3月投入使用后，一直到2001年1月才进行首检，没进行耐压试验。近2年无维修、保养、检查记录，致使设备腐蚀现象未能在明显腐蚀和腐蚀穿孔前及时发现。

- 安全生产责任制落实不到位。2004年2月12日，集团公司与该厂签订安全生产责任书以后，该厂未按规定将目标责任分解到厂属各单位。
- 安全隐患整改督促检查不力。
- 对三氧化氮爆炸的机理和条件研究不成熟，相关安全技术规定不完善。

四、常用烧碱生产方法

1. 苛化法

苛化法是将质量分数为10%~12%的纯碱溶液，加入石灰乳后发生苛化反应，苛化后的液体经过静置、分离等工序得到烧碱。苛化法分为天然碱苛化法和钠碱苛化法。

天然碱苛化法是由碱湖送来的卤水精制后得到清碱液和配制好的石灰乳进行苛化反应，苛化温度为95~100℃。反应悬浮物增稠后进行液固分离，除去盐碱硝渣，所得清液进行蒸发浓缩生产液体或固体烧碱。天然碱苛化法生产烧碱过程中还可回收废弃苛化泥副产物轻质碳酸钙。图7-3所示为卤水苛化法制烧碱流程。苛化反应原理如下：

$$Ca(OH)_2+Na_2CO_3 \Longleftrightarrow 2NaOH+CaCO_3\downarrow+Q \quad Ca(OH)_2+NaHCO_3 \Longleftrightarrow NaOH+CaCO_3\downarrow+H_2O+Q$$

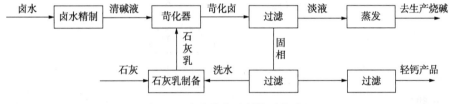

图7-3　卤水苛化法制烧碱的流程

纯碱苛化法所用原料是纯碱和石灰，苛化反应温度是99~101℃，苛化液经过澄清，再蒸发浓缩至40%以上，制得液体烧碱。若将浓缩液进一步浓缩固化，便制得固体烧碱。反应原理如下：

$$Na_2CO_3+Ca(OH) \Longleftrightarrow 2NaOH+CaCO_3\downarrow \quad (7-2)$$

2. 电解法

电解法生产烧碱是应用电化学原理，在直流电作用下使食盐溶液发生反应，生产烧碱、氯气和氢气。主要有隔膜电解法和离子膜电解法。电解法生产烧碱，在制得烧碱的同时还生产氯气和氢气，而氯气又可进一步加工成盐酸、聚氯乙烯、农药等其他化工产品。电解食盐水制烧碱的主要问题是能耗大、副产物氯气过剩。氯气有毒，污染严重，因此必须全部消耗或转化成盐酸、漂白粉、聚氯乙烯等下游产品。然而，这些产品的生产受到其他原料的限制或者市场的制约，使氯气的转化与烧碱工业的发展不同步，这成为制约烧碱工业发展的重要原因。

$$2NaCl+2H_2O \Longrightarrow 2NaOH+H_2+Cl_2 \quad (7-3)$$

3. 硫酸钠法

硫酸钠制烧碱是目前非常具有前景的一种方法，也是目前世界科技工作者研究的热门课题之一。硫酸钠矿产资源主要包括芒硝、钙芒硝和无水芒硝等。我国产硫酸钠资源丰富，储量居世界首位，因此为硫酸钠制烧碱提供了丰富的原料技资源。

硫酸钠制烧碱是先把精制的硫酸钠、无烟煤、含 $CaCO_3>90\%$ 的石灰石粉碎后过筛，再在高温炉中煅烧，煅烧温度为 $1100℃$。反应式如下：

$$Na_2SO_4+2C \longrightarrow Na_2S+2CO_2\uparrow \tag{7-4}$$

$$Na_2S+CaCO_3 \longrightarrow Na_2CO_3+CaS \tag{7-5}$$

将上述熔融物倾于水中，过滤除去不溶于水的硫化钙，制成碳酸钠溶液。把清液（含 Na_2CO_3 10%～15%）通入苛化池中，再加入调制好的石灰乳，在 $80℃$ 下进行苛化反应，生成氢氧化钠。图 7-4 所示为硫酸钠制烧碱流程。反应式为

$$Na_2CO_3+CaCO_3 = 2NaOH+CaCO_3 \tag{7-6}$$

用硫酸钠制烧碱，具有原料廉价易得、设备简单、操作方便、投资少、见效快等优点，比较适合中小型企业此工艺方法有硫酸钠利用率不高及产生大量炉渣硫化钙的缺点

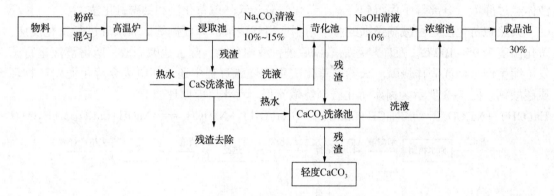

图 7-4　硫酸钠制烧碱流程

4. 水合肼法

水合肼副产盐渣生产烧碱是把生产水合肼（又称水合联氨）时副产的大量氯化钠及碳酸钠进行综合利用，将水合肼装置中的副产物盐渣分离部分碱后，配制成饱和盐水，加入氧化剂，用以去除其中的氮化物，将处理后的饱和盐水用于电解制得烧碱，这种方法省去了盐水精制的复杂流程，保证了离子膜电解槽的良好运行，不仅创造了一定的经济效益，还解决了水合肼生产中的环境污染问题。

目前在大型氯碱厂烧碱的生产方法主要采用食盐水溶液电解法，本书主要介绍隔膜法和离子交换膜法制烧碱。

第二节　食盐水溶液制备与净化

一、原料的理化性质

食盐，化学名称氯化钠，分子式为 NaCl，密度为 $2.165g/m^3$，熔点为 $801℃$，沸点为 $1465℃$。

纯的氯化钠很少潮解，但食盐中含有氯化钙、氯化镁等杂质，这些杂质能吸收空气中的水分而使食盐潮解结块，给食盐的储运带来一定困难。温度对食盐在水中的溶解度影响不大，但是高温能加快食盐的溶解速度。

二、原盐质量对生产工艺的影响

经日晒后的盐质量有不同的质量标准，但经溶解为盐水后，其中所含的杂质 Ca^{2+}、Mg^{2+}、SO_4^{2-} 和机械不溶性杂质对电解是十分有害的。不溶性的机械杂质会堵塞电解槽上的微孔，降低隔膜的渗透性；而钙盐和镁盐会与电解液中的物质起反应，生成沉淀物质，这样不仅消耗了 NaOH，而且还会堵塞电解槽碱性一侧隔膜的孔隙；SO_4^{2-} 过高会加剧石墨电极的腐蚀，缩短电极的使用寿命。因此，进入电解槽的食盐水必须经过精制。

三、盐水精制

1. 盐水精制原理

生产中，采用添加过量的 Na_2CO_3 和 NaOH 的方法除去 Ca^{2+}、Mg^{2+} 杂质，为了控制 SO_4^{2-} 的含量，一般采用加入氯化钡的方法。其加入顺序及化学反应为

先加入 $\qquad NaCO_3Ca^{2+}+CO_3^{2-}\!\!=\!\!\!=\!\!\!=CaCO_3\downarrow \qquad\qquad$ (7-7)

后加入 $\qquad NaOH、BaCl_2Mg^{2+}+SO_4^{2-}\!\!=\!\!\!=\!\!\!=Mg(OH)_2\downarrow \qquad$ (7-8)

$\qquad\qquad\qquad Ba^{2+}+SO_4^{2-}\!\!=\!\!\!=\!\!\!=BaSO_4\downarrow \qquad\qquad\qquad$ (7-9)

对于不溶性的机械杂质，主要是通过澄清过滤除去。为加速沉降，多采用高效有机高分子絮凝剂，目前，普遍采用的是聚丙烯酸钠。

隔膜电解采用上述盐水精制方法即可达到要求，一般盐水中的 Ca^{2+}、Mg^{2+} 可降到 5g/L 以下。若采用离子膜交换法电解，对盐水的质量要求会更高。在用上述方法对粗盐水进行一次精制后，还需进行二次精制。进行二次精制时，是将一次精制后的盐水首先通过微孔烧结碳素管过滤器过滤，然后通过 $2\sim3$ 级的阳离子交换树脂处理，Ca^{2+}、Mg^{2+} 可降到 $20\sim30\mu g/L$ 以下。

2. 盐水精制工艺流程

（1）隔膜法盐水的精制

隔膜法盐水的精制主要包括以下步骤：

溶化原盐：原盐的溶解在化盐桶中进行，化盐用水来自洗盐泥的淡盐水和蒸发工段的含碱盐水。

粗盐水的精制：在反应桶内加入精制剂除去盐水中的钙镁离子和硫酸根离子。

浑盐水的澄清和过滤：从反应桶出来的盐水含有碳酸钙、氢氧化镁等悬浮物，经过加入凝聚剂预处理后，在重力沉降槽或澄清器中分离出大部分悬浮物，最后经过过滤而成为电解用的精盐水。

隔膜法盐水精制的工艺流程如图 7-5 所示。原盐经皮带运输机送入溶盐桶，用各种含盐杂水、洗水及冷凝液进行溶解。饱和粗盐水经蒸汽加热器加热后流入反应槽，在此加入精制剂纯碱、烧碱、氯化钡除去 Ca^{2+}、Mg^{2+} 及 SO_4^{2-}，然后进入混合槽加入助沉剂（用苛化淀粉或聚丙烯酸钠）聚沉，并自动流入澄清桶 6 中分离已沉降的物质。从澄清桶出来的精盐水溢流到盐水过滤器（自动反洗式砂滤器）中。出来的精盐水经加热器加热到 $70\sim80℃$，送入重饱和器中，在此蒸发析出精盐使盐水的浓度达到 $320\sim325g/L$ 的饱和浓度。饱和精盐水经进一步加热后送入 pH 调节槽，加入盐酸调整到 pH 为 $3\sim5$，送入进料盐水槽，再用泵经盐水流量计分别送入各台电解槽的阳极室。

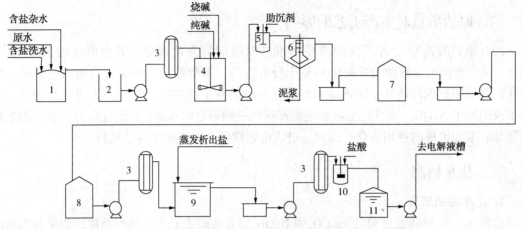

图 7-5　隔膜法盐水精制的工艺流程

1—溶盐桶；2—粗盐水槽；3—蒸汽加热器；4—反应槽；5—混合槽；6—澄清桶；7—过滤器；
8—精盐水储槽；9—重饱和器；10—pH调节槽；11—进料盐水槽

（2）离子膜法的二次盐水精制

离子膜电解法对盐水质量要求较高，进入电解槽的盐水必须在隔膜电解法盐水精制的基础上增加盐水的二次精制工序。盐水二次精制时，将一次精制后的盐水首先通过微孔烧结碳素管过滤器过滤，然后通过2~3级的螯合树脂吸附与离子交换，最后达到离子交换膜电解工艺盐水的质量要求。

盐水二次精制的工艺流程如图7-6所示。为彻底除去盐水中的游离氯和次氯酸盐，一般加入微量的亚硫酸钠或硫代硫酸钠。碳素管过滤器的工作过程是这样的：用泵将盐水和α-纤维素配制成悬浮液送到过滤器中，并且不断循环，使碳素管表面涂上一层均匀的α-纤维素，叫作预涂层。然后把一次盐水送入过滤器中，同时把一定量的α-纤维素送入过滤器，目的是利用α-纤维素在水中的分散作用，使过滤器生成的泥饼在返洗时碎成小块剥落。过滤器使用一段时间后，洗下的α-纤维素用压缩空气吹除弃。

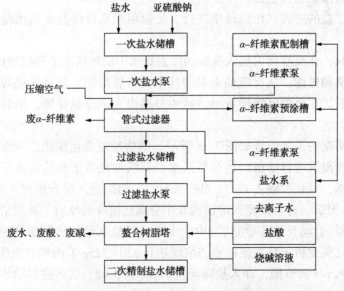

图 7-6　盐水二次精制的工艺流程

螯合树脂塔使用一段时间后需再生，再生一般采用盐水置换，去离子水返洗，盐水再生，去离子水洗，以氢氧化钠使氢型树脂转换成钠型，再以去离子水洗，盐水置换。经过精制后的盐水应达到如下质量指标：NaCl 浓度为 290~310g/L；Ca^{2+}、Mg^{2+} 总量 ≤20mg/kg；Sr^{2+} ≤ 0.1mg/kg（当 SO_2 = 1mg/kg 时）；Sr^{2+} ≤ 0.06mg/kg（当 SO_2 = 5mg/kg 时）；Sr^{2+} ≤ 0.02mg/kg（当 SiO_2 = 15mg/kg 时）；ClO_3^- ≤ 15g/L；SO_4^{2-} ≤ 5g/L；悬浮物 <1mg/kg；SiO_2 ≤ 15mg/kg；其他重金属离子 ≤ 0.2mg/kg。

四、电解工艺流程及工艺条件

1. 隔膜法电解工艺流程及工艺条件

（1）工艺流程

隔膜法电解工艺流程如图 7-7 所示。来自盐水工序的精盐水进入盐水高位槽，为使进入电解槽的盐水流量稳定，高位槽设置溢流装置。精制盐水由高位槽底部流出，送入盐水预热器预热至 70℃左右，再送入电解槽，电解槽的温度维持在 95℃左右，电解中阳极生成的氯气从电解槽顶部出口支管导入氯气总管，然后送入氯气处理工序。阴极生成的氢气导入氢气总管，送到氢气处理工序。生成的碱液导入总管，汇集到碱液储槽，经碱液泵达到碱液蒸发工序。

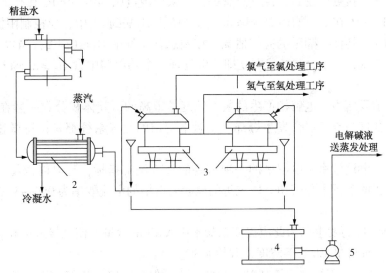

图 7-7　隔膜法电解工艺流程

1—盐水高位槽；2—盐水预热器；3—电解槽；4—碱液储槽；5—碱液泵

氯气管道大多由陶瓷和塑料制成，氯气导管安装应略为倾斜，以便水汽的凝液可以流出。为抽送氯气，在氯气导管系统中应安装鼓风机，使阳极室内维持 29.42~40.04Pa 的真空。

氢气导出管（一般用铁管）安装要倾斜，以利于凝液流出，也要用鼓风机或蒸汽喷射器吸出，且使阴极室的真空度略大于阳极室，以避免在盐水液面较低时，有氢气混到氯气中。

（2）工艺条件

盐水的浓度与杂质含量：电解质溶液的导电是依靠溶液中正负离子的迁移并在电极上放电而引起的，所以，电导率随电解质溶液浓度的升高而升高，一直到溶液饱和为止。生产中电解液采用的是 NaCl 的饱和溶液，其质量浓度为（315±5）g/L。

普通工业食盐中含有钙盐，镁盐、硫酸盐和其他杂质，对电解操作极其有害。Ca^{2+}、Mg^{2+}将在阴极与电解产物 NaOH 发生反应，生成难溶解的沉淀，不仅消耗 NaOH，还会堵塞隔膜孔隙，降低隔膜的渗透性，使电流效率下降，槽电压上升。SO_4^{2-}的存在，会促使 OH^- 阳极上放电产生氧气。所以，盐水的质量要求为：NaCl>315g/L；Ca^{2+}、Mg^{2+}总量<10mg/L；SO_4^{2-}<5g/L；pH 为 7～8。

盐水的温度： 提高温度，可提高电解质的电导率，降低氯气在阳极液中的溶解度，提高阳极电流效率，同时还可降低阳极上析氯和阴极上析氢的过电位。虽然升高温度对 NaCl 的溶解度影响不大，但升高温度可提高 NaCl 的溶解速度。一般进入电解槽前的盐水温度在70℃左右，电解槽温度控制在95℃左右。

盐水流量与阴极碱液成分： 盐水流量的大小会给电解过程带来较大的影响。盐水流量小，NaCl 分解率高、NaOH 浓度高，但 OH^- 的反迁移严重，副反应多，电流效率低。但盐水流量大，NaOH 浓度低，碱液中 NaCl 含量高，碱液蒸发的能耗高。为此，各厂应根据具体的条件确定碱液成分。通常碱液成分控制在如下范围：NaOH 为 130～145g/L；NaCl 为175～210g/L；NaClO 为 0.05～0.25g/L。

氯气纯度及压力： 电解槽出来的湿氯气经冷却干燥后的干基气体组成：Cl_2 为 96.5%～98%，H_2 为 0.1%～0.4%，O_2 为 1.0%～3.0%。氯气是有毒气体，不允许泄漏，为此要保证电解槽、管道等连接处的密封，氯气总管的压力采用微负压-49～-98Pa 操作。

为避免 Cl_2 和 H_2 在电解槽内混合爆炸，必须防止 H_2 漏到 Cl_2 中，应控制阳极室液面高于隔膜顶端，同时密切注意隔膜的完好情况。控制总管氯气中 $H_2 \leqslant 0.4\%$，当含 $H_2 \geqslant 1\%$ 就应立即采取紧急措施；含 $H_2 \geqslant 2\%$ 就应立即停电处理；个别单槽中含 $H_2 \geqslant 2.5\%$ 时也应立即停电处理。

氢气的纯度及压力： 电解槽产生的氢气纯度是很高的，其体积分数一般在99%（干基）以上。为防止氢气与空气混合发生爆炸，一般电解槽的氢气系统都是保持微正压操作，压力为 49～98Pa。

电流效率： 电流效率是电解槽的一项重要的技术经济指标，与电能消耗、产品质量以及电解操作过程的关系十分密切。较先进的隔膜电解槽的电流效率为 95%～97%。提高电流效率的措施如下：

- 减少副反应的发生。为此应提高精盐水中 NaCl 的含量，使之接近饱和。并预热盐水以提高槽温，从而降低 Cl_2 的溶解度，并控制SO_4^{2-}<5g/L。
- 防止 OH^- 进入阳极室而消耗碱。为此，除了保证隔膜有良好的性能外，要适当控制阳极室和阴极室有一定的液面差，控制电解槽送出的碱液浓度不超过 140g/L。
- 适当提高电流密度。电流效率随电流密度的增加而提高。一般电流密度增加 $100A/m^2$，电流效率约提高 0.1%。因为电流密度的提高，加快了盐水透过隔膜的流速，从而阻止了OH^- 的反迁移。

生产中还应保证供电稳定，防止电流波动，并保证电解槽良好的绝缘，防止漏电。

2. 离子膜法电解工艺流程及工艺条件

（1）工艺流程

离子膜电解工艺流程如图7-8所示。二次精制盐水经盐水预热器预热后，以一定的流量送往电解槽的阳极室进行电解，同时，纯水从电解槽底部进入阴极室。通入直流电后，在阳极室产生的氯气和流出的淡盐水经分离器分离后，湿氯气进入氯气总管，经氯气冷却器与精制盐水热交换后，进入氯气洗涤塔洗涤，然后送到氯气处理部门；从阳极室流出的淡盐水中一般含 NaCl 为 200~220g/L，还有少量氯酸盐、次氯酸盐及溶解氯，一部分补充精制盐水后流回电解槽的阳极室；另一部分进入淡盐水储槽后，送往氯酸盐分解槽。在电解槽阴极室产生的氢气和浓度为 32% 左右的高纯液碱，同样也经过分离器分离后，氢气进入氢气总管，经氢气洗涤塔洗涤后，送至氢气适用部门。32% 的高纯液碱一部分作为商品碱出售或送到蒸发工序浓缩；另一部分则加入纯水后回流到电解槽的阴极室。

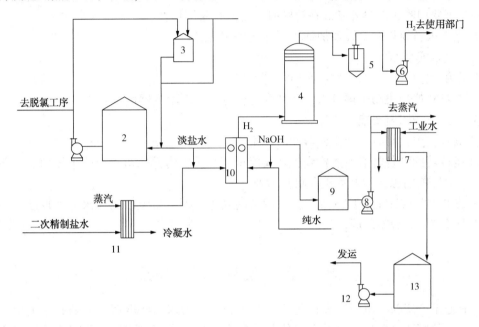

图 7-8　离子膜电解工艺流程

1—淡盐水泵；2—淡盐水储槽；3—分解槽；4—氢气洗涤塔；5—水雾分离器；6—氢气鼓风机；7—碱冷却器；8—碱泵；9—碱液接收槽；10—离子膜电解槽；11—盐水预热器；13—碱液储槽

电解后获得的烧碱、氯气、氢气应达到如下质量指标：NaOH ≥32%（质量分数）；NaCl ≤40mg/kg；NaClO₃ ≤20mg/kg；Fe₂O₃ ≤5mg/kg；氯气纯度（干基）≥97.4%（体积分数）；氢气纯度≥99.85%（体积分数）。

（2）工艺条件

阳极液中盐水的浓度：阳极液中盐水的质量一般 NaCl 为 190~210g/L。如 NaCl 浓度高，则电流效率高；NaCl 浓度低，则可能引起离子膜鼓泡分离。

阴极液中 NaOH 浓度：目前所使用的离子膜的 NaOH 含量在 32%~35%（钠离子通过膜的迁移数随电流密度变化）。

电流密度：电流密度增加，生产强度提高，如提供的过高，将使 Na⁺ 迁移数下降。如 Nafion900 系列膜所生产的烧碱，经浓缩得到 50% NaOH，含 NaCl 约 40~50mg/kg，电流密度在 3~3.5kA/m²。

温度：温度上升可能使膜中的水沸腾，引起膜的破裂。

电解槽中气体压力：阴极气体压力大于阳极，这样可使离子膜靠近阳极，并利用阳极的析气效应改善传质。

五、安全操作要求

（1）盐水化盐安全操作

① 戴好劳动保护用品，在操作时严格遵守操作法，精心操作。

② 注意电器设备，防止发生事故。

③ 氯化钡有剧毒，在配制时，必须戴口罩、手套、工作帽，工作完毕洗手洗脸，装氯化钡的袋子要回收，严禁外拿。在溶解时，为防止管道堵塞，严禁带入杂质。

④ 操作人员要按时给设备加油，保证设备正常运行。

（2）电解安全操作

① 电解室内禁止一切火种（停电检修除外）。

② 电解室严禁机动车辆进入，严禁穿钉鞋进入，严禁铁器撞击。

③ 保证单槽瓷瓶要绝缘良好。

④ 电解室内检修时，禁止铁器冲击、敲打。

⑤ 运转着的设备管道不能检修，必须停车，并排净内部残留物及残余压力。机泵类检修时，必须切断电源，挂上禁止合闸警示牌。

⑥ 皮肤接触烧碱后，应立即脱去被污染的衣服，用大量流动的清水冲洗皮肤，不能揉搓，严重者应到急救站就医。

第三节　烧碱反应工艺

工业上生产烧碱有电解法和苛化法，电解法又分为水银法电解、分隔膜法电解、离子膜法电解。隔膜法电解生产烧碱有着悠久的历史，与离子膜法相比，隔膜法的缺点主要是能耗较高、产品含盐量高、不能满足下游高端产品的需要，现已基本退出。而离子膜法兼具环保和节能等特点，是当今世界上最先进的烧碱生产工艺。离子膜法的总能耗低、烧碱纯度高、无石棉污染环境的问题，且操作、控制较容易，适应负荷变化的能力较大。但离子膜法的使用寿命目前还不够长，若能解决这一问题，它将成为最具发展前途的制碱方法。下面主要介绍隔膜法、离子膜法制备烧碱的工艺。

一、隔膜法

1. 隔膜法电解的原理

（1）原理

隔膜法电解仍是目前电解法生产烧碱最主要的方法之一，所谓隔膜法是指在阳极与阴极之间设置隔膜，把阴、阳极产物隔开。隔膜是一种多孔渗透性隔膜，能阻止 OH^- 向阳极扩散，防止阴、阳极产物间的机械混合，又不妨碍离子的迁移和电流通过并使它们以一定的速度流向阴极。饱和食盐水由阳极室加入，其液面高于阴极室液面，随着电解过程的进行，氯气与氢气的析出，在阴极室就剩下 OH^-，与来自阳极的阳极液中的 Na^+ 即形成了 $NaOH$，简称为电解液。电解过程的主要化学反应为

在阳极 　　　　　　　　　$2Cl^- - 2e \longrightarrow Cl_2$ 　　　　　　　　　（7-10）

在阴极 　　　　　　　　　$2H_2O + 2e \longrightarrow H_2 + 2OH^-$ 　　　　　（7-11）

　　　　　　　　　　　　$Na^+ + OH^- \longrightarrow NaOH$ 　　　　　　　（7-12）

总反应式为
$$2NaCl+2H_2O \longrightarrow 2NaOH+Cl_2+H_2 \tag{7-13}$$

目前，工业上应用较多的是立式金属阳极隔膜电解槽，立式隔膜电解槽的电极反应与上述电解反应相同，如图 7-9 所示。隔膜电解槽阳极采用金属钛，阴极采用铁丝网或冲孔铁板。

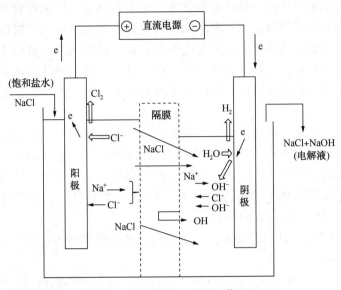

图 7-9　立式隔膜电解槽工作原理

（2）电解过程中的副反应

随着电解的进行，由于阳极产物的溶解，阴阳及产物的混合及电流对它们的影响，还伴随着副反应的发生。

① 阳极室及其阳极上的副反应

当食盐水的浓度不高时，在阳极上产生的 Cl_2，有部分溶于盐水中，生成 HCl 与 HClO：
$$Cl_2+H_2O \longrightarrow HCl+HClO \tag{7-14}$$

由于离子的迁移、渗透和扩散作用，部分 OH^- 进入阳极室，与 HClO 或 Cl_2 反应生成 NaClO：
$$NaOH+HClO \longrightarrow NaClO+H_2O \tag{7-15}$$
$$2NaOH+Cl_2 \longrightarrow NaClO+NaCl+H_2O \tag{7-16}$$

由于 OH^- 和 Cl^- 的放电电压比较接近，当 OH^- 向阳极扩散浓度增大时，OH^- 在阳极放电生成 O_2：
$$4OH^--4e \longrightarrow 2H_2O+O_2\uparrow \tag{7-17}$$

当盐水中 SO_4^{2-} 含量较高时，也容易在阳极放电，产生 O_2：
$$SO_4^{2-}-2e \longrightarrow SO_2+O_2\uparrow \tag{7-18}$$

② 阴极室及阴极上的副反应

在阴极区，由于 NaClO、$NaClO_3$ 进入阴极室，被阴极上产生的新生态的氢原子还原成 NaCl，即又生成电解原料：
$$NaOH+H_2 \longrightarrow NaCl+H_2O \tag{7-19}$$
$$NaClO_3+3H_2 \longrightarrow NaCl+3H_2O \tag{7-20}$$

从上述副反应中可以看出，电解过程副反应消耗了电解产物氯和碱，增加了电能消耗，降低了电流效率，降低了产品的纯度和质量，也影响了电解产物的质量。

2. 电极与隔膜材料

（1）阳极材料

由于电解槽的阳极室直接并持续地与化学性质十分活泼、腐蚀性较强的湿氯气，新生态的氧，盐酸及次氯酸等接触，因此要求阳极材料具有较强的耐化学腐蚀性，同时要求阳极材料对氯的过电压低，此外还需具有导电性能良好、机械强度高且易于加工、价格便宜易得和使用寿命长等特点。人造石墨具有较多的优点，因此国内外氯碱工业中过去普遍采用石墨作阳极，但20世纪60年代金属阳极出现并应用于工业生产后，石墨阳极已逐渐被取代并趋于淘汰。

人造石墨是由石油焦、沥青焦、无烟煤、沥青等压制成型，经高温石墨化而形成。主要成分是碳素，灰分约占5%。隔膜电槽中石墨电极的使用寿命，一般在7~8个月左右。

金属阳极是20世纪60年代后期出现的一种新型高效电极材料，以金属钛为基体，在基体上涂一层其他金属氧化物（如二氧化钌和二氧化钛）的活化层，构成"钛基钌-钛金属阳极"。与石墨阳极相比，具有以下优点：

① 耐氯碱腐蚀性好，使用寿命长，更换涂层，使用寿命可达8年之久。而石墨阳极的使用寿命一般在7~8个月。

② 电流密度高，一般情况下可达 $15 \sim 17 A/dm^2$，为石墨阳极电解槽电流密度的2倍，因而提高了单槽生产能力。

③ 产品质量高，电极耐腐蚀，使金属阳极性能稳定，槽电压低而稳定，氯气纯度高，不会有 CO_2 及有机氯化物，烧碱的质量也高。

④ 电能损耗小，在金属阳极上氯的放电电位比在相同条件下石墨阳极上约低200mV，每生产1t 100%的 NaOH 可以节电 $140 \sim 150 kW \cdot h$。另外，碱液浓度提高，使浓缩碱液的蒸汽用量大为降低。

由于金属阳极具有以上的优点，因此在氯碱工业上的应用发展很快，逐步取代了石墨阳极。

（2）阴极材料

隔膜电解槽的阴极材料有铁、铜、镍等，以这些金属或合金作为阴极时，由于在比较负的电位下工作，往往可以起到阴极保护作用。由于铁能耐氯化钠、氢氧化钠等的腐蚀，且具有导电性能好、氢的过电压低的优点，是一种质优价廉的阴极材料，使用寿命可长达40年。

为了保护立式吸附隔膜电解槽的阴极，且便于吸附石棉隔膜，多用铁丝编成铁丝网制成，这比铁板打孔的阴极表面积大，同时也易于使氢气和电解液流出。

（3）隔膜材料

隔膜是隔膜电解槽中直接吸附在阴极上的多孔性物料层，用它将阳极室和阴极室隔开对隔膜材料的要求是：应具有较强的化学稳定性，既耐酸又耐碱的腐蚀；必须保持多孔性及良好的渗透率，使盐水能维持一定的流速，均匀地透过隔膜，并防止阴极液与阳极液机械混合；具有较小的电阻，降低隔膜电压损失；材料成本低，更换容易，制造简单；有相当的机械强度，长期使用不易损坏。

石棉的物化性质能够比较全面地满足上述要求，所以自20世纪20年代以来一直使用石棉作为隔膜材料。电解槽中使用地石棉材料是将浆状的石棉纤维均匀地吸附在阴极网上，将阴极和阳极分开达到分离氢气、氯气的效果。主要采用真空吸附(干燥至白色)的方式倒模，将石棉绒固定在电解槽中将阴极和阳极分开，厚度约 3mm。石棉的主要成分是含水的硅酸镁($MgO \cdot 2SiO_2 \cdot 2H_2O$)，具有纤维状和柔软性，能耐酸耐碱。但石棉隔膜在长期使用后，由于各种杂质及悬浮物的沉积，隔膜的孔隙会堵塞，隔膜的渗透性下降，阳极液流量下降，造成电解液温度升高，槽电压升高，因此，隔膜要定期更换。一般石墨阳极电解槽中的石棉隔膜的使用寿命为 4~6 个月，金属阳极电解槽的石棉隔膜由于没有石墨粉末的堵塞现象，寿命可达 1 年。

近年来，有些工厂在石棉浆中添加聚四氟乙烯、聚多氟二氯乙烯纤维等高分子材料来增加隔膜的机械强度及溶胀性，使用寿命可达 1~2 年。

3. 隔膜电解槽

隔膜电解槽是隔膜电解法制碱的主要设备，根据隔膜的安装位置不同分为两种，即立式和卧式，立式的又有长方形(近立方体)和圆形的。目前采用隔膜法电解的氯碱厂，绝大多数是采用立式隔膜电解槽，如图 7-10 所示的金属阳极隔膜电解槽。各种隔膜电解槽的结构虽然有所不同，但都是由阳极组件、阴极组件和槽盖三部分组成。阳极组件固定在下部槽底上，并与导电铜排相连接，阴极网是由铁丝网制成的网袋，焊在铁板外壳上，网袋外部均匀地沉积着一层石棉纤维。电解槽上部为槽盖。

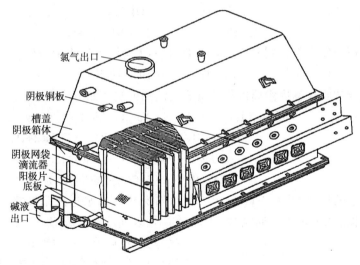

图 7-10　金属阳极隔膜电解槽结构

（1）槽盖

槽盖由玻璃盖(FRP)制成。槽盖装在阴极箱上边，在围边上加以密封。盖上有两个盐水入口和氯气出口及氯气取样口。这种槽盖一般可使用 5~10 年。

（2）阳极组件

阳极组件是由 24 排每排 2 片每片为 400mm×800mm 的钛制网状板组成，有效阳极面积为 30.5m²。在钛网上有许多网孔，可减少气泡效应，促进电解液的循环，有效地降低阳极超电压及溶液的电压降。

（3）阴极组件

阴极组件由 32 排横向排列的阴极网袋和两端阴极箱壁上的两块半阴极组成，采用低碳钢的软铁网(ϕ2.64mm)编织而成，网上吸附石棉隔膜。阴极箱套在阳极底板上，两侧有导电铜排，将电流通过导电铜排导入下一电解槽。阴极箱侧面有氢气出口和电解液流出口。阴极箱的下围边和槽底边缘以及阴极箱的上围边和电解槽盖边缘接触的地方都采用填料函进行密封。

二、离子交换膜法

1. 离子膜法电解原理

离子交换膜主要由阳极、阴极、离子交换膜、电解槽框和导电铜棒等组成，每台电解槽由若干个单元槽串联或并联组成。隔膜法电解中，阳极液中未被分解的NaCl仍留在阳极液中，并随同阳极液一同流入阴极室，所以，在阴极电解液中就会含有少量的NaCl，以致要求高纯度烧碱的制品如合成纤维、纸浆等达不到要求。因此，阳离子交换膜有一种特殊的性质，即它只允许阳离子通过，也就是说只允许Na$^+$通过，而Cl$^-$、OH$^-$和气体则不能通过。从而达到OH$^-$不从阴极室迁移到阳极室而降低电流效率，Cl$^-$不从阳极室迁移到阴极室而污染产品，达到制备出优级品烧碱的目的。上述过程电化学反应如下：

在阳极室
$$2Cl^--2e \longrightarrow Cl_2 \uparrow \tag{7-21}$$
$$4OH^--4e \longrightarrow 2H_2O+O_2 \uparrow \tag{7-22}$$
$$6ClO^-+3H_2O-6e \longrightarrow 2ClO_3^{-}+4Cl^-+6H^++2/3O_2 \uparrow \tag{7-23}$$

在阴极室
$$2H_2O+2e \longrightarrow 2OH^-+H_2 \uparrow \tag{7-24}$$

在电解槽整个内部
$$2NaCl+2H_2O \longrightarrow 2NaOH+Cl_2+H_2 \uparrow \tag{7-25}$$

在电解槽中还会发生部分副反应，阳极的部分Cl$_2$会溶解于水中，生成盐酸和次氯酸：
$$Cl_2+H_2O \longrightarrow HCl+HClO \tag{7-26}$$

溶解的氯气与从阴极室反渗透过来的氢氧化钠则可发生如下反应：
$$Cl_2+2NaOH \longrightarrow NaClO+NaCl+H_2O \tag{7-27}$$
$$Cl_2+2NaOH \longrightarrow 1/3NaClO_3+5/3NaCl+H_2O \tag{7-28}$$
$$Cl_2+2NaOH \longrightarrow 1/2O_2+2NaCl+H_2O \tag{7-29}$$
$$HClO+NaOH \longrightarrow 1/2O_2+NaCl+H_2O \tag{7-30}$$

电解槽中离子的迁移如图7-11所示，精制的饱和食盐水进入阳极室，加入一定量的NaOH溶液的纯水加入阴极室。通电时，H$_2$O在阴极表面放电生成H$_2$，Na$^+$穿过离子膜由阳极室进入阴极室，导出的阴极液中含有NaOH，Cl$^-$则在阳极表面放电生成Cl$_2$。电解后的淡盐水从阳极导出，可重新用于配制食盐水。

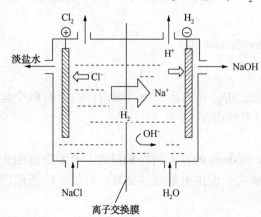

图7-11 离子膜法电解制碱工作原理

2. 离子膜电解槽

离子膜电解槽主要由阳极、阴极、离子膜、电解槽框等组成，不同类型的电解槽，其结构也不一样，按供电方式的不同，离子膜电解槽分为单极式和复极式两大类。

单极槽受隔膜槽运行经验、供电系统设计、电流电压等级规格等影响，单元之间采用并联方式连接，多个单元槽组成一个电解槽，电解槽与电解槽间采用串联方式，多台电解槽组成一个电解回路。单极槽运行和布置与隔膜式电解槽类似，特点是阴阳极液循环采用自然循环，浓度均一，易于操作，电解液断电和杂散电流腐蚀容易控制解决，可以利用原有隔膜槽变电整流系统；单极槽固有缺陷也十分明显，每台单元槽都需要阴阳极单独供电，电槽之间也需要金属电路连接，导电金属需用量极大，并联方式使得整流器和变压器电流高，占地面积大，连接管路长、管件多。

复极槽由单元槽串联组成，一台电解槽最多可以组合近 200 片单元槽，一台电解槽或多台电解槽串联后组成一个电解回路。复极槽打破了隔膜槽的运行方式，电流从一个单元槽平行地直接进入下一个单元槽，不需要额外的导电连接，回路总电流也较小，总电压较大。这样复极槽的优点是导电金属需求量小，电路导电损失较小，整流效率高，对整流变电要求较低；复极槽缺点是总电压较高，杂散电流腐蚀也较难解决，制造、操作和组装要求较高(图 7-12)。

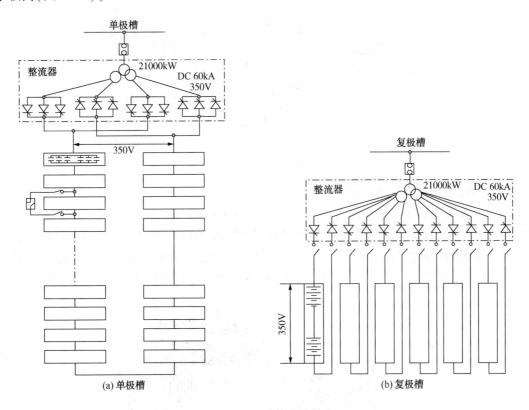

图 7-12　单极槽和复极槽的直流电供电方式

目前世界上的离子膜电解槽类型很多，美国的 MGC 电解槽和日本的旭化成复极槽较为典型。

（1）MGC 离子膜电解槽

MGC 电解槽由端板、连接拉杆、阳极盘、阴极盘、阳板电流分布器和阴极电流分布器 6 个部件组成等，其装配图如图 7-13 所示。该槽在阳极与弹性阴极之间安放离子膜。阳极盘与阴极盘的背面有铜电流分布器，将串联铜排连接在铜电流分布器和连接铜排上。整台电解槽由连接铜排支撑。连接铜排下面是绝缘垫和支座。每台电解槽的阳极和阴极不超过30 对。

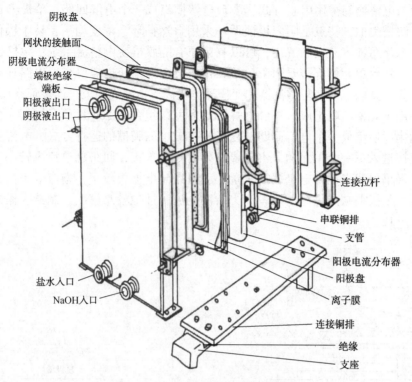

阴极盘
网状的接触面
阴极电流分布器
端极绝缘
端板
阳极液出口
阴极液出口

连接拉杆

串联铜排
支管
阳极电流分布器
阳极盘
离子膜

盐水入口
NaOH入口

连接铜排
绝缘
支座

图 7-13　MGC 离子膜电解槽装配图

（2）旭化成复极式离子膜电解槽

旭化成复极式离子膜电解槽由单元槽、总管、挤压机、油压装置四大部分组成。单元槽两边的托架架在挤压机的侧杆上，依靠油压装置供给油压力推动挤压机的活动端头，将全部单元槽进行紧固密封。两侧上下的四根总管与单元槽用聚四氟乙烯软管连接，并用阴、阳极液泵进行强制循环，其装配图如图 7-14 所示。这种电解槽结构紧凑，占地面积小，操

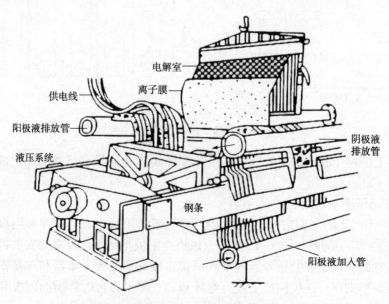

电解室
离子膜
供电线
阳极液排放管
液压系统

阴极液排放管

钢条

阳极液加入管

图 7-14　旭化成复极式离子膜电解槽装配图

作灵活方便，维修费用低，膜利用率高，变流效率高，槽间电压降小，也比较适合于万吨级装置的小规模的整流配套。缺点是：因靠油压进行紧固密封，因此，开停车及运转时对油压装置的稳定性要求很高，稍不稳定就可能出现事故。另外，万吨装置只有一台电解槽，对于规模小的企业来说，电解槽一旦停车，其他工序将无法正常运行，且稍有不慎造成误操作，将会使膜受到损害，出现鼓泡、针孔、开裂，影响膜的电化性能及寿命。为解决这一问题，旭化成除采取降低强制循环电解槽压力、压差及循环量，开发单槽循环复极电解槽工艺，开发高性能、长寿命离子膜等措施外，又开发了复极电解槽自然循环工艺。

第四节　产物分离与精制

电解槽出来的电解液中氢氧化钠浓度一般较低，达不到用户的要求，为了提高电解液中氢氧化钠的浓度，要对电解液进行蒸发，一方面为了提高碱液的浓度，使其达到成品碱液浓度的要求，另一方面可降低氢氧化钠中氯化钠含量。蒸发的生产原理是利用蒸发间接加热电解液，使电解液在有压力或真空的情况下沸腾，碱液中的水分大量蒸出，使碱液浓度提高，氯化钠在碱液中的溶解度急剧下降、结晶析出，从而达到分离的目的。

一、产物分离

不同电解方法的电解液中 NaOH 含量有很大差别。隔膜法电解槽生产的碱液（阴极液）含 NaOH 10%~12% 和 NaCl 16%~18% 左右，需经过蒸发（一般采用三效或四效逆流强制循环蒸发器），用间接蒸汽加热以蒸发水分于是碱液浓缩并使溶解度较小的氯化钠结晶出来。离子交换膜法得到的电解碱液，其 NaOH 含量在 32%~35%，可作为高纯度烧碱使用，也可根据需要进行蒸发浓缩。

液碱的生产基本采用蒸发的方法，我国氯碱企业主要采用的蒸发流程有双效顺流、三效顺流、三效逆流和三效四体类型。在蒸发过程中隔膜碱与离子膜碱主要不同点是隔膜碱所析出的氯化钠多，得到相同浓度的液碱，隔膜碱所消耗的蒸汽高。国内小型氯碱厂多采用双效顺流流程。蒸发 1t 10%~12% 的隔膜法电解液，浓缩至 30% 需耗蒸汽 4.5t，如浓缩至 42% 则需耗蒸汽 5.5t。

双效顺流蒸发流程如图 7-15 所示。电解碱液储槽内的电解液由加料泵经预热器输入 I 效蒸发器内进行蒸发，再用过料泵输入 II 效蒸发器内继续蒸发，经蒸发所得到的 30% 的浓碱，通过浓碱冷却槽，由泵输入冷却器，经循环冷却除盐后，成品碱送入浓碱储罐，再用泵输送至成品碱储罐，包装出售。II 效蒸发器采出的盐浆由采盐泵送入旋液分离器增稠，清碱入 II 效蒸发器或在浓度合格时出料，增稠的盐泥连续排入盐泥高位槽，同成品碱一起澄清冷却，采出的盐泥一起放入滤盐器，经压干洗涤后用热水化成回收盐水送往盐水工序。盐泥中压出的碱液流入母液罐回至 II 效蒸发器，洗水按不同浓度存入洗水储罐，到达一定浓度后再送回蒸发系统。双效顺流流程工艺和设备简单，对蒸汽压力要

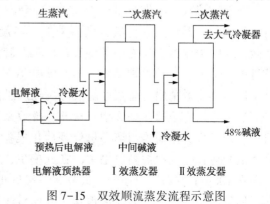

图 7-15　双效顺流蒸发流程示意图

求不高，只需表压 0.3~0.5MPa。但是热量利用率低，蒸汽消耗高，在生产 30%碱时，每吨烧碱的蒸发汽耗约 4t。

三效顺流蒸发流程如图 7-16 所示。该流程多用于生产 30%液体烧碱，电解液储槽内的电解液用加料泵送入预热器预热至 100℃以上，再加入 I 效蒸发器，I 效蒸发器出料液用过料泵输入 II 效蒸发器，II 效蒸发器的出料液经分盐后送入Ⅲ效蒸发器，Ⅲ效蒸发器出来的 30%成品碱送入浓碱冷却澄清槽，再由冷却泵送至冷却器循环冷却至 40℃以下，澄清后的碱液送浓碱储槽，由成品碱泵送至包装销售。II 效蒸发器和Ⅲ效蒸发器采出的盐浆经旋液分离器增稠后集中排入盐泥高位槽，与成品碱澄清冷却采出的盐泥一起输入离心机分离，第一次分离所得的碱液流入母液槽回 II 效蒸发，洗涤液经洗涤液储槽送入 I 效蒸发，洗涤后碱盐化成回收盐水经盐水池用盐水泵送往盐水工序。三效顺流工艺对蒸汽进行三次利用，仅有Ⅲ效的二次蒸汽被冷凝排放，它仅占总蒸发量的 1/3 左右，故该工艺的热量浪费少，蒸汽消耗低。在生产 30%碱时每吨烧碱的蒸发汽耗仅 2.8~3t 左右，生产 42%碱时的汽耗也只有 3.5~3.7t。三效顺流工艺与双效顺流工艺十分相似，操作容易控制，在生产 30%碱液时对设备的材质也无特殊要求，只是对蒸汽压力的要求比双效顺流高一些。

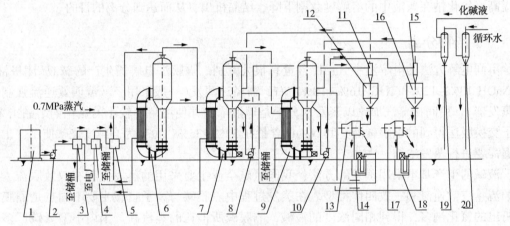

图 7-16 三效顺流蒸发流程示意图

1—清碱液储桶；2—加料泵；3—I 级预热期；4—II 级预热器；5—Ⅲ级预热器；6——效蒸发器；7—二效蒸发器；
8—二效采盐泵；9—三效蒸发器；10—三效采盐泵；11—二效旋液分离器；12—低浓渣高位槽；
13—离心机；14—低浓母液桶；15—三效旋液分离器；16—高浓渣高位槽；17—离心机；
18—高浓母液桶；19——级大气冷凝器；20—二级大气冷凝器

三效逆流蒸发流程如图 7-17 所示。该流程可用于生产 42%液体烧碱。电解液由进料泵打入Ⅲ效蒸发器，然后料液分别由采盐泵经旋液分离器将料液依次送至 II、I 效蒸发器，I 效出来的浓度为 37%左右的碱液再用泵经旋液分离器送入闪蒸罐中，在此经减压闪蒸后，浓度即可达 42%，再经澄清槽和螺旋冷却器沉降冷却后，制成符合质量要求的成品碱送包装工序。从 I 效采出的盐浆经旋液分离器增稠后送入闪蒸罐，由闪蒸罐采出的盐浆经旋液分离器增稠后送至盐泥高位槽；从 II、Ⅲ效采出的盐浆经旋液分离器增稠后送至盐泥高位槽中。这三部分盐泥均用离心机处理后化成盐水，送回盐水工序。在成品碱沉降、冷却中产生的盐泥仍送入盐泥高位槽中，在此槽里，应加入部分电解液，维持盐泥中的氢氧化钠含量在 200g/L 左右，以便使复盐分解，然后再将化成的高芒盐水送冷冻工序除去芒硝后，再送回盐水工序。三效逆流流程是一种比较先进的工艺，早在 20 世纪 30 年代，西南某厂就引进美国生产装置进行了生产。三效逆流工艺具有蒸发汽耗低、各效传热系数高等优点。但三效逆流工艺的Ⅰ效蒸发器碱液的浓度和温度都很高，因此对于这一部分设备、管道、阀门要选用耐碱材料，循环泵和采盐泵的密封要求较高，操作和维修不如顺流工艺容易。

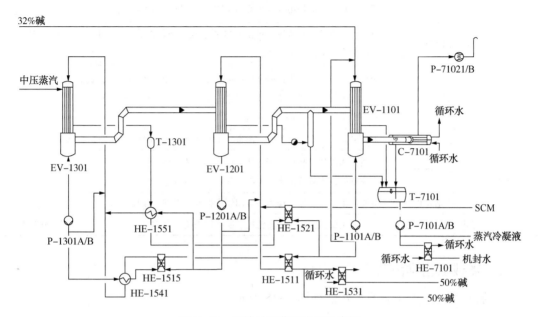

图 7-17　三效逆流蒸发流程示意图

二、固碱

为满足用户的特殊要求，以及方便运输和储存，需对蒸发工序送出的液碱进一步浓缩除去水分生产固体烧碱。固碱的生产主要有间歇法锅式蒸熬和连续法膜式蒸发两种方法，间歇法由于劳动强度大，热利用率低，氯碱厂已很少采用，而多采用连续膜式法生产工艺。

膜式法生产固碱是使碱液与加热源在薄膜传热状态下进行热交换达到蒸发目的的，这种过程可在升膜或降膜情况下进行，一般采用熔盐进行加热。

膜式法生产固碱分为两个阶段。首先，将碱液从 45%～50% 的浓度浓缩至 60%，可在升膜蒸发器也可在降膜蒸发器中进行，加热源采用蒸汽或双效的二次蒸汽，并在真空下进行蒸发。然后，60% 的碱液再通过升膜或降膜浓缩器，以熔融盐为载热体，在常压下升膜或降膜将 60% 的碱液加热浓缩成熔融碱，再经片碱机制成片状固碱。

第五节　氯碱厂环保措施

一、烧碱行业环境要素分析

烧碱生产企业生产过程产生的污染物包括废水、废气、固体废物和噪声。烧碱生产企业的主要环境指标如表 7-2 所示。

表 7-2　烧碱生产企业主要污染要素

污染类型		环境污染指标与来源
废气	有组织废气	氯气处理尾气，主要污染物 Cl_2； 氯化氢吸收塔尾气，主要污染物 HCl、H_2； 蒸汽锅炉和熔盐炉尾气，主要污染物 SO_2、NO_x、烟尘
	无组织废气	电解、氯氢处理、液氯、氯化氢/盐酸、尾气净化以及罐区等单元产生无组织废气，主要污染物为 Cl_2、HCl
废水	生产废水	盐泥洗涤和压滤废水；螯合树脂再生废水；电解工段洗槽水；氯气处理含氯废水；氢气处理碱性冷凝水；液碱蒸发冷凝水等，主要污染物为酸、碱、盐、悬浮物、有效氯等
	生活污水	主要来源于食堂、办公区、浴室，主要污染物为 COD、SS、氨氮、色度等
固体废物	生产废物	一般固体废物：盐泥、废包装塑料袋、废劳保用品等； 危险废物：废螯合树脂、废离子膜、废硫酸等
	生活垃圾	主要产生于办公区，作为一般固体废物经环卫部门收集填埋
噪声		噪声源主要为空压机、压滤机、制冷压缩机、各类泵、各类风机以及进出场汽车等

二、烧碱工艺排污节点

离子膜法烧碱生产工艺及产污点如图 7-18 所示。

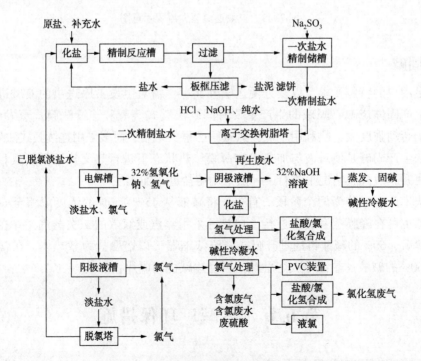

图 7-18　离子膜法烧碱生产工艺及产污点

盐水精制、电解、氯氢处理、液碱蒸发及固碱生产、液氯罐区、污水站处理六道工序的排污节点分析如表 7-3 所示。

表 7-3　烧碱生产企业排污节点分析

工序	污染产生原因	主要排放的污染物	控制措施
盐水精制	原盐与水混合得到饱和粗盐水，经过一次精制和二次精制，去除杂质；一次精制产生的盐泥压滤处理；二次精制在离子交换树脂塔中完成，螯合树脂再生处理。螯合树脂周期性更换	盐泥压滤产生盐泥滤饼，属于一般固体废物，其成分主要为 $CaCO_3$、$Mg(OH)_2$、$NaCl$、H_2O 等；盐泥压滤产生过滤盐水，主要含盐和悬浮物；螯合树脂再生废水主要含 COD、pH、SS、Cl^-、镍、盐等；废螯合树脂，属于危险固体废物，其成分为苯乙烯/二乙烯苯共聚物和水	盐泥滤饼送往渣场；过滤盐水返回盐水配置工段回用；螯合树脂再生废水送污水站处理；废螯合树脂按危险固体废物管理
电解	精制后的盐水在电解槽中电解，阴极产生氢气和氢氧化钠，阳极产生氯气和盐水，淡盐水中含有氯，经脱氯塔脱氯后产生淡盐水和湿氯气	电解过程中装置密封不严废气无组织排放，在开停车和事故工况下，产生工艺废气，废气主要为 Cl_2；淡盐水主要污染物为有效氯和盐；湿氯气主要为 Cl_2、N_2、H_2O	保证装置密闭性，严禁产生无组织排放；工艺废气排入氯气处理系统处理；淡盐水返回盐水配置工段回用；湿氯气送氯气处理单元处理
氯氢处理	氯气经冷却、用浓硫酸干燥处理后一部分送其他工序，剩余尾气仍含有部分氯气；硫酸浓度降到75%时排出系统；自电解工序阴极来的湿氢气呈碱性，经冷却后送去用氢单元	氯气冷却产生含氯冷凝水；氢气冷却产生碱性冷凝水，pH 为 $8\sim10$；装置密封不严废气无组织排放；尾气主要为 Cl_2、N_2；废硫酸属于危险固体废物	含氯废水送脱氯塔脱氯后回用；碱性冷凝水返回盐水配置单元回用；保证装置密闭性，严禁产生无组织排放；尾气送尾气吸收塔处理；废硫酸铵危险固体废物管理
液碱蒸发及固碱生产	电解来的液碱经蒸发浓缩产生的蒸汽冷凝后产生碱性冷凝水；固碱炉/熔盐炉燃烧燃料产生烟气	碱性冷凝水 pH 大于12；烟气主要污染物为 SO_2、NO_x、烟尘	碱性冷凝水返回盐水配置单元回用；尾气加装脱硫脱硝除尘装置
氯化氢及盐酸生产	氯化氢合成炉开停车过程不合格的氯化氢或 PVC 出现事故时产生废气	装置密封不严废气无组织排放；废气主要污染物为 HCl	保证装置密封性，严禁产生无组织排放；废气送尾气吸收塔处理
液氯罐区	装置密封不严氯气无组织排放	液氯	保证装置密封性，严禁产生无组织排放
污水站处理	来自各个生产工段的废水、地面冲洗废水、办公区生活废水	废水主要污染物 COD、pH、SS、Cl^-、有效氯、盐等；废水处理产生污泥	其余污水进行生化处理，达标排放；污泥为一般固体废物，脱水干燥后外运处理

三、烧碱工业主要污染物

（1）产生含氯废水以及酸碱废水

烧碱生产过程产生废水主要为：盐泥洗涤和压滤废水、螯合树脂再生废水、电解工段洗槽水、氯气处理含氯废水、氢气处理碱性冷凝水、液碱蒸发冷凝水等。主要污染物为酸、碱、盐、悬浮物、有效氯等。应对废水的产生、处理和排放进行全过程控制，采用清洁生产和循环利用技术，提高资源能源利用率，降低污染负荷。

（2）产生含氯、氯化氢废气

烧碱生产过程产生有组织废气主要为氯气处理尾气，主要污染物 Cl_2；氯化氢吸收塔尾气，主要污染物 HCl、H₂；蒸汽锅炉和熔盐炉尾气，主要污染物 SO_2、NO_x、烟尘。

电解、氯氢处理、液氯、氯化氢/盐酸、尾气净化以及液氯罐区等单元产生无组织废气，主要污染物为 Cl_2、HCl。

（3）固体废物

一般固体废物：盐泥、废包装塑料袋、废劳保用品等。

危险废物：废螯合树脂、废离子膜、废硫酸等。

（4）噪声

噪声源主要为空压机、压滤机、制冷压缩机、各类泵、各类风机以及进出场汽车等。

四、烧碱工业的环境管理要求

（1）环境管理要求

符合国家和地方有关法律、法规，污染物排放达到国家和地方排放标准、总量控制要求、排污许可证符合管理要求。生产过程环境管理：具有节能、降耗、减污的各项具体措施，生产过程有完善的管理制度。环境管理制度：按照《环境管理体系 要求及使用指南》（GB/T 24001）建立并运行环境管理体系、管理手册、程序文件及作业文件齐备。

（2）固体废物管理要求

对一般工业废物进行妥善处理，对废石棉绒等危险废物按照有关要求进行无害化处置。应制定并向所在地县级以上地方人民政府环境行政主管部门备案危险废物管理计划（包括减少危险废物产生量和危害性的措施以及危险废物储存、利用、处置措施），向所在地县级以上地方人民政府环境保护行政主管部门申报危险废物产生种类、产生量、流向、储存、处置等有关资料。应针对危险废物的产生、收集、储存、运输、利用、处置，制定意外事故防范措施和应急预案，并向所在地县以上地方人民政府环境保护行政主管部门备案。

第六节　氯碱厂安全生产措施

一、隔膜法电解安全生产措施

① 严格遵守公司、厂部制定的本岗位安全制度。

② 本岗位人员必须穿戴好按规定发放的劳动保护用品。

③ 本岗位属于甲级要害岗位，必须执行非岗位操作人员出入登记的制度。

④ 电槽上下周围不准放任何导电物质，不得手持1m以上导体穿越电解室。

⑤ 操作中人体不得同时接触两极，不准用黑色金属敲击氢气管道。

⑥ 对地电压差超过规定值要及时消除，没消除之前不准洗氢气断电器。

⑦ 检修电槽时，相邻5个电槽不得有氢气放空。

⑧ 氢气系统没有处理严禁放电及电槽接地。

二、离子膜法电解安全生产措施

① 严格遵守本岗位安全制度。

② 岗位室外工作，爬罐、上下楼梯，特别是雨、雪，早晚班要特别注意安全。

③ 电器设备有问题，应联系电工修理，转动设备必须有防护罩。清扫卫生时，严禁把水冲到电机上。

④ 谨防苛化液、蒸汽烫伤，谨防盐酸、盐水烧伤眼睛。

⑤ 行灯必须使用安全电压。

⑥ 采取正确的保护方法和处理措施，防止有毒气体氯对人造成的损伤和对设备的腐蚀。

⑦ 当对有负荷的电解槽进行操作时，必须穿戴好绝缘的保护外套，如橡胶工作服、长袖橡胶手套、绝缘鞋、防护眼镜和安全帽。禁止用手直接接触有负荷的电解槽。如果用手直接接触，很可能在操作者与电解槽、母液、临近的导体和地面之间形成回路，从而给操作者带来严重的损伤。

⑧ 为了减小损伤，要求操作者平时穿戴抗碱性的手套、防护眼镜、绝缘鞋和长袖工作服，在操作、维护、拆卸电解槽时更是必不可少。

三、液体烧碱安全生产措施

① 操作人员必须掌握本岗位的操作技术后，才能独立操作，否则必须在师傅的指导下才能操作。

② 操作人员在操作时，必须穿戴齐全按规定发放的劳动用具，如工作服、工作帽、工作鞋、防护镜、手套等。女同志的辫子要戴在帽子里面。

③ 烧碱具有强烈的腐蚀性，尤其对眼睛，所以万一当眼睛、皮肤遭受碱液的腐蚀时，应迅速用水清洗，严重者马上送保健站抢救医治。

④ 运转设备要注意经常加油，运转部分不能用棉纱擦洗，更不能用手去触摸，以免发生危险。

⑤ 电机不能用水冲洗，注意不要进碱或水，运转时要注意经常检查温度和电流，不宜超过额定值，发现不正常现象及时处理，并报告班长。

⑥ 不能用潮湿的手或没有穿胶鞋开电动开关，万一触电，要及时把触电者放到地下躺直，然后做人工呼吸，严重者请医生到现场抢救。

⑦ 受压设备，如加热室、蒸发器及二次蒸汽管道大修后，要进行试压验收。

⑧ 检修人员在检修设备时，该设备必须停止运行和打好盲板以隔断操作管线，同时必须穿戴好防护用品，将容器和管道洗干净，且把存水、存碱、存气排空，切断电源，挂好检修牌，方可进行检修。

思 考 题

7-1　一次盐水精制工艺方法有哪些？

7-2　叙述二次盐水精制工艺流程。

7-3　离子交换膜法电解与隔膜法相比有什么优点？有哪些需要改进的地方？

7-4　碱液蒸发的主要目的是什么？

7-5　请简述氯碱工业的主要污染物及来源。

第一节　概　述

　　纯硝酸是无色的液体，其相对密度为 1.513(20℃)，沸点为 83.4℃，熔点为-41.5℃。硝酸可以和任意体积的水混合，配成不同浓度的硝酸溶液。硝酸是一种重要的化工原料，在各类无机酸中，其产量仅次于硫酸。近年来，我国浓硝酸(100%)产量均在 250×10⁴t 以上。硝酸可广泛用于有机合成工业，用于制造四硝基甲烷、硝基乙烷、1-硝基丙烷等硝基化合物；用于合成对硝基苯甲醚、4,4-二硝基二苯醚、对硝基苯酚等染料中间体；用于制造硝基清漆和硝基瓷漆等涂料；此外，制药、塑料、橡胶、有色金属冶炼等方面都需要硝酸。工业硝酸铵硝酸浓度高低可分为稀硝酸(45%~70%)和浓硝酸(96%~98%)。浓硝酸主要用于国防工业，是生产三硝基甲苯(TNT)、硝化纤维、硝化甘油的主要原料。稀硝酸大部分用于制造硝酸铵、硝酸磷肥和各种硝酸盐。

第二节　稀硝酸生产

一、稀硝酸的生产工艺原理

　　稀硝酸采用氨的催化氧化法制取，其总反应为

$$NH_3+2O_2 \longrightarrow HNO_3+H_2O \tag{8-1}$$

具体包括氨的催化氧化、一氧化氮的氧化和二氧化氮的吸收三个分步反应

$$4NH_3+5O_2 \longrightarrow 4NO+6H_2O \tag{8-2}$$

$$2NO+O_2 \longrightarrow 2NO_2 \tag{8-3}$$

$$3NO_2+H_2O \longrightarrow 2HNO_3+NO \tag{8-4}$$

1. 氨的催化氧化

（1）氨催化氧化的基本原理

氨和氧可发生以下三个氧化反应：

$$4NH_3+5O_2 \longrightarrow 4NO+6H_2O \qquad \Delta H=-907.2kJ/mol \tag{8-5}$$

$$2NH_3+2O_2 \longrightarrow N_2O+3H_2O \qquad \Delta H=-1104.9kJ/mol \tag{8-6}$$

$$4NH_3+3O_2 \longrightarrow 2N_2+6H_2O \qquad \Delta H=-1269.0kJ/mol \tag{8-7}$$

除此之外，还有可能发生以下副反应：

$$2NH_3 \longrightarrow N_2+2H_2 \qquad \Delta H=91.7kJ/mol \tag{8-8}$$

$$2NO \longrightarrow N_2+O_2 \qquad \Delta H=-180.6kJ/mol \qquad (8-9)$$

$$4NH_3+6NO \longrightarrow 5N_2+6H_2O \qquad \Delta H=-1810.8kJ/mol \qquad (8-10)$$

反应式(8-5)是硝酸生产的主反应，其余反应都是需尽量避免的副反应。从表8-1可知，在一定温度下，式(8-5)~式(8-7)三个反应的平衡常数都很大，可视为不可逆反应。反应式(8-7)的平衡常数最大，如果在反应的过程中不加以任何控制而任其自然反应的话，氨氧化的最终产物主要是氮气，而不是一氧化氮。如果想要得到一氧化氮，而只能寻求一种选择性良好的催化剂，加速反应式(8-5)，而同时抑制其他反应进行。研究证明，铂(Pt)系催化剂是最适宜的选择性催化剂。工业过程中常用铂-铑(Pt-Rh)合金网催化剂在800℃左右氨氧化炉中将氨催化氧化为一氧化氮。

表 8-1　不同温度下氨氧化反应的平衡常数

温度/K	反应式(8-5)	反应式(8-6)	反应式(8-7)
	K_{P_1}	K_{P_2}	K_{P_3}
300	6.4×10^{41}	7.3×10^{47}	7.3×10^{56}
500	1.1×10^{26}	4.4×10^{28}	7.1×10^{34}
700	2.1×10^{19}	2.7×10^{20}	2.6×10^{25}
900	3.8×10^{15}	7.4×10^{15}	1.5×10^{20}
1100	3.4×10^{11}	9.1×10^{12}	6.7×10^{16}
1300	1.5×10^{11}	8.9×10^{10}	3.2×10^{14}
1500	2.0×10^{10}	3.0×10^{9}	6.2×10^{12}

氨的催化氧化反应为气固相催化反应，包括反应组分从气相主体向固体催化剂外表面传递、反应组分从外表面向催化剂的内表面传递、反应组分在催化剂表面的活性中心上吸附、催化剂表面反应、反应产物在催化剂表面上的解吸、反应产物从催化剂的内表面向外表面传递、反应产物从催化剂的外表面向气相主体传递七个步骤。研究表明，气相中反应组分氨向铂系催化剂外表面传递是七个步骤中最慢的一步，是整个氨催化氧化反应过程的控制步骤。

（2）氨氧化炉

氨氧化炉是氨催化氧化的主要设备，由壳体、换热组件、触媒组件、氨-空气混合组件、金属箱组件等组成，其具体结构如图8-1所示。氨氧化炉的基本要求是：氨和空气混合气体能均匀通过催化剂层；为了减少热量损失，应在保证最大接触面积条件下尽可能缩小反应体积；结构简单，便于拆卸、检修。为了满足氨催化氧化过程的各项要求，现多采用氨氧化炉-废热锅炉联合。

氨和空气混合气由顶部进入，经气体分布板、铝环和不锈钢环，在铂网上进行反应。反应后混合气体经中段蒸汽过热段、下段列管换热器，温度降至240℃左右，最后从炉体底部出去。在实际工程案例中，氧化炉直径为3.0m，采用5张铂-铑-钯网和1张纯铂网，网丝直径0.6mm，每平方厘米孔数为1024个，在0.35MPa下操作，氨氧化率高达98%。

（3）氨氧化催化剂

氨氧化用催化剂主要有两大类：以金属铂为主体的铂系催化剂以及以其他金属如铁、钴为主体的非铂系催化剂；非铂系催化剂虽然价格低廉，但氨氧化率低，因而非铂系催化剂未能在工业上大规模使用。故本节仅介绍工业用铂系催化剂。

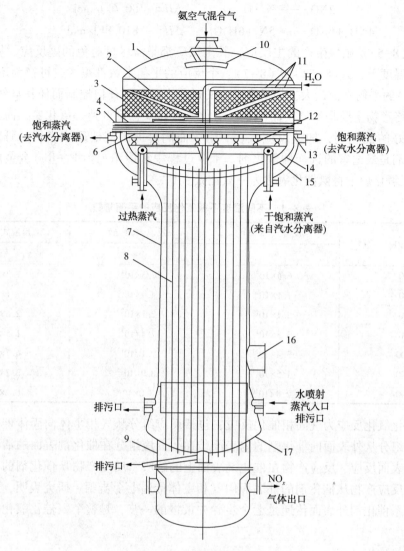

图 8-1 氨氧化炉结构图

1—炉头；2—铝环；3—不锈钢环；4—铂-铑-钯网；5—纯铂网；6—石英管托网架；7—换热器；8—列管；
9—底；10—气体分布板；11—花板；12—蒸汽加热器；13—法兰；14—隔热板；15—上管板(凹形)；
16—维修孔；17—下管板(凹形)

化学组成：纯铂具有较好的催化能力，但其机械强度较差，在高温下受到气体撞击后，会使表面变得松弛，铂微粒很容易被气体带走造成损失，因此工业上一般采用铂合金。铂合金是在铂中加入 10% 左右的铑形成的合金。铑的加入不仅能使铂的机械强度增加，铂损失减少，而且氨的催化氧化活性较纯铂更高。但由于铑价格更昂贵，有时也采用铂铑钯三元合金，其常见的组成为铂 93%、铑 3% 和钯 4%。也有采用铂铱合金，组分为铂 99% 和铱 1%，其催化氧化活性也很高。铂系催化剂中即使含有少量杂质(如铜、银、铅，尤其是铁)，都会使氨氧化率降低，因此，用来制造氨氧化催化剂铂的纯度必须很高。

物理形状：铂系催化剂不用载体，因为用了载体后，铂难以回收。为了使催化剂具有更大的接触面积，工业上将其做成丝网状。通常所使用的铂丝直径为 0.04~0.10mm，铂网规格通常有直径 1.6m、2.0m、2.4m、2.8m 和 3.0m 等。

铂网的活化、中毒和再生：新铂网表面光滑面且具有弹性，但活性较小。为了提高铂网的活性，在使用之前需进行"活化"处理，其方法是用氢气火焰进行烘烤，使之变得疏松、粗糙，增大其接触面积。

铂与其他催化剂一样，气体中许多杂质会降低其活性。空气中的灰尘(含有各种金属氧化物)和氨气中可能夹带的铁粉和油污等杂质，覆盖在铂网表面，都会造成暂时中毒。H_2S也会使铂网暂时中毒，但水蒸气对铂网无毒害，仅会降低铂网的温度。为了保护铂催化剂，气体必须经过严格净化。虽然如此，铂网还是会随着时间的增长而逐渐中毒，因而一般在使用3~6个月后就应进行再生处理。

铂网的再生方法是把铂网从氧化炉中取出，先浸在10%~15%盐酸溶液中，加热到60~70℃，并在这个温度下保持1~2h，然后将铂网取出用蒸馏水洗涤到水呈中性为止，再将网干燥并在氢气火焰中加以灼烧。再生后的铂网，活性可恢复到正常。

铂的损失与回收：铂网在高温条件下受到气流的冲刷，从而使表面产生的铂细颗粒被气流带走，造成铂的损失。铂的损失量与反应温度、压力、网径、气流速度以及作用时间等因素有关。一般认为，当温度超过880℃，铂的损失会急剧增加。在常压下氨氧化时铂网温度通常取800℃左右，加压下取860℃左右。铂网的使用期限一般约为2年。

目前，工业上常用机械过滤法、捕集网法和大理石不锈钢筐法将气流带出的铂细颗粒回收，以降低铂的损耗。机械过滤法是采用玻璃纤维作为过滤介质，将过滤介质放置在铂网之后。也可以用ZrO_2、Al_2O_3、硅胶、白云石或沸石等混合物压制成5~8mm填充层，共4层，置于铂网下游回收铂细颗粒；捕集网法是采用与铂网直径相同的一张或数张钯-金网(含钯80%，金20%)，作为捕集网置于铂网之后。在750~850℃下被气流带出的铂细颗粒通过捕集网时，铂被捕集网捕集。铂的回收率与捕集网数、氨氧化的操作压力和生产负荷有关。常压时，用一张捕集网可回收60%~70%的铂细颗粒。加压氧化时，用两张网可回收60%~70%的铂细颗粒；大理石不锈钢筐法是将盛有3~5mm大理石的不锈钢筐置于铂网下，由于大理石($CaCO_3$)在600℃下可分解成氧化钙，氧化钙在750~850℃能吸收铂细颗粒而形成淡绿色的$CaO \cdot PtO$，此法铂的回收率可达80%~97%。

(4) 氨催化氧化的工艺条件

氨催化氧化的程度，可用氨氧化率来表示，即氧化生成NO的耗氨量与进入系统总氨量的百分比。在确定氨催化氧化工艺条件时首先应保证高的氨氧化率，因为硝酸成本中原料氨所占的比重很大。以前常压氨氧化率一般为96%左右，目前技术改进后常压下可达97%~98.5%，加压下为96%~98%。此外还必须保证铂网的损失少，提高铂网的工作时间，保证生产的高稳定性和安全性。氨催化氧化过程主要的工艺参数有反应温度、压力、接触时间、混合气体组分等。

温度：在不同温度下，氨氧化后的产物不同。低温时，主要生成的是氮气；650℃时，氧化反应速率加快，氨氧化率达90%；700~1000℃时，氨氧化率为95%~98%；当温度高于1000℃时，一氧化氮分解增多，氨氧化率反而下降。在650~1000℃范围内，温度升高，反应速率加快，氨氧化率提高。但是温度过高，对氧化炉的材料要求提高。因此，一般常压氧化温度控制在750~850℃，加压氧化温度控制在870~900℃为宜。

压力：由于氨催化氧化生成一氧化氮的反应是不可逆的，因此改变压力不会改变一氧化氮的平衡产率。在工业生产条件下，加压时氨氧化率比常压时氨氧化率低1%~2%。如果要提高加压时的氨氧化率，必须同时提高反应温度和铂网层数。铂网层数由常压氧化时的

3~4层提高到加压氧化时的16~20层，氨氧化率可达到96%~98%，与常压氧化接近。同时，氨催化氧化压力的提高，会使混合气体体积减小，减小气体处理量，提高生产强度。此外，加压氧化比常压氧化设备紧凑，投资费用少。但加压氧化气流速度较大，气流对铂网的冲击加剧，加之铂网的温度较高，会使铂网损失增大。一般加压氧化比常压氧化铂的损失大4~5倍。实际生产中，常压和加压氧化均有采用，加压氧化常用0.3~0.5MPa，高的达0.9MPa。

接触时间：接触时间太短，氨来不及氧化，导致氨氧化率降低；但若接触时间太长，氨在铂网前高温区停留过久，容易被分解为氮气，同样也会使氨氧化率降低。最佳接触时间一般不因压力而改变，最佳接触时间在 10^{-4} s左右。为了避免氨过早氧化，常压下气体在接触网区内的流速不低于0.3m/s；加压操作时，由于反应温度较高，为了避免氨过早分解，宜采用大于常压时的气速。

另外，生产强度与接触时间有关。在其他条件一定时，铂催化剂的生产强度与接触时间成反比，与气流速度成正比。从提高设备的生产能力考虑，采用较大的气速是适宜的。尽管此时氨氧化率比最佳气流速度(一定温度、压力、催化剂及起始组成条件下，氧化率最大时所对应的气速)时稍有减小，但从总的经济效果衡量是有利的。图8-2反映了在反应温度为900℃、氧氨比为2.0、不同初始氨浓度时，氨氧化率与催化剂生产强度的关系。由图可见，对应不同氨浓度时，都存在着一个氨氧化率最大时的催化剂生产强度。通常工业上选取的催化剂生产强度要偏大些，一般多控制在 $600 \sim 800 \mathrm{kgNH_3}/(\mathrm{m^2 \cdot d})$。

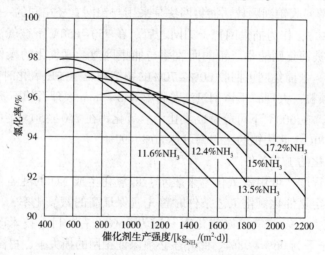

图8-2　氧化率与催化剂强度、氨含量关系

混合气体的组成：选择混合气体的组成时，最主要是氨的初始浓度。从提高催化剂生产强度出发，增加氨浓度是有利的，但由于空气中氧含量一定，限制了氨浓度的提高。由反应式(8-5)可知，氨氧化生成一氧化氮从反应理论上氧氨比为1.25。采用氨和空气混合，则混合气体中氨含量为

$$NH_3\% = \frac{\dfrac{21}{1.25}}{100+\dfrac{21}{1.25}} \times 100\% = 14.4\% \tag{8-11}$$

研究结果表明，当氧氨比为 1.25 时(即氨含量为 14.4%时)，氨氧化率只有 80%左右，而且有发生爆炸的危险。而增加混合气体中氧含量，则加入空气量增多，带入氮气也增多，使混合气体中氨浓度下降，炉温下降，生产能力降低，动力消耗增加。当氧氨比在 1.7~2.0 范围内，氨氧化率最高，此时混合气体中氨浓度为 9.5%~11.5%。

混合气体组成对氨氧化率的影响如图 8-3 所示。氨氧化率与氧氨比的关系曲线是根据 900℃所得的数据绘制而成。由图可见，当氧氨比小于 1.7 时，随着氧氨比增大，氨氧化率急剧上升。氧氨比大于 2.0 时，氨氧化率随氧氨比增大而增加变化很小。

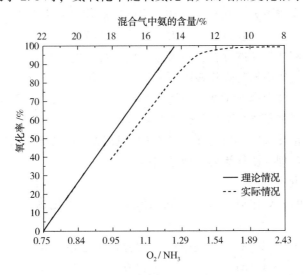

图 8-3　氧化率与氧氨比的关系

考虑到后段 NO 还要进一步氧化生成 NO_2，并用水吸收制成 HNO_3，则理论上需氧量可由反应式(8-1)确定，即氧氨比为 2.0，则此时混合气体中氨含量为 9.5%。这说明当混合气体中氨含量超过 9.5%时，透平压缩机入口或吸收塔入口必须补充二次空气。若吸收后尾气中含氧保持 3%~5%，则 NO_2 吸收率最高。这说明控制氨-空气混合气体中的组成，不仅考虑到氨氧化，而且还应考虑到硝酸生产的后续工作。

爆炸及其防止：当氨的浓度在一定范围内，氨和空气的混合气体能着火爆炸。当氨和空气混合气体中氨浓度大于 14%，温度在 800℃以上时具有爆炸风险。综合影响爆炸的因素有以下几个方面。

反应温度：由表 8-2 可知，随着温度的提高，混合气体的爆炸极限变宽，爆炸危险性增大。

表 8-2　氨和空气混合气体的爆炸极限

气体火焰方向	混合气体爆炸极限(氨含量)/%				
	18℃	140℃	250℃	350℃	450℃
向上	16.1~16.2	15~28.7	14~30.4	13~32.2	12.3~33.9
水平	18.2~25.6	17~27.5	15.9~29.6	14.7~31.1	13.5~33.1
向下	不爆炸	19.9~26.3	17.8~28.2	16~30	13.4~32.0

混合气体流向：由表 8-2 可知，混合气体自上而下通过氨氧化炉时，爆炸极限相对狭窄，爆炸危险性相对较低。

氧含量：由表8-3可以看出，混合气体含氧量越多，爆炸极限越宽，爆炸危险性越大。

表8-3 NH_3-O_2-N_2混合气体的爆炸极限

混合气体中氧含量/%		20	30	40	50	60	80	100
混合气体爆炸极限	下限	22	17	18	19	19	18	13.5
（氨含量）/%	上限	31	46	57	64	69	77	82

操作压力：一般氨氧混合气体的压力越高，爆炸极限越窄。但对于氨和空气混合气体，操作压力对爆炸极限影响不大。在0.1~1MPa之间，爆炸极限下限均为15%。

容器的表面积与容积之比：该比值越大，散热速率越快，爆炸危险性越低。

可燃性气体：可燃性气体的存在会增大爆炸危险性，例如氨和空气混合气体中有2.2%的氢气，便会使混合气体中氨的爆炸极限下限从16.1%降至6.8%，增大爆炸危险性。

水蒸气：当混合气体中有大量水蒸气存在时，氨的爆炸极限会变窄。因此在氨和空气混合气体中加入一定量水蒸气可减少气体的爆炸危险性。

综上所述，为防止混合气体发生爆炸，在生产过程中应严格控制操作条件，在设计上应保证氨氧化炉结构合理，使气流均匀通过铂网。

2. 一氧化氮的氧化

经催化氧化得到的一氧化氮需进一步氧化为高价态氮氧化物，如 NO_2、N_2O_3 和 N_2O_4，具体反应如下：

$$2NO+O_2 \longrightarrow 2NO_2 \qquad \Delta H=-112.6kJ/mol \qquad (8-12)$$

$$NO+NO_2 \longrightarrow N_2O_3 \qquad \Delta H=-40.2kJ/mol \qquad (8-13)$$

$$2NO_2 \longrightarrow N_2O_4 \qquad \Delta H=-56.9kJ/mol \qquad (8-14)$$

反应式(8-13)和式(8-14)的反应速度较快，生成 N_2O_3 的反应在0.1s内便可达到平衡，而 N_2O_4 生成速度更快，在 10^{-4} s内便可达到平衡。一氧化氮氧化成二氧化氮是硝酸生产中重要的反应之一，与其他反应相比，它是硝酸生产过程中最慢的一个反应。因此，一氧化氮氧化为二氧化氮的反应决定了整个过程的速度。同时考虑到用水吸收二氧化氮生成硝酸的过程中，还要放出一氧化氮，则没有必要在吸收前将一氧化氮完全氧化，通常控制一氧化氮的氧化度达到70%~80%时即可进行吸收制酸操作。

上述三个反应都是气体体积数减少的可逆放热反应。所以，从平衡角度上，降低反应温度，提高操作压力，有利于一氧化氮氧化反应的进行。研究结果表明：①一氧化氮的氧化速率随其氧化度增大而减慢；②当其他条件不变而增加压力时，可大大加快一氧化氮的氧化速率；③当其他条件不变而降低温度时，也可加快一氧化氮的氧化速率。

氮氧化物在氨氧化部分经余热回收后，一般可冷却至200℃左右，为了使一氧化氮进一步氧化，需将气体进一步冷却，且温度越低越好。但在降温的过程中，一氧化氮就会不断地氧化。又由于气体中含有水蒸气，在达到露点时，水蒸气开始冷凝，会有部分氮氧化物溶解在水中形成冷凝酸。这样降低了气体中氮氧化物的浓度，不利于以后的吸收操作。

为了解决这一问题，可将气体快速冷却，使其中的水分很快冷凝，而一氧化氮在降温过程中来不及充分氧化，减少了二氧化氮的溶解损失。工业上一般采用快速冷却器冷却氨氧化后的氮氧化物气体。经快速冷却器后，混合气体中大部分水分被去除。此时，就可以进行一氧化氮的氧化。一氧化氮的氧化方法根据反应介质的不同可分为干法氧化和湿法氧化。

① 干法氧化将气体送入氧化塔，使气体在氧化塔中有足够的停留时间，从而达到一定的氧化度。一氧化氮的氧化是一个放热过程，为了强化氧化反应，可采用冷却装置吸收反应热。也可不设氧化塔，利用输送氮氧化物气体的管道充当一氧化氮氧化的设备。

② 湿法氧化将气体送入氧化塔内，塔顶喷淋较浓的硝酸，一氧化氮与氧气在气相、液相和气液界面中均能发生氧化反应，大量的喷淋酸可以移走氧化放出的热量，从而加快了氧化速率。

3. 氮氧化物的吸收

除一氧化氮外，其他氮氧化物均能与水作用：

$$2NO_2 + H_2O \longrightarrow HNO_3 + HNO_2 \qquad \Delta H = -116.1 \text{kJ/mol} \qquad (8-15)$$

$$N_2O_4 + H_2O \longrightarrow HNO_3 + HNO_2 \qquad \Delta H = -59.2 \text{kJ/mol} \qquad (8-16)$$

$$N_2O_3 + H_2O \longrightarrow 2HNO_2 \qquad \Delta H = -55.7 \text{kJ/mol} \qquad (8-17)$$

在吸收过程中，N_2O_3 含量极少，因此反应式(8-17)可以忽略。此外，HNO_2 只有在 0℃ 以下及浓度极小时才较稳定，在工业生产条件下，它会迅速分解：

$$3HNO_2 \longrightarrow HNO_3 + 2NO + H_2O \qquad \Delta H = 75.9 \text{kJ/mol} \qquad (8-18)$$

综合反应式(8-15)和反应式(8-18)，用水吸收氮氧化物的总反应式可概括为

$$3NO_2 + H_2O \longrightarrow 2HNO_3 + NO \qquad \Delta H = -136.2 \text{kJ/mol} \qquad (8-19)$$

因此，在氮氧化物的吸收过程中，NO_2 的吸收和 NO 氧化同时交叉进行。由此可见，用水吸收 NO_2 时，只有 $2/3NO_2$ 转化为 HNO_3，而 $1/3NO_2$ 又转化为 NO。工业生产中，需将这部分 NO 重新氧化和吸收。

吸收反应式(8-19)为放热及气体体积减小的可逆反应。由化学平衡基本原理知，提高压力降低温度对平衡有利。尽管低温、高压有利于硝酸的生成，但受平衡所限，一般条件下，用硝酸水溶液吸收氮氧化物气体，成品酸所能达到的浓度是有一定限制的，常压法制得硝酸的浓度不超过 50%，加压法制得硝酸的浓度不超过 70%。

（1）吸收反应平衡和平衡浓度

为了测定及计算方便起见，把平衡常数分成两个系数来研究：

$$K_1 = P_{NO}/P_{NO_2}^3 \qquad (8-20)$$

$$K_2 = P_{HNO_3}^2/P_{H_2O} \qquad (8-21)$$

平衡常数只与温度有关，而 K_1 与 K_2 除了与温度有关外，还与溶液中硝酸含量有关。硝酸浓度改变时，K_1 与 K_2 均要变化。图 8-4 为系数 K_1 与温度的关系。由图可以看出，温度越低，K_1 值越大；硝酸浓度越低，K_1 值也越大。若 K_1 为定值，则温度越低，硝酸浓度越大。因此，只有在较低温度下才能获得较浓硝酸。K_2 值与温度及硝酸浓度间的关系和 K_1 相反，温度越高 K_2 值越大。

虽然低浓度硝酸有利于吸收，但是生产中要考虑吸收速度的大小。当硝酸浓度>60%时，$\lg K_1 < 1$，吸收几乎不能进行。综上所述，用硝酸水溶液吸收氮氧化物气体，成品硝酸所能达到的浓度有一定的限制。常压法时硝酸浓度不超过 50%。

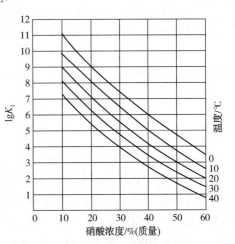

图 8-4　K_1 与温度的关系

（2）氮氧化物吸收速率

在吸收塔内用水吸收氮氧化物的反应：

$$3NO_2+H_2O \longrightarrow 2HNO_3+NO \tag{8-22}$$

$$2NO+O_2 \longrightarrow 2NO_2 \tag{8-23}$$

水吸收氮氧化物是一个非均相反应：首先是气相中二氧化氮和四氧化二氮通过气膜和液膜向液相扩散，其次是液相中 NO_2 和 N_2O_4 与水作用生成硝酸和亚硝酸，而后亚硝酸分解成硝酸及 NO，最后是 NO 从液相向气相扩散。

研究表明液相中氮氧化物与水反应是整个速度的控制步骤。在吸收系统的前部，气体中氮氧化物和硝酸浓度都较高，所以 NO 的氧化速度大于 NO_2 的吸收速度。到吸收系统的后部，NO_2 的吸收速度大于 NO 的氧化速度。只是在吸收系统中部，两个反应的速度都必须考虑。

（3）氮氧化物的吸收条件

总吸收度指气体中被吸收的氮氧化物总量与进入吸收系统的气体中氮氧化物总量之比。硝酸浓度越高，吸收容积系数[$m^3/(t \cdot d)$]（即每天吸收 1t 100% HNO_3 所需的吸收容积）越大。在温度和硝酸浓度一定时，总吸收度越大，吸收容积系数越大。因而吸收塔尺寸与造价越大，操作费用也越大。加快反应速度，尽可能减少吸收系数，是选择吸收过程操作条件的基本原则。

① 温度

降低温度，有利于平衡向生成硝酸的方向移动，NO 的氧化速度加快。在常压下，总吸收度为 92% 时，若以温度 30℃ 的吸收容积作为 1，则 5℃ 时只有 0.23，而 40℃ 时高达 1.50。所以无论从提高成品酸的浓度，还是从提高吸收设备的生产强度，降低温度都是有利的。

② 压力

提高压力，不仅可使平衡向生成硝酸反应的方向移动，可制得更浓的成品酸，还可大大减少吸收体积。目前实际生产上除采用常压操作外，加压的有用 0.07MPa、0.35MPa、0.4MPa、0.5MPa、0.7MPa 和 0.9MPa 等压力，这是因为吸收过程在稍微加压下操作已有相当显著的效果。

③ 气体组成

气体组成主要指气体混合物中氮氧化物和氧气的浓度。由吸收反应平衡的讨论可知，提高硝酸浓度的技术之一是提高 NO_2 的浓度或提高氧化度 α_{NO}。其关系如式（8-24）：

$$C_{HNO_3}^2 = 6120-19900/C_{NO_2} \tag{8-24}$$

式中　C_{HNO_3} ——成品酸浓度（55%~60%）；

　　　C_{NO_2} ——二氧化氮浓度。

增加 C_{NO_2} 可提高 C_{HNO_3}。为了保证进吸收塔气体的氧化度，气体在进入吸收塔之前必须经过充分氧化。

气体进入吸收塔的位置对吸收过程也有影响。因为气体冷却器出口的气体温度在 40~45℃，由于在管道中 NO 继续氧化，实际上进入第一吸收塔的温度可升高到 60~80℃。若气体中尚有较多的 NO 未氧化成 NO_2 而温度又较高时，氮氧化物遇到浓度为 45% 左右的硝酸有可能不吸收，反而使硝酸分解。这种情况下，第一塔只起氧化作用，气体中的水蒸气冷凝而生成少量的硝酸。整个吸收系统的吸收容积有所减少，影响了吸收效率。此时生产成品酸的部位会移到第二塔。

为使第一塔(在常压下)出成品酸,可将气体从第一塔塔顶加入。当气体自上而下流过第一塔时,在塔上半部可能继续进行氧化,而在塔下半部则被吸收。这样,成品酸就可以从第一塔导出,而且提高了吸收效率。实践证明该措施是有效的。

当氨/空气混合气中氨的浓度达到9.5%以上时,在吸收部分就必须加大二次空气。NO氧化和NO_2吸收同时进行,使问题较复杂,很难从计算中确定出最适宜的氧含量。通常控制吸收以后尾气中的氧含量,一般在3%~5%左右。尾气中氧含量太高,表示前面加入二次空气量太多;氧含量太低时,空气量不足,不利于氧化。吸收塔尾气中氧含量与吸收体积关系如图8-5所示。

从图8-5可看出,吸收容积系数和二次空气加入方式也有关系(1为一次加入,2为分批加入)。如果尾气中氧浓度较低(<4%),曲线1的吸收容积系数较小,故一次加入较好。若尾气中氧浓度较高(>4%),则曲线2的吸收容积系数较小,因而分批加入为佳。

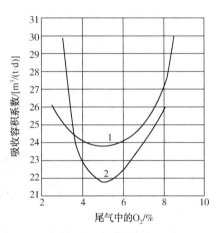

图8-5 吸收塔尾气中氧含量与吸收体积关系

(4)吸收流程

常压吸收采用多塔,为了移走吸收过程的反应热及保证一定的吸收效率,应该有足够的循环酸,一般采取5~7个塔操作。对填料塔的基本要求是既要具有大的自由空间率,又要有较大的比表面积。由于前几个吸收塔主要是进行吸收过程,所以应该用比表面积高的一些填料;而在后面几个塔中,氧化过程很慢,故采用自由空间大的填料。

从第一个或第二个吸收塔引出的成品酸因溶解有氮氧化物而呈黄色。为了减少溶解的氮氧化物的损失,成品酸入库以前,先经"漂白"处理。方法是在漂白塔中通入空气以使溶入的氮氧化物解吸。

此外,在常压吸收时,尾气中含有1%左右的氮氧化物,需要用纯碱溶液加以吸收。而在加压吸收时,尾气中氮氧化物的含量已降低到0.02%,能量利用后便可排放。

二、典型稀硝酸生产工艺

1. 双加压法

双加压法氨的氧化在中压条件(0.2~0.5MPa)下进行,氮氧化物的吸收则在高压条件(0.7~1.2MPa)下进行。采用较高的吸收压力和较低的吸收温度,成品酸浓度一般可达60%,尾气中氮氧化物含量低于0.02%,可不经处理直接放空。

双加压GP法生产稀硝酸的工艺流程如图8-6所示。

由合成氨系统来的液氨经氨蒸发器后变成0.5MPa的氨气,氨气经氨过热器加热升温至100℃,进入氨过滤器,除去油和其他杂质,经氨空比调节系统进入氨-空气混合器与空气混合,控制混合气中氨浓度为9.5%。

空气经空气过滤器后进入空气压缩机,加压至0.45MPa(236℃),分一次空气和二次空气进入系统。一次空气进氨-空混合器混合后进入氨氧化炉,二次空气送至漂白塔用于成品酸的漂白。

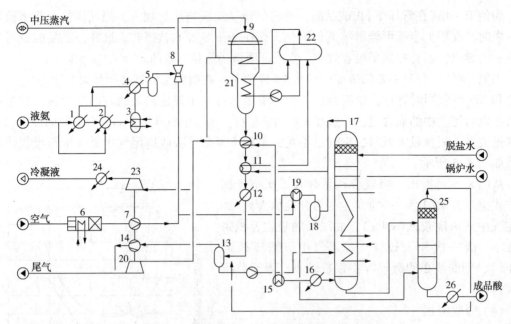

图 8-6　双加压 GP 法生产稀硝酸的工艺流程

1、2—氨蒸发器 A、B；3—辅助氨蒸发器；4—氨过热器；5—氨过冷器；6—空气过滤器；7—空气压缩机；
8—氨空混合器；9—氨氧化炉；10—高温气-气换热器；11—省煤器；12—低压水冷器；13—NO$_x$ 分离器；
14—NO$_x$ 压缩机；15—尾气预热器；16—高压水冷器；17—吸收塔；18—尾气分离器；19—二次空气冷却器；
20—尾气透平；21—废热锅炉；22—汽包；23—蒸汽透平；24—冷凝器；25—漂白塔；26—酸冷器

　　氨空混合气经氨氧化炉顶部的气体分布器均匀进入铂网进行氨的氧化反应，反应温度为 860℃，反应后含氮氧化物的混合气体经蒸汽过热器、废热锅炉、高温气-气换热器、省煤器回收热量后，再经低压水冷凝器，气体温度降至 45℃，并生成一定数量的稀硝酸。酸-气混合物进入氮氧化物分离器将稀硝酸分离，用泵将稀硝酸送入吸收塔相应塔板。氮氧化物气体与漂白塔来的二次空气混合进入氮氧化物压缩机，加压至 1.1MPa（194℃），经尾气预热器回收热量、高压水冷器冷却至 45℃，进入吸收塔底部，氮氧化物气体在塔中被水吸收生成稀硝酸。从塔底出来的浓度为 60% 的稀硝酸经漂白塔吹除溶解的氮氧化物气体后，经酸冷器送至成品酸储槽。

　　由吸收塔顶部出来的尾气，经尾气分离器、二次空气冷却器、尾气预热器、高温气-气换热器，逐渐加热升温至 360℃ 左右进入尾气膨胀机，做功后的尾气经排气筒排入大气，气体中氮氧化物含量小于 0.02%。

　　锅炉给水在除氧器热力除氧后，经省煤器、废热锅炉、汽包后产生 4.3MPa 的饱和蒸汽，经蒸汽过热器加热至 440℃，大部分蒸汽供蒸汽透平使用，多余部分外送至蒸汽管网。

　　该流程的优点是：氨利用率高、铂耗低、成品酸的浓度高、尾气氨氧化物含量低、能耗低、运行费用低，被认为是最先进的稀硝酸生产工艺方法。

2. 全加压法

　　全加压法氨氧化及氮氧化物吸收均在加压下进行，可分为中压（0.2～0.5MPa）和高压（0.7～1.2MPa）。高压法较中压法吸收率更高，吸收容积更小，能量回收率更高。但在高压条件下氨氧化率低，氨耗高，铂耗高，且尾气中氮氧化物浓度需经处理才能放空。

　　全加压法生产稀硝酸的工艺流程图如图 8-7 所示。

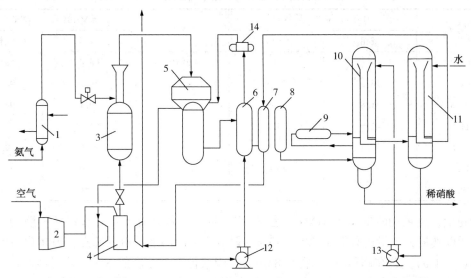

图 8-7　全加压法生产稀硝酸工艺流程

1—氨气预热器；2—空气过滤器；3—过滤器；4—空气压缩机；5—氧化炉废热锅炉联合装置；
6—锅炉给水加热器；7—尾气预热器；8—水冷却器；9—快速冷却器；10—第一吸收塔；
11—第二吸收塔；12—锅炉水泵；13—稀硝酸泵；14—气水分离器

　　该流程中氨的氧化与硝酸的吸收都在加压下进行。空气由空气压缩机加压到 0.35～0.4MPa，大部分在文氏管与氨气混合，另一部分供第一吸收塔下部漂白区脱除成品硝酸中的氮氧化物用。

　　氨-空气混合气中氨含量维持在 10%～11%，进入氧化炉废热锅炉联合装置的上部后经铂网催化氧化。氧化炉中装有 6 层铂网，反应温度维持在 840℃左右，氧化后气体经废热锅炉后温度降低。废热锅炉副产蒸汽，供空气压缩机的透平作为动力。由废热锅炉出来的氮氧化物气体再经水加热器、尾气预热器和水冷却器进一步冷却至 50℃，之后进入第一吸收塔下部的氧化段，使一氧化氮氧化成二氧化氮，冷却至 50℃ 的二氧化氮气体在第一吸收塔的吸收段与由第二吸收塔来的 10%～11% 稀硝酸逆流接触，生成 50%～55% 的稀硝酸。吸收后的气体经尾气预热器换热后送至尾气透平回收能量，然后经排气筒放空。

第三节　浓硝酸生产

　　浓硝酸(HNO_3 浓度高于 96%）的工业生产方法有三种：一是有脱水剂存在的情况下，将稀硝酸蒸馏成浓硝酸；二是将四氧化二氮、氧气和水直接合成的浓硝酸；三是包括氨氧化，超共沸酸(HNO_3 浓度 75%～80%）生产和精馏得浓硝酸。

一、稀硝酸制浓硝酸

　　浓硝酸不能由稀硝酸直接蒸馏制取，因为 HNO_3 和 H_2O 会形成二元共沸物。在开始蒸馏时，硝酸溶液沸点随着浓度的增加而升高，但到一定浓度时，沸点却随着浓度的增加而下降，其关系见表 8-4 和图 8-8。

表 8-4　硝酸水溶液的沸点及气液相平衡组成（标准大气压下）

沸点/℃	HNO₃含量/%（质量）		沸点/℃	HNO₃含量/%（质量）	
	液相	气相		液相	气相
100.0	0	0	120.05	68.4	68.4
104.0	18.5	1.25	116.1	76.8	90.4
107.8	31.8	5.06	113.4	79.1	93.7
111.8	42.5	13.4	110.8	81.0	95.3
114.8	50.4	25.6	96.1	90.0	99.2
117.5	57.3	40.0	88.4	94.0	99.9
119.9	67.6	67.0	83.4	100	100

理论上，生成硝酸的最大 HNO₃ 含量为 77.8%。实际上由于氨的氧化率一般为 95%～97%，所以其最大含量也只能是 72%～73%。但事实上因溶液具有共沸点，最多也只能获得共沸酸（68.4%）。若在高压下（如在 0.8MPa），因获得较高浓度的 NO₂，才可能制得 70%～85% 浓度的硝酸。由表 8-4 和图 8-8 可知，在标准大气压下，硝酸水溶液的共沸点温度为 120.05℃，相对应的硝酸浓度为 68.4%。也就是说，采用直接蒸馏稀硝酸的方法，最高只能得到 68.4% 的硝酸。欲制取得到 96% 以上的浓硝酸，必须借助于脱水剂以形成硝酸–水–脱水剂三元混合物，从而破坏硝酸与水的共沸组成，然后蒸馏才能得到浓硝酸。

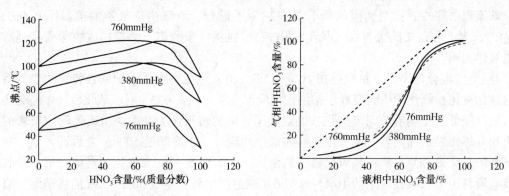

图 8-8　HNO₃-H₂O 溶液的沸点、组成和压力关系

要获得 95%～100% 的浓硝酸，必须在稀硝酸中加入脱水剂，以破坏共沸点组成才有可能。对脱水剂的要求是：能显著降低硝酸液面上的水蒸气分压，而自身蒸气分压极小；热稳定性好，加热时不会分解；不与硝酸发生反应，且易与硝酸分离，以便于循环使用；对设备腐蚀性小；来源广泛，价格便宜。工业上常用的脱水剂有浓硫酸和碱土金属的硝酸盐，其中以硝酸镁的使用最为普通。将硝酸镁溶液加入稀硝酸中，生成硝酸–水–硝酸镁的三元混合物，硝酸镁吸收稀硝酸中的水分，使水蒸气分压大大降低。加热此三元混合物蒸馏可制得浓硝酸。

二、直接合成法制浓硝酸

直接合成法是利用液态 N_2O_4 与 O_2、H_2O 直接反应来生产浓硝酸，其反应式为

$$2N_2O_4(l)+O_2(g)+2H_2O(l)\longrightarrow 4HNO_3 \qquad \Delta H=-78.9kJ/mol \qquad (8-25)$$

其关键工艺步骤为液态 N_2O_4 的制备，即 NO_2 冷凝成液态 N_2O_4。而此 NO_2 则来自稀硝酸生产过程中 NO 被浓硝酸(98% HNO_3)的湿法吸收氧化。用浓硝酸吸收氧化的氮氧化物混合气体中 NO_2 浓度分压很低，在加压下直接冷凝制液态 N_2O_4，不仅冷凝效果差，而且能量消耗也高。改进的办法是在冷凝前，先提高混合气体中 NO_2 浓度。NO_2 在低温时，在硝酸中有较大的溶解度。工业生产中，用浓硝酸在低温将 NO_2 吸收制得发烟硝酸，然后将发烟硝酸加热到沸点，溶解在硝酸溶液中的 NO_2 就会被解析，最后用冷却水和低温盐水将解吸出的 NO_2 冷却冷凝，即得到液态 N_2O_4。

实际上，反应式 (8-25) 过程可由以下具体步骤构成：

$$N_2O_4 + H_2O \longrightarrow HNO_3 + HNO_2 \qquad \Delta H = -59.2 \text{kJ/mol} \qquad (8-26)$$

$$3HNO_2 \longrightarrow HNO_3 + 2NO + H_2O \qquad \Delta H = 75.9 \text{kJ/mol} \qquad (8-27)$$

$$2NO + O_2 \longrightarrow 2NO_2 \longrightarrow N_2O_4 \qquad \Delta H = -169.5 \text{kJ/mol} \qquad (8-28)$$

要使整个反应向生成硝酸方向进行，从反应式(8-26)可知，提高压力，降低温度有利；而对反应式(8-27)，提高温度和加强搅拌有利；对反应式(8-28)，提高压力，增加氧浓度和降低温度有利。当氧含量和压力很高时，即使温度很高，对四氧化二氮的制备[式(8-28)]影响并不大。同样在高温及有搅拌的情况下，压力对亚硝酸的分解反应[式(8-27)]影响很小。

综上所述，有利于直接合成浓硝酸反应的条件是提高反应压力，控制一定温度，采用过量四氧化二氮及高纯度的氧，并进行充分搅拌。工业上一般采用压力为 5MPa，温度为 70~80℃，N_2O_4/H_2O 为 6.82，氧的实际用量与理论用量之比为 1.5~1.6。

三、超共沸酸精馏制浓硝酸

超共沸酸精馏法的基本原理是氨氧化制取氮氧化物气体，经冷却后析出冷凝酸，冷凝酸经酸水漂白塔用空气提取氮的氧化物返回系统，将酸水排出系统。脱水后系统总物料中生成硝酸的浓度超过稀硝酸共沸点的浓度，经氧化塔、超共沸吸收塔、次共沸吸收塔和真空精馏塔等主要设备制取浓硝酸。与上述两种方法相比，该法具有可大型化、投资省、运行费用低的优点，是目前最经济的方法。

此方法的生产过程主要包括氨的氧化、超共沸酸的制造和精馏三个部分，而此方法与其他方法不同的主要之处是共沸酸的制造。氨与空气在常压下进行氧化，反应生成的氮氧化物气体被冷却，形成的冷凝酸浓度尽量低于2%。氮氧化物气体经氧化塔与60%硝酸接触，NO 被氧化生成 NO_2。硝酸则分解为 NO_2，从而增加了气体中 NO_2 浓度。然后在氮氧化物气体中加入含 NO_2 的二次空气，并加压到 0.6~1.3MPa。这时氮氧化物气体分压较高，在第一吸收塔用共沸硝酸进行吸收，生成80% HNO_3 的超共沸硝酸。氮氧化物气体经第一吸收塔吸收后，残余的 NO_2 经第二吸收塔进一步吸收，尾气经预热、回收能量后排出。由第二吸收塔出来的含有 NO_2 的稀硝酸进入解吸塔，NO_2 在此被二次空气吹出。超共沸酸用二次空气在解吸塔脱除 NO_2 后，送入精馏塔，在顶部得到浓硝酸，底部为近似共沸酸浓度的硝酸，此酸被循环再浓缩。

第四节　硝酸的毒性和安全储运

一、硝酸的理化性质

硝酸是平面共价分子，中心氮原子 sp^2 杂化。未参与杂化的一个 p 轨道与两个端氧形成三中心四电子键。硝酸中的羟基氢与非羟化的氧原子形成分子内氢键，这是硝酸酸性不及硫酸、盐酸，熔沸点较前两者低的主要原因。由于羟基上的氢原子与另外一个氧原子形成了氢键，分子才呈平面结构，而且 N 的三根键长都不相同。N 原子垂直于分子平面的一个 p 轨道是满的，它与未连接 H 的两个氧原子上的 p 轨道共轭，形成大 π 键。分子内氢键也是硝酸沸点较低的原因。

1. 硝酸的物理性质

硝酸化学式为 HNO_3，相对分子质量为 63.01。纯硝酸是无色的液体，其相对密度为 1.513(20℃)，沸点为 83.4℃，熔点为-41.5℃。硝酸是三大强酸之一，具有强腐蚀性，属于一级无机酸性腐蚀品，其蒸气有刺激作用。在常温下，硝酸易分解出二氧化氮和氧气，因而呈现出红棕色，光和热能可加速分解硝酸。硝酸易溶于水，可以与水以任意比例混合，形成共沸混合物。

工业硝酸根据 HNO_3 含量分为浓硝酸(96%~98%)和稀硝酸(45%~70%)两类。纯硝酸为无色透明液体，浓硝酸一般为淡黄色液体(溶有二氧化氮)，有刺激气味。常用硝酸的质量分数约为69%，易挥发，在空气中产生白雾(与浓盐酸相同)，是硝酸蒸汽(一般来说是浓硝酸分解出来的是二氧化氮)与水蒸气结合而形成的硝酸小液滴。一般来说浓度在90%以上的硝酸可称为"发烟硝酸"，因这种酸更易挥发，遇潮湿空气形成白雾，产生"发烟"现象，有腐蚀性，并且有毒。

2. 硝酸的化学性质

硝酸是强酸之一，具有强氧化性。除金、铂及某些稀有金属外，各种金属都能与硝酸作用生成硝酸盐，如硝酸银、硝酸钠等。硝酸能使铁、铝、铬、钙等钝化。非金属硫、磷、硼能被硝酸氧化成相应的酸，碳则被氧化成二氧化碳。硝酸还能够使有机物氧化和硝化。浓硝酸具有强烈的硝化作用，与硫酸制成的混酸能与很多有机化合物结合成硝化物，如硝基苯、硝基萘、三硝基甲苯、硝化甘油等。硝酸作为氮的最高价(+5)水化物，具有很强的酸性，一般情况下认为硝酸的水溶液是完全电离的。由浓硝酸与浓盐酸按 1 : 3(体积比)组成的混合液被称为"王水"，具有强腐蚀性，能溶解金和铂。此溶液中含有氯化亚硝酰，并放出游离氯，游离氯是一种强氧化剂：

$$HNO_3+3HCl \longrightarrow NOCl+Cl_2+2H_2O \tag{8-29}$$

(1) 酸的通性

使指示剂变色：稀硝酸使紫色石蕊试液变红。

与活泼金属反应生成氢气：

$$Na+HNO_3 \longrightarrow NaNO_3+H_2\uparrow \tag{8-30}$$

与碱发生中和反应：

$$2HNO_3+Ca(OH)_2 \longrightarrow Ca(NO_3)_2+2H_2O \tag{8-31}$$

与碱性氧化物反应：

$$2HNO_3+CuO \longrightarrow Cu((NO_3)_2+H_2O \tag{8-32}$$

与某些盐反应：

$$2HNO_3+Na_2CO_3 \longrightarrow 2NaNO_3+H_2O+CO_2\uparrow \tag{8-33}$$

（2）不稳定性

硝酸不稳定，易分解。纯硝酸或浓硝酸在常温下见光就会分解，受热时分解更快。硝酸溶液浓度越高，就更容易分解。

$$4HNO_3 \longrightarrow 4NO_2\uparrow+O_2\uparrow+2H_2O \tag{8-34}$$

分解时所生成的二氧化氮(红棕色气体)，一部分溶解于硝酸中，使浓硝酸呈黄色。为了防止硝酸分解，在保存硝酸时，必须盛放在棕色的玻璃塞细口瓶中，并放置在黑暗和温度较低的地方。稀硝酸相对稳定。

（3）强氧化性

硝酸分子中氮元素为最高价态(+5)，因此硝酸具有强氧化性，几乎能与所有的金属(除金、铂等少数金属)发生氧化反应。其还原产物因硝酸浓度的不同而有变化，从总体上说，硝酸浓度越高，平均每分子硝酸得到的电子数越少，浓硝酸的还原产物主要为二氧化氮，稀硝酸的还原产物主要为一氧化氮。

铝、铁、铬等金属在冷的浓硝酸中会产生钝化现象，在金属表面生成一种非常薄的、致密的、覆盖性能良好的、牢固地吸附在金属表面上的钝化膜，防止金属与腐蚀介质接触，从而使金属基本停止溶解形成钝态达到防腐的作用。因此在常温下，可使用铁槽车装运浓硝酸。

硝酸还可与许多非金属和一些有机物发生氧化反应。例如，将一小块微热的木炭放入热的浓硝酸内，木炭的燃烧不但不会停止，反而燃烧得更加剧烈。这是因为木炭遇到硝酸分解放出的氧气，而发生剧烈的氧化作用。由于硝酸具有强氧化性，对皮肤、衣物、纸张等都有腐蚀性。纸张或纺织品遇到硝酸，就会被氧化而破坏，许多有色物质，遇硝酸被氧化而褪色。含蛋白质的物质，遇硝酸就变黄色。硝酸溅到皮肤上，会造成灼伤，所以在使用硝酸时，应注意安全，如不慎将浓硝酸弄到皮肤上，应立即用大量水冲洗，再用小苏打水或肥皂洗涤。

（4）硝化反应

浓硝酸或发烟硝酸与脱水剂(浓硫酸、五氧化二磷)混合可作为硝化试剂对一些化合物引发硝化反应。使用浓硫酸产生大量 NO_2，成本较低而且较容易处理，其他更强的脱水剂，例如 P_2O_5，也可以产生大量的硝酰阳离子，这是硝化反应能进行的本质。硝化反应属于亲电取代反应，反应中的亲电试剂为硝鎓离子，脱水剂有利于硝鎓离子的产生。最为常见的硝化反应是苯的硝化：

$$Ph-H+HO-NO_2 \longrightarrow Ph-NO_2+H_2O \tag{8-35}$$

（5）酯化反应

硝酸可以与醇发生酯化反应生成对应的硝酸酯，如硝化甘油的制备。在机理上，硝酸参与的酯化反应过去被认为生成了碳正离子中间体，但许多文献将机理描述为费歇尔酯化反应，即"酸脱羟基醇脱氢"与羧酸的酯化机理相同。

硝酸的酯化反应被用来生产硝化纤维，反应如下：

$$3nHNO_3+[C_6H_7O_2(OH)_3]_n \longrightarrow [C_6H_7O_2(O-NO_2)_3]_n+3nH_2O \tag{8-36}$$

硝化甘油的制作，反应如下：

$$3HNO_3+C_3H_8O_3 \longrightarrow C_3H_5N_3O_9+3H_2O \tag{8-37}$$

二、硝酸的危险性

1. 健康危害

硝酸的侵入途径主要分为吸入和食入两种途径。与硝酸蒸气接触有很大危险性，硝酸溶液及硝酸蒸气对皮肤和黏膜有强刺激和腐蚀作用。其蒸气会产生刺激作用，引起眼和上呼吸道刺激症状，如流泪、咽喉刺激感、呛咳，并伴有头痛、头晕、胸闷等。浓硝酸烟雾可释放出的五氧化二氮(硝酐)遇水蒸气形成酸雾，可迅速分解而形成二氧化氮。浓硝酸加热时产生硝酸蒸气，也可分解产生二氧化氮，吸入后可引起急性氮氧化物中毒。口服硝酸溶液引起腹部剧痛，严重者可有胃穿孔、腹膜炎、喉痉挛、肾损害、休克以及窒息。慢性影响长期接触可引起牙齿酸蚀症。

因此，工作场所空气中的 NO_2 允许浓度，中国、美国、德国分别为 $0.085mg/m^3$、$0.1mg/m^3$、$0.08mg/m^3$。

2. 安全危害

作为强氧化剂，硝酸能与多种物质如金属粉末、电石、硫化氢、松节油等发生猛烈反应，甚至发生爆炸。与还原剂、可燃物，如糖、纤维素、木屑、棉花、稻草或废纱头等接触，会引起燃烧并散发出剧毒的棕色烟雾。硝酸具有强腐蚀性，与硝酸蒸气接触有很大危险性。

3. 环境危害

硝酸(HNO_3)和亚硝酸(HNO_2)的在环境中多以硝酸盐与亚硝酸盐的形态存在。硝酸盐与亚硝酸盐作为环境污染物而广泛地存在于自然界中，尤其是在气态水、地表水和地下水中以及动植物体与食品内。亚硝酸盐与人体血液作用，形成高铁血红蛋白，从而使血液失去携氧功能。不仅如此，亚硝酸盐在人体内外与仲胺类作用形成亚硝胺类，它在人体内达到一定剂量时是致癌、致畸、致突变的物质，可严重危害人体健康。

三、硝酸的安全储运

1. 操作注意事项

硝酸储运的操作过程应尽可能机械化、自动化。操作人员必须经过专门培训，严格遵守操作规程。建议操作人员佩戴自吸过滤式防毒面具(全面罩)，穿橡胶耐酸碱服，戴橡胶耐酸碱手套。远离火种、热源，工作场所严禁吸烟。同时注意密闭操作，防止硝酸蒸气泄漏到工作场所空气中。避免硝酸与还原剂、碱类、醇类、碱金属接触。搬运时要轻装轻卸，防止包装及容器损坏。配备相应品种和数量的消防器材及泄漏应急处理设备。倒空的容器可能残留有害物，严格按照相关规定处理住址。硝酸稀释或制备溶液时，应把酸加入水中，避免沸腾和飞溅。

2. 硝酸的储存

硝酸应储存于阴凉、通风的库房。远离火种、热源。库温不超过30℃，相对湿度不超过80%。同时注意容器密封。硝酸应与还原剂、碱类、醇类、碱金属等分开存放，切忌混储。储区应备有泄漏应急处理设备和合适的收容材料。

企业为了保持硝酸生产的连续进行并随时向外提供商品酸，在厂区需设室内或半露天式酸库，以防烈日暴晒。商品酸宜保存于单层建筑中，不宜设地下室，地面应耐酸腐蚀。电气设备、电线等应有耐酸防腐措施。

3. 硝酸的包装

硝酸的包装类别属于Ⅱ类包装。大量硝酸直接使用槽车储运，无须包装。铝槽车适用于浓硝酸，而不锈钢或玻璃钢增强塑料槽车适用于稀硝酸。少量硝酸的储运的包装方法为：耐酸坛或陶瓷瓶外加普通木箱或半花格木箱；磨砂口玻璃瓶或螺纹口玻璃瓶外加普通木箱。

4. 硝酸运输

因铝的表面被硝酸氧化后形成一层氧化膜，起到钝化作用，而且铝材料相对廉价，所以铝是运输硝酸理想的容器。铁路运输时限使用铝制企业自备罐车装运，装运前需报有关部门批准。铁路运输时应严格按照相关规定中的危险货物配装表进行配装。起运时包装要完整，装载应稳妥。运输过程中要确保容器不泄漏、不倒塌、不坠落、不损坏。严禁与还原剂、碱类、醇类、碱金属、食用化学品等混装混运。运输时运输车辆应配备泄漏应急处理设备。运输途中应防曝晒、雨淋，防高温。公路运输时要按规定路线行驶，勿在居民区和人口稠密区停留。

铝槽车适用于运输浓硝酸，而稀硝酸应该用不锈钢或玻璃钢增强塑料槽车或储罐输送或储存。少量硝酸采用耐酸陶瓷坛或玻璃瓶包装。浓硝酸采用耐酸泥封口，稀硝酸采用石膏封口。每坛装入衬有细煤渣或细矿渣等物的坚固木箱中，以便运输。包装上应有明显的"腐蚀性物品"标志。

5. 泄漏应急处理

根据液体流动和蒸气扩散的影响区域划定警戒区，无关人员从侧风、上风向撤离至安全区。建议应急处理人员戴正压自给式呼吸器，穿防酸碱服。作业时使用的所有设备应接地。穿上适当的防护服前严禁接触破裂的容器和泄漏物。尽可能切断泄漏源，防止泄漏物进入水体、下水道、地下室或密闭性空间。喷雾状水抑制蒸气或改变蒸气云流向，避免水流接触泄漏物。勿使水进入包装容器内。少量泄漏时用干燥的砂土或其他不燃材料覆盖泄漏物。大量泄漏时需构筑围堤或挖坑收容。用农用石灰(CaO)、碎石灰石($CaCO_3$)或碳酸氢钠($NaHCO_3$)中和。用抗溶性泡沫覆盖，减少蒸发。用耐腐蚀泵转移至槽车或专用收集器内。

6. 储存安全技术措施

针对硝酸的特殊性，以及储存系统中的物质在储存过程中可能出现的危害，硝酸储存系统必须预防污染和人身伤害、防腐蚀、防火灾危害，实现操作安全。这就要从系统设计安装与操作安全管理、环境管理方面加以改进，即从储存结构设计、材质选用、系统选址、防污染处理、系统泄漏处理与防范(系统安装、储罐、管道施工焊接等)系统储存和操作管理(系统操作安全、储存管理)等方面进行完善。

（1）储罐结构设计

储罐应采用常温、常压、拱顶结构设计，必须考虑储罐收付料及气相压力的存在，防止负压、正压发生而损坏储罐，因此顶部设置呼吸阀，辅助设置气相排空管，且气相经吸收槽吸收 NO_x 并利用，设置液位远传装置及光纤液位计，防止液位失真、溢罐发生；储罐作防雷接地处理。

（2）材质选用

管道与阀门、法兰等使用不锈钢或带内衬四氟材料碳钢管，吸气阀选用不锈钢。

（3）选址及防污染处理

硝酸储存系统应与其他酸碱罐区分开布置，且布置在厂区地区性长年主导风向下风侧偏僻处；系统应与氨、烃类物质储存保持防火防爆距离，系统设置防事故跑料隔堤，且设备基础、隔堤应作防酸腐蚀处理，清污分流，清洗、排污水可排放至中和池。

（4）系统泄漏处理与防范

管道、储罐的安装施工焊接应有明确的焊接规范和验收要求，宜使用氢弧焊接，收付料泵选用耐腐蚀密封式屏蔽泵，并设有远距离开停操作开关，实施现场控制和 DCS 系统操作控制。

（5）系统操作安全

按稀释浓度、产生热量及热交换能力，确定混合比，储罐设置安全高度，以储罐体积容量的 90% 确定；卸车采用真空卸车系统，在现场设置喷淋冲洗设施，并配置个人防酸用品，如防酸性滤罐和面具、防酸工作服、全面罩及空气呼吸器等。

（6）防火安全

系统大量泄漏时，可利用罐区高压消防水。设置高压消防喷雾水炮，降低泄漏扩散和便于事故处理，配置必要的消防器材。

第五节　硝酸尾气的处理

一、硝酸尾气的处理方法

硝酸工业生产工艺一般先将氨氧化成 NO_x 后，然后用水或稀酸吸收，再利用硝酸溶液生产下游化工产品。受到化学反应特性及生产工艺的影响，NO_x 在吸收过程中不能被完全中和吸收。因此，排放尾气中存在一定浓度的氮氧化物（NO_x），成为大气的主要污染物之一。硝酸工业排放的氮氧化物种类很多，主要成分为 NO、NO_2、N_2O_4 等，浓度一般在 1500～5000mg/m³，远超过《硝酸工业污染物排放标准》（GB 26131—2010）所规定的排放限值（300mg/m³）。因此，硝酸工业尾气排放前必须经过严格的处理，达标后方可排放。

目前硝酸尾气处理方法有很多种，根据不同的作用原理，主要分为吸收法、吸附法和催化还原法三类。

1. 吸收法

吸收法是利用吸收液，如水、碱或盐的水溶液、浓硫酸或稀硝酸等，对硝酸尾气进行吸收。该法主要有稀硝酸吸收法、水吸收法（延长吸收法）、碱吸收法、氧化吸收法、还原吸收法和相络合吸收法等几种。

（1）稀硝酸吸收法

NO 在 12% 以上的硝酸中的溶解度比在水中大 100 倍，所以稀硝酸对 NO 含量较高的尾气具有较好的脱除效果，可用于硝酸尾气的处理。在处理过程中，可通过提高吸收压力、降低吸收温度、采用富氧氧化及控制余氧浓度等方法来提高 NO_x 的脱除效率。

（2）水吸收法

水可与 NO_2 反应生成硝酸和 NO，但 NO 不与水发生反应且在水中溶解度很小。因此，常压下水吸收法效率不高。硝酸装置采用的所谓"强化吸收"或"延长吸收"法，其实质也是水吸收法。由于水吸收法既能回收增产硝酸，又可使尾气达到排放标准要求，一度成为新建硝酸装置尾气治理的主要方法。

延长吸收法是利用全中压生产硝酸工艺的特点，在原吸收塔的后面增加一个吸收塔，增大尾气的氧化空间，延长 NO_2 的吸收时间，使 NO_2 与 H_2O 反应生成硝酸，从而达到消除尾气中 NO_x 的目的。主要反应为

$$2NO+O_2 \longrightarrow 2NO_2 \tag{8-38}$$

$$3NO_2+H_2O \longrightarrow 2HNO_3+NO \tag{8-39}$$

该方法的特点是投资少，工艺较为简单，易操作。但吸收效果不明显，需同时强化其他的吸收条件，才能达到较好的吸收效果。

（3）碱液吸收法

碱液吸收法是利用碱液与硝酸尾气中的 NO 反应生成硝酸盐和亚硝酸盐，常用的碱液有 NaOH 和 Na_2CO_3 溶液。

碱液吸收法的主要反应方程式为

$$NO+NO_2+Na_2CO_3 \longrightarrow 2NaNO_2+CO_2 \tag{8-40}$$

$$2NO_2+Na_2CO_3 \longrightarrow NaNO_2+NaNO_3+CO_2 \tag{8-41}$$

由于 NaOH 价格比较昂贵，而便宜的 $Ca(OH)_2$，又因溶解度较小容易堵塞设备，所以目前常用的是 $NaCO_3$，其浓度一般控制在 20%~30%，浓度过高时吸收速度会稍有下降，且可能会有结晶析出，浓度太低，循环碱液量大，增加设备和动力消耗，同时蒸发溶液而消耗热量较多。

Na_2CO_3 吸收方法的特点是溶液价廉易得，吸收制得的硝酸钠和亚硝酸钠是重要的化工原料，具有一定的经济效益。但碱液需要制备装置，使尾气处理装置的更为复杂；当尾气中 NO_x 浓度较低时，NO_2 氧化过程比较缓慢，影响吸收效果；此外，该法所需设备庞大，投资较大。

（4）氧化吸收法

氧化吸收法是利用具有强氧化性的溶液（如浓硫酸、过氧化氢、重铬酸钾、高锰酸钾等），将 NO_x 中的 NO 氧化为 NO_2 或 HNO_3 后再被进一步吸收。但由于过氧化氢、高锰酸钾等价格昂贵以及需要增设回收设备，并且低浓度下的 NO 氧化速度非常缓慢，使其难以在工业上得到广泛应用。

（5）还原吸收法

还原吸收法是利用还原剂将硝酸尾气中 NO_x 转化为无害的 N_2 后直接排放。常用的还原剂有亚硫酸铵、亚硫酸钠、尿素等。

采用尿素作为氮氧化物的吸收剂时，其主要的反应为

$$NO+NO_2 \longrightarrow N_2O_3 \tag{8-42}$$

$$N_2O_3+H_2O \longrightarrow 2HNO_2 \tag{8-43}$$

$$(NH_2)_2CO+2HNO_2 \longrightarrow CO_2+2N_2+3H_2O \tag{8-44}$$

该法投资费用低，不易产生二次污染。但只用尿素溶液吸收，吸收过程缓慢，尾气中氮氧化物仍较高，吸收效果不佳。

（6）相络合吸收法

相络合吸收法是利用液态络合吸收剂直接与 NO 反应，故对于处理主要含有 NO 的 NO_x 尾气具有特别意义。NO 生成的络合物在加热时又重新放出 NO，从而使 NO 能富集回收。目前，研究的 NO 络合吸收剂有 $FeSO_4$、$Fe(II)-2EDTA$、$Fe(II)-2EDTA-2Na_2SO_3$ 等。

2. 吸附法

固体吸附法是用分子筛吸附极性强的二氧化氮分子，在氧存在下，由于分子筛的作用，一氧化氮氧化为二氧化氮后被吸附。此法的缺点为投资高，流程复杂。

（1）一般吸附法

一般吸附法是相对变压吸附而言，即利用多孔吸附剂比表面积大的特点，吸附硝酸尾气中的 NO_x 以达到净化的目的。常用的吸附剂有活性炭、分子筛、硅胶等。活性炭对 NO_x 具有很强的吸附能力，脱附出的 NO_x 可返回至硝酸生产系统前端。但是，活性炭的燃点较低，给再生造成相当大的困难，限制了其使用。分子筛对 NO_2 和水具有很强的选择性吸附能力，两者吸附在分子筛内表面上生成硝酸并释放出 NO。继而连同废气中的 NO 与 O_2 在分子筛上被催化氧化成 NO_2 而被吸附。

常规吸附法具有资源可回收利用、净化效果好、工艺简单易操作等特点。但是设备较为复杂，所需吸附剂量大，吸附剂再生困难，处理不易会造成二次污染，因此国内少有使用一般吸附法治理硝酸尾气。

（2）变压吸附法

变压吸附法是利用固体吸附剂在一定压力下对不同气体具有选择性吸附的特性来实现气体的分离，根据尾气中的 NO_x 在专用吸附剂上的吸附能力与其他组分的差异来实现 NO_x 的分离。高压时吸附量较大，降压后被解吸。该法适用于综合法、中压法和全压法硝酸生产工艺。应用在硝酸尾气的处理上则是根据尾气中的 NO_x 在专用吸附剂上的吸附能力与其他组分的差异来实现 NO_x 的分离。在常温下，尾气中的 NO_x 被吸附剂吸附，净化后的尾气（N_2 和 O_2）直接放空。被吸附的 NO_x 通过升温再生从吸附剂上解吸出来，返回吸收塔用于增产硝酸。

变压吸附法被吸附的 NO_x 返回吸收塔能提高硝酸生产率；工艺较为简单，操作方便；可以直接利用硝酸尾气的压力，不需要布设加压设备。但不同的硝酸生产尾气需用不同的工艺和专用吸附剂，普遍适用性较差。

3. 催化还原法

催化还原法是在催化剂存在的条件下，利用还原剂将氮氧化物还原为无害的氮气。催化还原法又分为选择性催化还原和非选择性催化还原两种方法。选择性催化还原法是利用氨为选择性催化还原剂，氨在催化剂上将尾气中的氮氧化物还原为氮气。此反应的反应温度在270℃以下，且有副反应。非选择性催化还原法是氮氧化物在一定温度和催化剂作用下，与还原剂（如氢气等）作用，被还原为氮气。

（1）选择性催化还原法（SCR）

在一定温度范围内，氨与 NO_x 的反应速率远大于氨氧化速率，故可控制反应使其具有选择性。

选择性催化还原法是以氨为还原剂，在催化剂的作用下，选择性地将硝酸尾气中的 NO_x 还原为对大气无害的 N_2 和 H_2O，而不与其他氧化组分反应。

以氨为还原剂时，选择性催化还原法的主要反应有：

$$4NH_3 + 6NO \longrightarrow 5N_2 + 6H_2O \tag{8-45}$$

$$8NH_3 + 6NO_2 \longrightarrow 7N_2 + 12H_2O \tag{8-46}$$

当反应温度较高时，由于尾气里有 3% 左右的氧，因此还有下列副反应：

$$4NH_3 + 3O_2 \longrightarrow 2N_2 + 6H_2O \quad （250℃时开始反应） \tag{8-47}$$

$$4NH_3 + 5O_2 \longrightarrow 4NO + 6H_2O \qquad (400℃时开始反应) \qquad (8-48)$$

$$2NH_3 \longrightarrow N_2 + 3H_2 \qquad (400℃时开始反应) \qquad (8-49)$$

为了提高 NO_x 的去除率，一般将 NH_3 与 NO_x 的摩尔比例控制在 $1.1 \sim 1.4$。若氨氮摩尔比较低，即氨不足，则不能有效地脱除 NO_x；该技术中催化剂多为铁、铬、钒等过渡金属氧化物催化剂。催化反应的温度一般为 $300 \sim 400℃$，SCR 装置可以安装在硝酸尾气降压装置的前面或后面。

选择性催化还原法(SCR)工艺流程简单，相对于其他脱硝技术，其脱硝效率高，可以满足氮氧化物达标排放的目的。但氨气作为还原剂，若发生逃逸，会对环境产生二次污染，且对喷氨工艺要求较高，氨气量高，则易生成铵盐，腐蚀管道；氨气量低，则不能保证脱硝效率，因此对操作条件要求较高。此外，SCR 需要使用脱硝催化剂，因此该工艺投资费用较高。

(2) 非选择性催化还原法(NSCR)

非选择性催化剂还原是在一定的反应温度和催化剂作用下，硝酸尾气中的氮氧化物与还原剂(如氢气、甲烷、一氧化碳、低碳氢化合物、天然气等)反应被还原为氮气，同时还原剂与氧气发生反应生成水、二氧化碳等。该方法所用的催化剂多为贵金属催化剂和过渡金属氧化物催化剂。

当以氢气为还原剂时，非选择性催化还原法的主要反应为

$$2NO_2 + 4H_2 \longrightarrow N_2 + 4H_2O \qquad (8-50)$$

$$2NO + 2H_2 \longrightarrow N_2 + 2H_2O \qquad (8-51)$$

$$O_2 + 2H_2 \longrightarrow 2H_2O \qquad (8-52)$$

当以甲烷为还原剂时，非选择性催化还原法的主要反应方程式为

$$CH_4 + 4NO_2 \longrightarrow 4NO + CO_2 + 2H_2O (脱色反应) \qquad (8-53)$$

$$CH_4 + 2O_2 \longrightarrow CO_2 + 2H_2O (燃烧反应) \qquad (8-54)$$

$$CH_4 + 4NO \longrightarrow CO_2 + 2H_2O + 2N_2 (消除反应) \qquad (8-55)$$

非选择性催化还原过程的特点是在反应过程中，先用燃料直接燃烧将尾气加热至 $400℃$ 以上，尾气中的 NO_x 与燃料进行催化反应，而且尾气中的 O_2 也与燃料发生催化反应，反应器出口温度升高至 $650℃$ 以上。这一过程所用的催化剂就是负载在氧化铝载体上的钯或铂等贵金属。所使用的燃料气是天然气(主要成分为甲烷)、氢气，也可使用烃类、一氧化碳、合成氨弛放气等。

非选择性催化还原法对于还原剂的选择范围较宽，虽反应温度较高(一般为 $550 \sim 850℃$)，但可回收余热。但非选择性催化还原法对硝酸尾气的组成较为敏感，废气中 O_2、H_2O 和 SO_2 等都会对催化剂的活性产生严重的影响。如游离氧过多，则只能进行脱色(即 NO_2 被还原为 NO)而无法达到消除 NO_x 的目的，同时容易生成氰化物等二次污染物，因此大大缩小了其应用范围。

综上所述，硝酸工业尾气治理方法较多，归纳起来主要有两类：一是将尾气中 NO_x 直接转化为硝酸盐或亚硝酸盐而加以回收，如延长吸收法、化学吸收法及吸附法；二是通过添加还原剂，使 NO_x 转化为可排放的氮气，其典型代表是催化还原法。延长吸收法和 SCR 法 NO_x 脱除效果最为理想，但考虑到延长吸收法吸收塔体积太大，可以采用延长吸收和 SCR 串联组合处理硝酸尾气。NO_x 排放浓度低时可直接采用 SCR 技术。

二、硝酸尾气处理案例

某硝铵公司生产硝酸钠和亚硝酸钠(以下简称两钠)。其基本工艺流程是氨气在氧化炉内被空气氧化为NO_x，高浓度的NO_x用碳酸钠溶液循环吸收，得到的中和液经蒸发、结晶、离心和烘干得到亚硝酸钠产品，吸收后的尾气经氨还原处理达标后放空。离心分离得到的亚硝酸钠母液与硝酸反应生成转化液，转化液经蒸发、结晶、离心和烘干制得硝酸钠产品。

当前两钠生产企业基本采用SCR技术处理尾气中的NO_x，此公司同样采用该技术处理两钠尾气，正常情况下排放尾气中的NO_x可以控制在$100mg/m^3$以下，其工艺流程如图8-9所示。

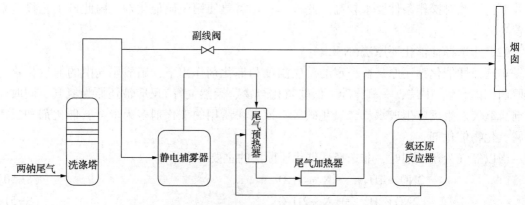

图8-9 两钠尾气SCR处理工艺流程

两钠尾气经洗涤塔洗涤除去夹带的大部分Na_2CO_3、$NaNO_2$、$NaNO_3$等物质后，经静电捕雾器进一步去除杂质，然后进入尾气预热器与氨还原反应后的尾气进行换热，以回收氨还原反应后的尾气余热；换热后的纯净尾气($100 \sim 120℃$)进入尾气加热器(电加热器)，温度提高至$180 \sim 220℃$后与气氨按比例混合进入氨还原反应器的催化剂床层，在催化剂的作用下，尾气中的NO_x与NH_3反应生成N_2和H_2O；出氨还原反应器的达标尾气经尾气预热器回收热量后由放空烟囱排放。

三、我国现行硝酸尾气排放标准

国家对硝酸行业的氮氧化物排放有明确的要求。自2011年3月1日，硝酸工业执行《硝酸工业污染物排放标准》(GB 26131—2010)，该标准适用于现有硝酸工业企业水和大气污染物排放管理。

硝酸工业指由氨和空气(或纯氧)在催化剂作用下制备成氧化氮气体，经水吸收制成硝酸或经碱液吸收生成硝酸盐产品的工业企业或生产设施。硝酸包括稀硝酸和浓硝酸，硝酸盐指硝酸钠、亚硝酸钠以及其他以氨和空气(或纯氧)为原料采用氨氧化法生产的硝酸盐。硝酸工业尾气指吸收塔顶部或经进一步脱硝后由排气筒连续排放的尾气，其主要污染物是氮氧化物(NO_x)，此处氮氧化物指一氧化氮(NO)和二氧化氮(NO_2)，该标准以NO_2计。大气污染物排放控制要求见表8-5。企业边界大气污染物任何小时平均浓度执行表8-6规定的限值。

《硝酸工业污染物排放标准》(GB 26131—2010)还规定产生大气污染物的生产工艺和装

置必须设立局部或整体气体收集系统和集中净化处理装置。所有排气筒高度应不低于 15m。排气筒周围半径 200m 范围内有建筑物时，排气筒高度应高出最高建筑物 3m 以上。

表 8-5　《硝酸工业污染物排放标准》大气污染排放浓度限值

项　目	类　别	排放限值/(mg/m³)	污染物排放监控位置
氮氧化物	现有及新建企业	300	车间或生产设施排气筒
	执行特别排放值的企业	200	
单位产品基准 排气量/(m³/t)	—	3400	硝酸工业尾气排放口(排气量计量位置与 污染物排放监控位置相同)

表 8-6　企业边界大气污染物无组织排放限值

污染物项目	浓度限值/(mg/m³)	监控位置
氮氧化物	0.24	企业边界

思　考　题

8-1　稀硝酸采用氨的催化氧化法制取，其反应主要包括哪几个分步反应？

8-2　氨催化氧化生成 NO 过程主要的工艺参数有哪些，并分析这些参数如何影响 NO 的生成？

8-3　NO_x 吸收的影响因素有哪些，并分析这些因素如何影响吸收过程的？

8-4　如何保障硝酸的安全储存？

8-5　硝酸生产过程中尾气处理方法有哪些，其主流的处理方法是什么？

第九章
乙 烯

　　乙烯是石油化工最基本的原料，乙烯生产规模、产量和技术标志着一个国家的石油化学工业的发展水平。本章首先简单介绍乙烯的发展概况、工业应用和理化性质；其次，介绍乙烯工业生产的基本原理、原辅料性能指标、生产工艺及其影响因素；最后，针对乙烯工业生产中存在的环保、安全问题，介绍具有针对性的防治措施。通过本章学习，使读者能够充分了解乙烯的重要性，理解乙烯生产工艺过程及其影响因素，掌握乙烯工业生产环保、安全的技术措施。

第一节 概 述

一、乙烯发展概况

1. 世界乙烯发展概况

　　石油化学工业在国民经济和社会发展中具有举足轻重的地位，石油化工的发展，促进了国民经济的巨大进步。乙烯作为石油化工最基本的原料之一，是生产各种有机化工产品的基础。乙烯装置的生产规模、产量和技术标志一个国家的石油化学工业的发展水平。

　　半个世纪以来，石油化学工业一直以高于国民经济生产总值的增长速度发展，许多国家还把它列为国家工业发展的重点。1960 年世界乙烯产量为 291 万吨，1990 年达到 5630 万吨。20 世纪 80 年代末、90 年代初，由于全球经济复苏，特别是亚洲发展中国家的经济迅速发展，对石化产品的需求大大增加，刺激了各国石油化工装置的扩建。到 2000 年，世界乙烯生产能力已经超过 9800 万吨。从 2003 年下半年起，世界经济逐步好转，乙烯需求稳步增长，同时，自 2003 年以来世界乙烯产能增长减缓，导致世界乙烯供应趋紧，乙烯装置的开工率不断提高，2006 年世界乙烯装置平均开工率达 92%。2010—2019 年，世界乙烯产能逐年稳步增长，2019 年达到 $1.9 \times 10^8 t/a$。

　　从最近几年的总体情况看(图 9-1 和图 9-2)，欧洲和北美的乙烯产能所占比重有所下降，而亚洲、中东及拉丁美洲所占比重逐步上升。世界乙烯生产已形成北美、中东、亚太三足鼎立的局面。

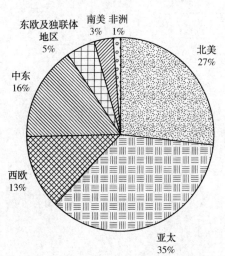

图 9-1　2019 年世界各地区乙烯产能

2019 年最新统计数据表明，北美地区乙烯产能约为 5052×10⁴t/a，所占全球份额约为 27%；亚太地区乙烯产能约为 6670×10⁴t/a，占比约为 35%。世界乙烯装置总数约为 322 座，平均规模为 58.7×10⁴t/a。美国、中国和沙特阿拉伯的乙烯产能分别为 4258.1×10⁴t/a、3066.9×10⁴t/a 和 1585.5×10⁴t/a，稳居世界前三位（表 9-1）。

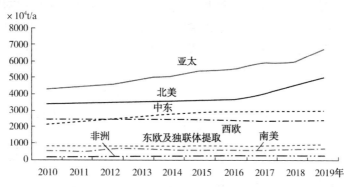

图 9-2　2010—2019 年世界各地区乙烯产能

表 9-1　2017—2019 年世界十大生产国家和地区的乙烯产能　　　　×10⁴t/a

排名	2017 年		2018 年		2019 年	
	国家和地区	产能	国家和地区	产能	国家和地区	产能
1	美国	3167.1	美国	3784.1	美国	4258.1
2	中国	2455.5	中国	2532.9	中国	3066.9
3	沙特阿拉伯	1585.5	沙特阿拉伯	1585.5	沙特阿拉伯	1585.5
4	印度	822.0	韩国	870.0	韩国	900.0
5	伊朗	773.4	印度	822.0	印度	822.0
6	德国	575.7	伊朗	819.4	伊朗	819.4
7	韩国	563.0	德国	575.7	德国	575.7
8	加拿大	523.6	加拿大	523.6	加拿大	523.6
9	日本	523.0	日本	523.0	日本	523.0
10	中国台湾	460.6	中国台湾	460.6	中国台湾	460.6

注：资料来源，中国石油集团经济技术研究院。

预计 2019—2023 年世界新增乙烯产能约 3800×10⁴t/a。未来 10 年，美国、中国、中东、东南亚、俄罗斯等国家和地区乙烯产业保持稳步发展。中国 2025 年乙烯产能将超 5000×10⁴t/a，超过美国成为世界第一大乙烯生产国。根据"全球数据公司"（Global Data）的数据，预计 2019—2030 年亚洲地区将通过新建和扩建项目引领全球乙烯工业产能增长，亚洲新建和扩建项目乙烯总产能每年将增加 4995×10⁴t/a，中国和印度合计乙烯产能将增加约 3597×10⁴t/a，占该地区新增产能的 72%；预计到 2030 年中东将成为全球乙烯产能第二高的地区，新建和扩建乙烯产能共计约 2066×10⁴t/a；北美排在第三位，到 2030 年该地区新增和扩建乙烯产能 1678×10⁴t/a。

2. 中国乙烯发展概况

在中国乙烯工业起步阶段，1950 年乙烯产能不足 40×10⁴t/a，随着国民经济的快速发展，乙烯产能得到迅速增长。1987 年，中国乙烯产能达到 104.94×10⁴t/a，首次突破百万吨大关。20世纪90年代末,中国乙烯产能达到 442×10^4 t/a,比80年代的乙烯生产能力翻两番多。如图9-3所示,进入21世纪,尤其是近几年,中国乙烯生产能力逐年提高。2019年,中国乙烯产能约为 3066.9×10^4 t/a(表9-1),约占全球乙烯产能的14%,仅次于美国,居世界第二位,中国成为乙烯产能增加最多的国家。

尽管中国乙烯产能和产量均快速增长,但乙烯产量增速和需求增速不同步,使得乙烯供需出现缺口(图9-4)。中国乙烯当量需求缺口以聚乙烯(含EVA树脂)和乙二醇为主。因聚乙烯、乙二醇、苯乙烯等乙烯衍生物仍需大量进口以及"禁废令"实施,国内乙烯当量消费量自给率仍处于偏低水平,约为50.9%。

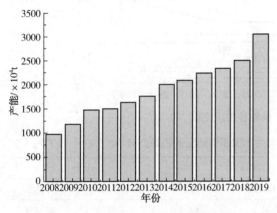

图9-3　2008—2019年中国乙烯产能　　　图9-4　1999—2018年中国乙烯供需情况

未来几年,中国乙烯产能仍将保持快速增长。目前,不仅国有企业有多个炼化项目、煤(甲醇)制烯烃项目,民营(地方)企业也在向乙烯领域拓展,多个项目处于建设和筹建阶段。考虑到项目的建设周期、进展情况和一些不确定因素,预计"十三五"末中国乙烯产能将超过 3200×10^4 t/a,"十四五"末达到 4500×10^4 t/a,产能仍保持年均7%左右的增速。

二、乙烯的应用

1. 工业领域

乙烯是世界上产量最大的化学产品之一,乙烯相关产品占石化产品的70%以上,乙烯工业是石油化工产业的核心,在国民经济中占有重要的地位。世界上已将乙烯产量作为衡量一个国家石油化工发展水平的重要标志之一。

乙烯是重要的有机化工基本原料,可用于生产多种化工产品:在合成材料方面,大量用于生产聚乙烯、氯乙烯及聚氯乙烯、乙苯、苯乙烯、聚苯乙烯、乙丙橡胶等;在有机合成方面,广泛用于合成乙醇、环氧乙烷、乙二醇、乙醛、乙酸、丙醛、丙酸及其衍生物等;经卤化可制氯代乙烯、氯代乙烷、溴代乙烷;经低聚可制α-烯烃,进而生产高级醇、烷基苯等。

2. 生态领域

乙烯具有"三重反应"生物特性:抑制茎的伸长生长;促进茎和根的增粗;促进茎的横向增长,用乙烯处理黄化幼苗茎,可使茎加粗和叶柄偏上生长。

由于乙烯可以促进RNA和蛋白质的合成,并可在高等植物体内使细胞膜的渗透性增加，加速呼吸作用。因而，当果实中乙烯含量增加时，已合成的生长素又可被植物体内的酶或外界的光所分解，进一步促进其中有机物质的转化，加速成熟。常用乙烯利溶液浸泡未完全成熟的番茄、苹果、梨、香蕉、柿子等果实，能显著促进成熟。

乙烯也有促进器官脱落和衰老的作用。乙烯在花、叶和果实的脱落方面起着重要的作用；可促进某些植物(如瓜类)的开花与雌花分化，促进橡胶树、漆树等排出乳汁；还可诱导插枝不定根的形成，促进根的生长和分化，打破种子和芽的休眠，诱导次生物质的分泌等。

3. 农业领域

乙烯可用于生产乙烯类植物生长调节剂，主要产品有乙烯利、乙烯硅、乙二肟、甲氯硝哔唑、脱叶膦、环己酰亚胺(放线菌酮)。目前国内外最为常用的仅是乙烯利，广泛应用于果实催熟、棉花采收前脱叶和促进棉铃开裂吐絮、刺激橡胶乳汁分泌、水稻矮化、增加瓜类雌花及促进菠萝开花等。

三、乙烯的理化性质

1. 分子结构

乙烯是由两个碳原子和四个氢原子组成的化合物，其分子式为 C_2H_4；结构简式为 $CH_2{=}CH_2$，两个碳原子之间以双键连接(图9-5)。

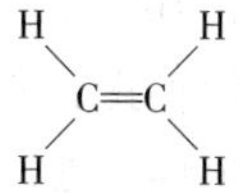

图9-5 乙烯分子结构

乙烯是由2个碳原子和4个氢原子组成的化合物。两个碳原子之间以双键连接，乙烯有4个氢原子的约束，所有6个原子共面，H—C—C 键角为 123°；H—C—H 键角为 117.4°，接近 120°，为理想 sp^2 混成轨域。这种分子也比较僵硬，旋转 C=C 键是一个高吸热过程，需要打破 π 键，而保留 σ 键之间的碳原子。VSEPR 模型为平面矩形，立体结构也是平面矩形。双键的电子云密度较高，因而大部分反应发生在这个位置。

2. 物理性质

通常情况下，乙烯是一种无色稍有气味的气体，密度为 1.25g/L，比空气的密度略小，难溶于水，易溶于四氯化碳等有机溶剂。

外观与性状：无色气体，略具烃类特有的臭味，少量乙烯具有淡淡的甜味；

吸收峰：吸收带在远紫外区；

pH：水溶液是中性；

熔点：-169.4℃；

沸点：-103.90℃；

凝固点：-169.4℃；

相对密度(d_4^0)：0.00126；

折射率：1.363；

饱和蒸气压：4083.40 kPa(0℃)；

燃烧热：1411.0 kJ/mol；

临界温度：9.20℃；

临界压力：5.04 MPa；

引燃温度：425℃；

爆炸上限(体积分数)：36.0%；

爆炸下限(体积分数)：2.7%；

溶解性：不溶于水，微溶于乙醇、酮、苯，溶于醚、四氯化碳等有机溶剂。

3. 化学性质

乙烯可以发生分解、加氢、水合、氧化、卤化、羰基化等一系列化学反应，也可以和无机氮及硫、铝、硼等其他无机物反应，还可与烃、醇、醛、酸等有机化合物反应，其中最具有价值的化学反应为聚合、氧化、烷基化、卤化、水合、齐聚和羰基化等。

① 氧化

常温下极易被氧化剂氧化。如将乙烯通入酸性 $KMnO_4$ 溶液，溶液的紫色褪去，乙烯被氧化为二氧化碳，由此可鉴别乙烯。

② 燃烧

易燃烧，并放出热量。燃烧时火焰明亮，并产生黑烟。

$$CH_2 = CH_2 + 3O_2 \longrightarrow 2CO_2 + 2H_2O \tag{9-1}$$

③ 加聚反应

在一定条件下，乙烯分子中不饱和的 C=C 双键中的一个键断裂，分子里的碳原子互相形成很长的键，得到相对分子质量很大(几万到几十万)的聚乙烯。这种由相对分子质量较小的化合物(单体)相互结合成相对分子质量很大的化合物的反应，叫作聚合反应。这种聚合反应是由一种或多种不饱和化合物(单体)通过不饱和键相互加成而聚合成高分子化合物的反应，所以又属于加成反应，简称加聚反应。

$$nCH_2 = CH_2 \longrightarrow \overline{(}CH_2 - CH_2\overline{)}_n \tag{9-2}$$

④ 烯烃臭氧化

$$3CH_2 = CH_2 + 2O_3 \xrightarrow{\text{在锌保护下水解}} 6HCHO \tag{9-3}$$

$$2CH_2 = CH_2 + O_2 \xrightarrow{\text{Ag、加热、酸性水解}} 2CH_3 - CHO \tag{9-4}$$

⑤ 加成反应

有机物分子中双键(或三键)两端的碳原子与其他原子或原子团直接结合生成新的化合物的反应。

$$CH_2 = CH_2 + Br_2 \longrightarrow CH_2Br - CH_2Br$$

$$CH_2 = CH_2 + HCl \xrightarrow{\text{催化剂，加热}} CH_3 - CH_2Cl$$

$$CH_2 = CH_2 + H_2O \xrightarrow{\text{催化剂，170℃}} CH_3CH_2COH$$

$$CH_2 = CH_2 + H_2 \xrightarrow{\text{Ni 或 Pd，加热}} CH_3 - CH_3$$

$$CH_2 = CH_2 + Cl_2 \longrightarrow CH_2Cl - CH_2Cl \tag{9-5}$$

⑥ 水合反应

乙烯经水合反应可生成乙醇。以磷酸为催化剂，使乙烯和水蒸气在温度为300℃、压力为7 MPa 下发生水合反应而生成乙醇。以 H_2SO_4 为催化剂的生产方法基本被淘汰。

$$CH_2 = CH_2 + H_2O \xrightarrow{\text{催化剂，170℃}} CH_3CH_2OH \tag{9-6}$$

⑦ 齐聚反应

乙烯齐聚反应的主要产物是高碳 α-烯烃和高碳醇。

乙烯在 80~120℃ 和 20MPa 下逐步齐聚，然后再改变条件为温度 245~300℃、压力 0.7~2.0MPa，乙烯再把齐聚分子段置换出来形成链状 α-烯烃分子。反应过程如下。

齐聚反应：

$$Al(C_2H_5)_3 + nCH_2 \!=\! CH_2 \longrightarrow AlR^1R^2R^3 \cdots \tag{9-7}$$

置换反应：

$$AlR^2R^3CH_2CH_2R^1 + CH_2 \!=\! CH_2 \longrightarrow AlR^2R^3CH_2CH_3 + CH_2 \!=\! CHR^1 \tag{9-8}$$

⑧ 羰基化反应

乙烯和以一氧化碳与氢为主要成分的合成气，在温度为 60~200℃ 及压力为 4~35 MPa 条件下，以钴为催化剂进行羰基化反应，可得到丙醛，后者经加氢或氧化，即又可分别得到丙醇和丙酸。其生成丙醛的羰基化反应，现在也可用铑铬合金为催化剂，在 0.1~5 MPa 的较低压力下进行。

⑨ 乙烯分子里的 $C \!=\! C$ 双键的键长是 1.33×10^{-10} m，乙烯分子里的 2 个碳原子和 4 个氢原子都处在同一个平面上。它们彼此之间的键角约为 120°。乙烯双键的键能是 615 kJ/mol，实验测得乙烷 $C—C$ 单键的键长是 1.54×10^{-10} m，键能 348 kJ/mol。这表明 $C \!=\! C$ 双键的键能并不是 $C—C$ 单键键能的 2 倍，而是比 2 倍略少。因此，只需要较少的能量，就能使双键里的一个键断裂。这是乙烯的性质活泼、容易发生加成反应等的原因。

四、乙烯生产技术

到目前为止，世界上约98%的乙烯生产采用管式炉蒸汽裂解工艺，还有2%的乙烯产能采用煤（甲醇）制烯烃等其他乙烯生产技术。另外，正在探索或研究开发的非石油路线制取乙烯的方法有：以甲烷为原料，通过氧化偶联（OCM）法或一步法无氧制取乙烯；以生物质乙醇为原料经催化脱水制取乙烯；以天然气、煤或生物质为原料经由合成气通过费-托合成（直接法）制取乙烯等。

乙烯装置处于石油化工的核心地位。乙烯装置是以石油烃为原料，通过高温短停留时间热裂解，并经过冷却及洗涤（或称热回收）、压缩、净化和深冷分离等工艺过程，生产主产品乙烯，并联产丙烯、C_4 馏分、$C_6 \sim C_8$ 馏分及裂解燃料油等副产品的生产装置。

各国乙烯装置的流程虽有不同，但其共同点是均包括"裂解"和"分离"这两个基本过程。广义地说，凡是在高温下有机化合物分子发生分解的反应过程都称为裂解。而石油化工中所谓的"裂解"是指石油烃（裂解原料）在隔绝空气和高温条件下分子发生分解反应而生成小分子烯烃或（和）炔烃的过程。在这个过程中还伴随着许多反应，生成其他的反应产物。"分离"是裂解的后继加工过程，它的任务是将裂解气分离为所要求纯度的单一烃或烃的馏分，为进一步合成提供原料。

① 气体净化系统。为了排除对后续操作的干扰和提纯产品而将杂质去除，包括脱酸性气、脱水、脱炔和脱 CO 等。

② 压缩和冷冻系统。这是保证物料降温，为分离创造条件。

③ 精馏分离系统。含量占较大比例的各种烃的分离以及产品乙烯、丙烯的精制提纯是通过精馏系统来实现的。这个系统是由一系列的精馏塔组成的，包括脱甲烷塔、脱乙烷塔、脱丙烷塔、脱丁烷塔、乙烯精馏塔、丙烯精馏塔等。

第二节　烃类裂解工艺

一、烃类裂解的化学反应机理

烃类热裂解是一个复杂的化学反应过程(图 9-6)，已经知道的反应有脱氢、断链、二烯合成、异构化、脱氢环化、脱烷基、叠合、歧化、聚合、脱氢交联和焦化等，裂解产物多达数十种乃至数百种。

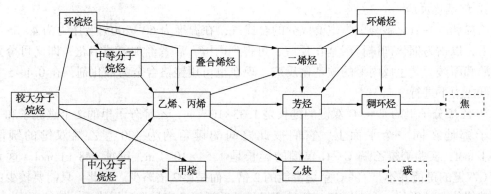

图 9-6　烃类热裂解过程和主要产物

由较大分子原料烃的烷烃裂解会生成乙烯、丙烯以及较小的烷烃或环烷烃，环烷烃和较小的烷烃还会被裂解生成乙烯、丙烯或其他烷烃、烯烃，称为一次反应。一次反应产物中部分烯烃、烷烃进一步反应会生成芳烃、稠环以至于结焦结炭，称为二次反应。为了确保最大限度地获得乙烯、丙烯等目的产物，工业生产中应促进一次反应的生成并控制停留时间，同时，应在适当时机中止反应，抑制二次反应。

1. 烷烃的裂解反应

（1）正构烷烃的裂解反应

正构烷烃的裂解反应主要有脱氢反应和断链反应，对于 C_5 以上的烷烃还可以发生环化脱氢反应等其他反应。

① 脱氢反应。脱氢反应是 C—H 键断裂的反应，产物分子中碳原子数保持不变，其通式如下：

$$C_nH_{2n+2} \Longleftrightarrow C_nH_{2n}+H_2$$
$$C_2H_6 \Longleftrightarrow C_2H_4+H_2$$
$$C_3H_8 \Longleftrightarrow C_3H_6+H_2$$
$$C_6H_{14} \Longleftrightarrow C_6H_{12}+H_2 \tag{9-9}$$

② 断链反应。断链反应是 C—C 键的断裂反应，生成了碳原子数较少的产物，其通式如下：

$$C_nH_{2n+2} \longrightarrow C_mH_{2m}+C_kH_{2k+2}$$
$$C_3H_8 \longrightarrow C_2H_4+CH_4$$
$$C_6H_{14} \longrightarrow C_5H_{10}+CH_4$$
$$C_6H_{14} \longrightarrow C_4H_8+C_2H_6$$

$$C_6H_{14} \longrightarrow C_3H_6 + C_3H_8$$
$$C_6H_{14} \longrightarrow C_2H_4 + C_4H_{10} \tag{9-10}$$

③ 环化脱氢反应。C_5 以上的正构烷烃可发生环化脱氢反应生成环烷烃。例如，正己烷脱氢生成环己烷。

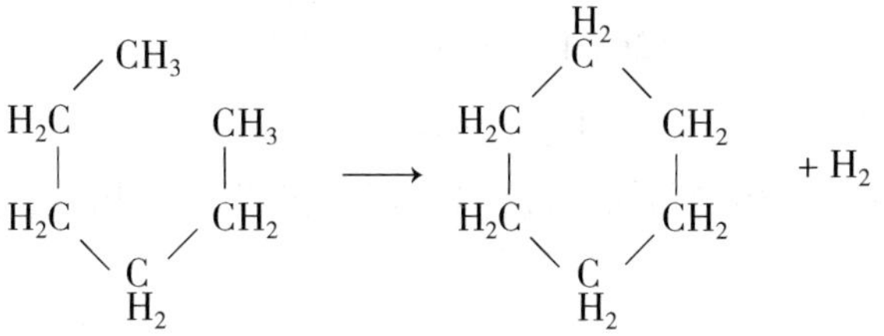

$$\tag{9-11}$$

（2）异构烷烃的裂解反应

异构烷烃结构各异，其裂解反应差异较大。与正构烷烃相比，异构烷烃的裂解有如下特点。

异构烷烃裂解所得乙烯、丙烯收率远较正构烷裂解所得收率低，而氢、甲烷、C_4 及 C_4 以上烯烃收率较高。

随着碳原子数的增加，异构烷烃与正构烷烃裂解所得乙烯和丙烯收率的差异减小。

甲基在第二个碳原子上的单甲基异构烷烃裂解时，所得大分子烯烃收率比其他异构烷烃低，而乙烯、丙烯收率高。其裂解速度大体上与比它少一个碳原子的正构烷烃相当。

两个甲基不在同一碳原子上的双甲基取代异构烷烃裂解时，趋向生成比它少一个碳原子的异构烯烃。它的裂解速度比同碳原子数的正构烷烃快，大体上与比它多一个碳原子数的正构烷烃相当。

异构烷烃裂解的一次产物中，丙烯与乙烯重量比较同碳数的正构烷烃高。

2. 烯烃的裂解反应

虽然工业上应用的裂解原料一般含烯烃很少，但裂解一次反应生成的烯烃会进一步发生断链、脱氢、歧化、合成和芳构化等二次反应。

（1）断链反应

较大分子的烯烃裂解可断链生成两个较小的烯烃分子，其通式为

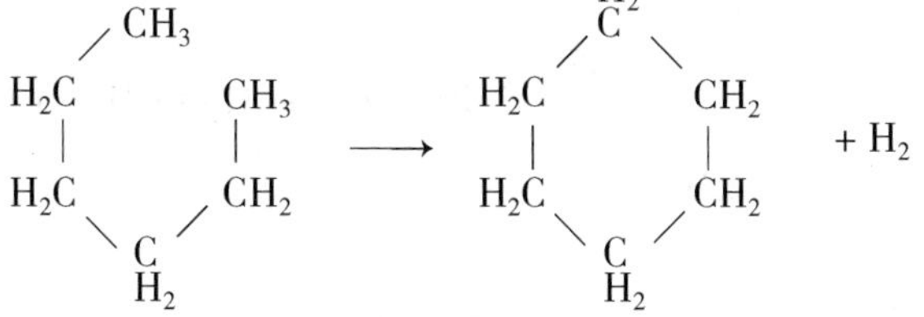

$$\tag{9-12}$$

$$C_{n+m}H_{2(n+m)} \longrightarrow C_nH_{2n} + C_mH_{2m}$$

$$CH_2 {=\!\!=} \overset{\alpha}{CH} - \overset{\beta}{CH_2} - CH_2 - CH_2 - CH_3 \longrightarrow CH_2{=\!\!=}CH - CH_3 + CH_2{=\!\!=}CH_2 \tag{9-13}$$

（2）脱氢反应

烯烃可进一步脱氢生成二烯烃和炔烃。

$$C_4H_8 {\rightleftharpoons} C_4H_6 + H_2$$
$$C_2H_4 {\rightleftharpoons} C_2H_2 + H_2 \tag{9-14}$$

（3）歧化反应

两个同一分子烯烃可歧化为两个不同烃分子。

$$2C_3H_6 \longrightarrow C_2H_4 + C_4H_8$$

$$2C_3H_6 \longrightarrow C_2H_6 + C_4H_6$$

$$2C_3H_6 \longrightarrow C_5H_8 + CH_4$$

$$2C_3H_6 \longrightarrow C_6H_{10} + H_2 \tag{9-15}$$

（4）双烯合成反应。二烯烃与烯烃进行双烯合成而生成环烯烃，进一步脱氢生成芳烃，通式为

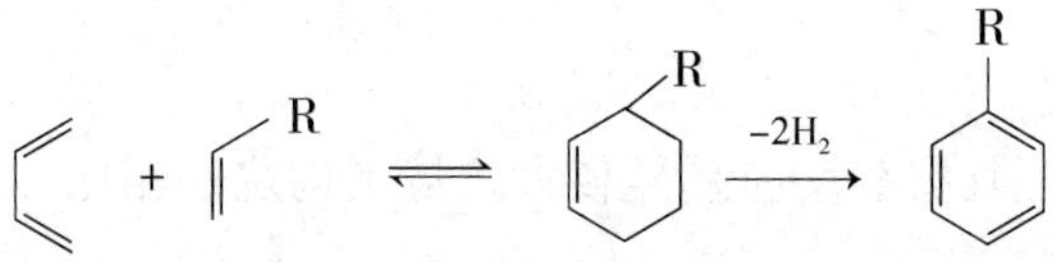

$$\tag{9-16}$$

（5）芳构化反应。六个或更多碳原子数的烯烃，可以发生芳构化反应生成芳烃，通式如下：

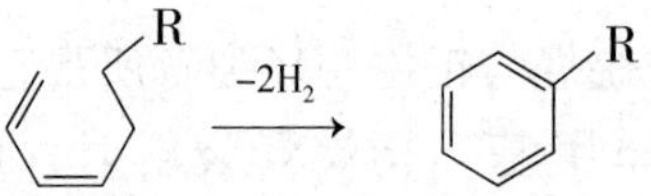

$$\tag{9-17}$$

3. 环烷烃的裂解反应

环烷烃较相应的链烷烃稳定，在一般裂解条件下可发生断链开环反应、脱氢反应、侧链断裂及开环脱氢反应，由此生成乙烯、丙烯、丁二烯、丁烯、芳烃、环烷烃、单环烯烃、单环二烯烃和氢气等产物。例如，环己烷：

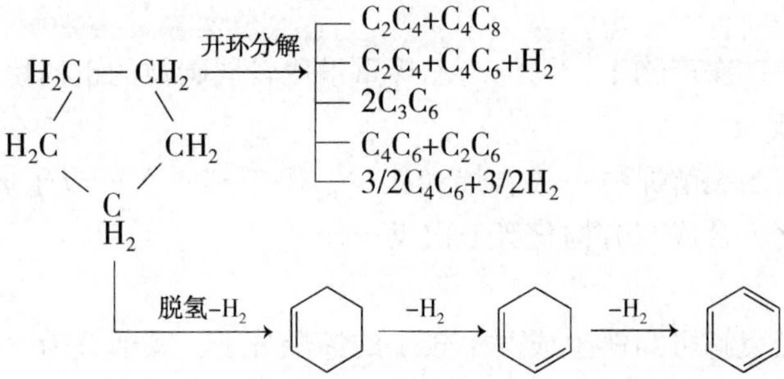

$$\tag{9-18}$$

环戊烷：

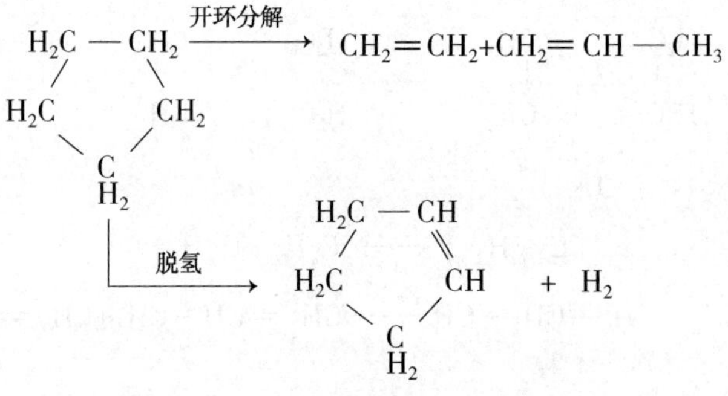

$$\tag{9-19}$$

4. 芳烃的裂解

由于芳环的稳定性，在裂解温度下不易发生裂开芳环的反应，而主要是发生烷基芳烃的侧链断裂碳键和脱氢反应，以及芳烃缩合生成多环芳烃，进一步生成焦的反应。所以，

含芳烃多的原料油不仅烯烃收率低，而且结焦严重，不是理想的裂解原料。

（1）烷基芳烃的裂解

侧链脱烷基或断键反应：

$$Ar—C_nH_{2n+1} \begin{cases} \longrightarrow ArH + C_nH_{2n} \\ \longrightarrow Ar—C_fH_{2f+1} + C_mH_{2m} \end{cases}$$
(9-20)

式中，Ar 为芳基，$n=f+m$

（2）环烷基芳烃的裂解

脱氢和异构脱氢反应：

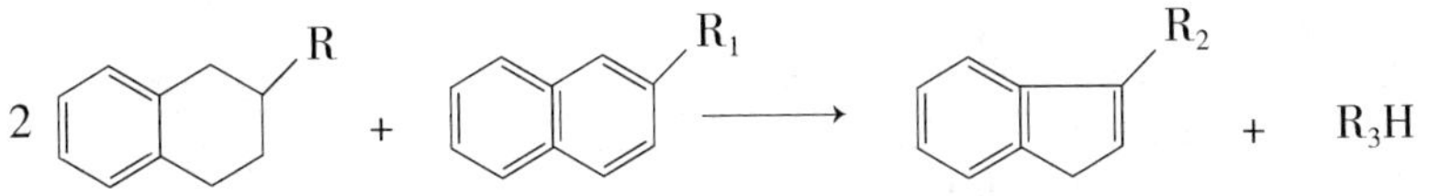

(9-21)

缩合脱氢反应：

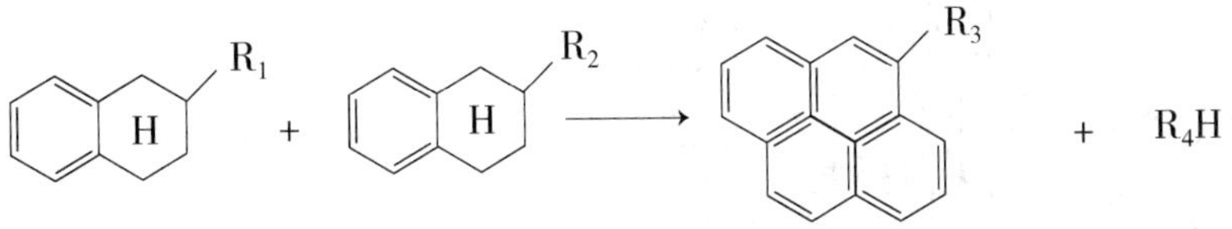

(9-22)

（3）芳烃的缩合反应：

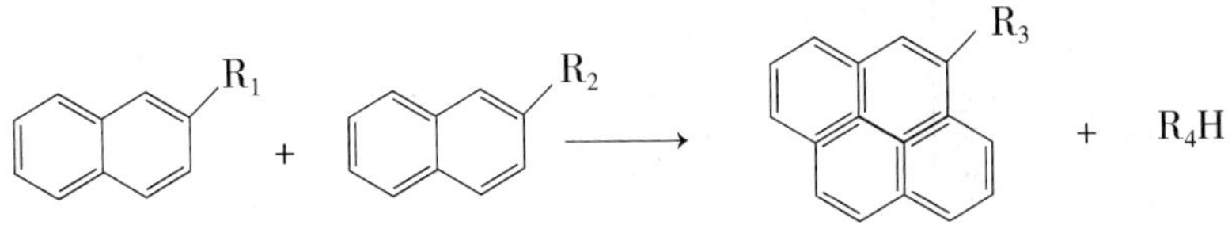

(9-23)

二、裂解原料

1. 原料来源和种类

用于管式炉裂解的原料来源很广，主要有两个方面：一是来自油田的伴生气和来自气田的天然气，两者都属于天然气范畴；二是来自炼油厂的一次加工油品（如石脑油、煤油、柴油等）、二次加工油品（如焦化汽油、加氢裂化尾油等）以及副产品的炼气厂，另外还有乙烯装置本身分离出来循环裂解的乙烷等。

（1）天然气

蕴藏在地层内的可燃性气体称为天然气，它的组成主要是甲烷，还含有乙烷、丙烷等低相对分子质量（以下简称分子量）烷烃和少量 CO_2、N_2、H_2S 等非烃成分。鄂尔多斯、塔里木、四川盆地仍是我国天然气主产区。

依化学组成不同，天然气可分为干气和湿气两种。干气的主要成分是甲烷，含甲烷在90%以上。湿气含90%以下的甲烷，其余的组分是乙烷、丙烷和丁烷等烷烃。之所以称为湿天然气，是因为 $C_2 \sim C_5$ 这部分可以经压缩冷却得到液态的凝缩汽油。

（2）炼厂气

炼厂气是炼厂在石油加工过程中所得到的气体的总称，主要包括催化裂化气、加氢裂化焦化气、重整气。这些气体经汽油吸收后可得干气、气态烃、液态烃，气态烃主要含有甲烷、C_2 等难凝气体，液态烃主要是 C_3、C_4 馏分。

炼厂气中除了含甲烷和氢气外，还有乙烷、乙烯、丙烷、丙烯和 C_4 等成分。我国炼厂干气主要由催化裂化干气组成，由于原料及工艺条件不同，催化裂化干气组成有一定的差别，一般乙烯含量在10%(体积)左右，同时含有一定数量的乙烷。由于已经经过粗气体分离，所以催化干气中C_3馏分不是很多。焦化干气中乙烯含量很少，乙烷含量和焦化干气相近。

（3）原油各馏分油

原油经过炼油装置得到的多种油品可作为乙烯生产的原料，炼油厂流程见图9-7。

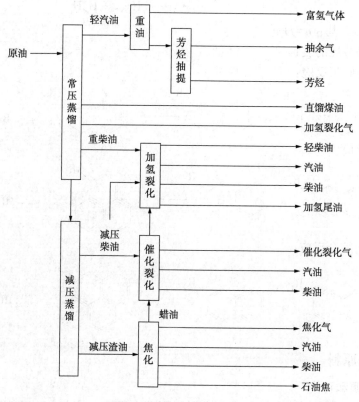

图9-7 炼油厂流程示意图

① 轻油包括直馏汽油、抽余油、重整拔头油等含烷烃较多的低沸点馏分油，沸点范围从初馏点至130℃或初馏点至200℃的汽油馏分。

② 煤油、轻柴油为130~300℃之间的直馏馏分油，200~300℃之间的直馏馏分油为常压柴油(AGO)。柴油可分为两种，200~350℃的馏分为轻柴油，250~400℃馏分为重柴油，现在将145~360℃馏分油称为轻柴油。

③ 减压柴油。经减压蒸馏得到的350~500℃馏分称为减压柴油(VGO)。

2. 原料裂解性能指标

（1）族组成

裂解原料是由各种烃类组成的，按其结构可分为四大族，即链烷烃族、烯烃族、环烷烃族和芳烃族。

① 族组成的表示方法

这四大族的族组成以PONA值来表示，其含义如下：

P——链烷烃(Paraffin，简称烷烃)，较易裂解生成乙烯、丙烯，其中正构烷烃的乙烯收率比异构烷烃高，而正构烷烃的甲烷、丙烯、丁烯、芳烃收率比异构烷烃低。

O——烯烃(Olefin)，烯烃含量大，裂解困难，易造成结焦。

N——环烷烃(Naphthene)，环己烷裂解生成乙烯、丁二烯、芳烃，环戊烷裂解生成乙烯、丙烯。但环烷烃裂解的乙烯、丙烯及 C_4 的收率不如烷烃高，而且容易生成芳烃。

A——芳烃(Aromatics)，芳烃含量大，裂解困难，易生成重质芳烃，并造成结焦。

② 裂解原料的 PONA 值与裂解性能的关系

测定裂解原料的 PONA 值，就能在一定程度上了解其裂解反应的性能。裂解原料中，烷烃含量特别是正构烷烃含量越高，乙烯收率也越高。

（2）氢含量

裂解原料的氢含量是指烃分子中氢的质量分数。

原料的氢含量是衡量该原料裂解性能和乙烯潜在含量的重要特性。图 9-8 所示为乙烯收率和原料氢含量的关系。原料氢含量越高，乙烯收率越高。从族组成看，烷烃氢含量最高，环烷烃次之，芳烃最低。从原料相

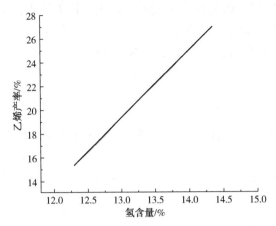

图 9-8 裂解原料氢含量与乙烯产率的关系

对分子质量看，从乙烷到柴油，相对分子质量越大，氢含量依次降低，乙烯收率也依次降低。

（3）特性因数

特性因数是反映原油及其馏分的烃类组成特性的因数，用符号 K 表示。K 值以烷烃最高，环烷烃次之，芳烃最低，表 9-2 列举了一些烃类的特性因数。

从表 9-2 看出，K 值越高，烃类烷烃含量越高，表示烃类石蜡性越强；K 值越低表示烃的芳香性越强。因此 K 值越高，烃类裂解性能越好。

表 9-2　烃类的特性因数

烃类	甲烷	乙烷	丙烷	丁烷	环戊烷	环己烷	甲苯	乙苯	苯
K	19.54	18.38	14.71	13.51	11.12	10.99	10.15	10.37	9.73

（4）关联指数 BMCI

关联指数 BMCI 值(Bureau of Mines Correlation Index)是由该馏分的体积平均沸点 T 和密度相关联后的一个条件参数，其定义为

$$BMCI = \frac{48640}{T_{体}+273} + 473.6 \times d_{15.6}^{15.6} - 456.8$$

(9-24)

式中　$d_{15.6}^{15.6}$——相对密度；

　　　$T_{体}$——体积平均沸点，K。

由于正己烷的 BMCI=0，苯的 BMCI=100，故 BMCI 是一个芳烃性指标，其值愈大，芳烃性愈高，因此 BMCI 也可称为芳烃指数。直链烷烃的 BMCI 值接近于 0，较多支链的烷烃 BMCI 值约为 10～15。烃类化合物的芳香性愈强，则 BMCI 值愈大。图 9-9 表示出烃类

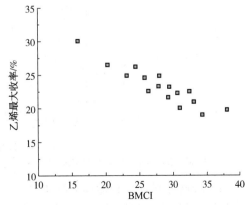

图 9-9　柴油的 BMCI 值与乙烯最大产率的关系

BMCI 值与裂解性能的关系，由图可见，BMCI 值愈小，乙烯收率愈高，反之，BMCI 值愈大，乙烯收率愈低。因此，BMCI 值较小的馏分油是较好的裂解原料。

（5）沸程

对于单一烃，在一定压力下，该烃只有一个沸点值，沸点高表示相对分子质量大。裂解原料是多种烃的混合物，其沸点不是一个单值，而是有一个较宽的范围，称为沸程，又称馏程。作为裂解原料，原料馏程应当窄一些，便于选择最佳裂解工艺条件，如果馏程太宽，其中的轻组分未达到最佳裂解温度，而较重组分又过度裂解，因而原料不能合理利用，造成装置生产能力降低。

三、裂解反应工艺

裂解是指烃类在高温条件下，发生碳链断裂或脱氢反应，生成烯烃和其他产物的过程。裂解的目的是以生产乙烯、丙烯为主，同时副产丁二烯、芳烃等产品。裂解所得产品收率与裂解原料的性质有关。而对相同原料而言，裂解产品收率与裂解过程的工艺参数有关。

1. 管式炉裂解工艺流程

管式炉裂解的工艺流程包括原料供给和预热、对流段、辐射段、高温裂解气急冷和热量回收等几部分不同裂解原料和不同热量回收，形成各种不同的工艺流程。图 9-10 是管式炉裂解的流程示意图。

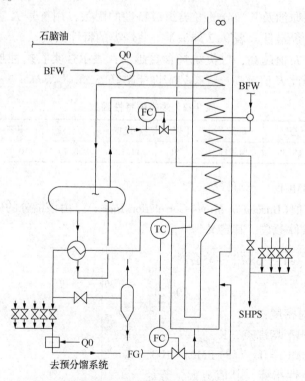

图 9-10 鲁姆斯裂解工艺流程图

BFW—锅炉给水；DS—稀释蒸汽；SHPS—超高压蒸汽；Q0—急冷油；QW—急冷水；FG—燃料气

（1）裂解原料预热和稀释蒸汽注入

裂解原料主要在对流段预热，裂解原料预热到一定程度后，需在裂解原料中注入稀释蒸汽,稀释蒸汽注入的方式大致分为原料进入对流段之前注入,原料在对流段中预热到一定温度后注入和二次注入(原料先注入部分稀释蒸汽,在对流段中预热至一定程度后,再次注入经对流段预热后的稀释蒸汽)等。

（2）对流段

管式裂解炉的对流段用于回收烟气热量,主要用于预热裂解原料和稀释蒸汽,使裂解原料汽化并过热至裂解反应起始温度后,进入辐射段加热进行裂解。此外,根据热量平衡也可在对流段进行锅炉给水的预热、助燃空气的预热和超高压蒸汽的过热。

（3）辐射段

烃和稀释蒸汽混合物在对流段预热至物料横跨温度(指裂解原料和稀释蒸汽混合物在对流段预热的出口温度,也是辐射段的入口温度)后进入辐射盘管,辐射盘管在辐射段内用高温燃烧气体加热,使裂解原料在管内进行裂解。

（4）高温裂解气的急冷和热量回收

裂解炉辐射盘管出口的高温裂解气温度达800℃以上,为抑制二次反应的发生,需将辐射盘管出口的高温裂解气快速冷却。急冷的方法有两种,一是用急冷油(或急冷水)直接喷淋冷却,另一种方式是用换热器进行冷却,用换热器冷却时,可回收高温裂解气的热量而副产出高位能的高压蒸汽,该换热器被称为急冷换热器(常以 TLE 或 TLX 表示),急冷换热器与汽包构成的发生蒸汽的系统称为急冷锅炉(或废热锅炉)。在管式炉裂解轻烃、石脑油和柴油时,都采用废热锅炉冷却裂解气并副产高压蒸汽。经废热锅炉冷却后的裂解气温度尚在400℃以上,此时可再由急冷油直接喷淋冷却。

2. 工艺参数

（1）裂解深度

裂解深度是指裂解反应的进行程度,在工程中,根据不同情况,采用乙烯对丙烯的收率、原料转化率、甲烷收率、甲烷对丙烯的收率、动力学裂解深度函数等参数衡量裂解深度。最常用的是乙烯对丙烯的收率。

由于液体原料中基本不含乙烯和丙烯,所以分析裂解产物中乙烯和丙烯的量,可比较方便地获得乙烯对丙烯收率的比值。

由图9-11可见,随着裂解反应的进行,乙烯收率逐步增加,而丙烯收率增加得稍慢,到最高点后便下降,所以用乙烯对丙烯收率比的增大作为反映裂解深度增高的指标。

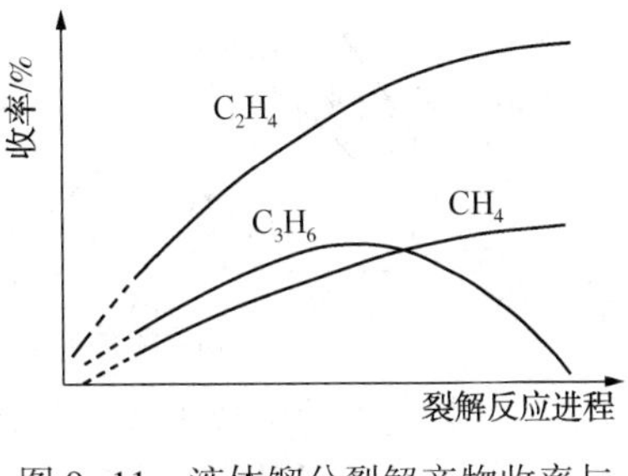

图9-11 液体馏分裂解产物收率与反应进程的示意性关系

（2）裂解温度和停留时间

① 裂解温度

裂解炉辐射段炉管的出口温度称为裂解温度;辐射段炉管的进口温度,称为横跨温度。裂解温度的选择取决于原料的组成、炉型和裂解深度。裂解温度的高低大体符合以下规律;碳数愈少的原料裂解温度愈高;单管裂解炉>二程管裂解炉>多程管裂解炉(即停留时间愈短裂解温度愈高);高裂解深度>中裂解深度>低裂解深度。相同炉型时原料的组成愈轻,裂解温度愈高;而横跨温度只与原料的组成有关;裂解原料愈轻,横跨温度愈高,一般横跨温度接近原料的起始裂解温度。

从反应动力学观点分析,温度升高,烃裂解生成乙烯的速度大于烃分解为碳和氢的速度。因此，温度升高有利于乙烯的生成。但从反应热力学观点看，温度愈高，愈易结焦。而且温度愈高，对炉管材质的要求也愈高；裂解温度还与原料性质有关，一般较轻的原料其裂解温度高，较重的原料裂解温度较低。

② 停留时间

停留时间长，促进了一次反应，但二次反应也充分进行，这样使一次反应生成的乙烯通过二次反应大量消失，使乙烯收率下降。停留时间过短，一次反应来不及进行，原料转化不完全。因此，要获得较多的乙烯须选择适宜的停留时间，既能使一次反应充分进行，又能抑制二次反应发生。表 9-3 是石脑油停留时间对烯烃收率的影响，从表中可看出，在一定的裂解温度下，停留时间愈短，乙烯收率愈高。

表 9-3　石脑油停留时间对烯烃收率的影响[①]

出口温度/℃	849	849	849
停留时间/s	0.1158	0.1131	0.1126
乙烯收率/%	34.83	35.46	35.51
丙烯收率/%	12.47	13.88	13.91

①毫秒炉工业操作数据。

③ 温度与停留时间的关系

温度和停留时间有密切的关系，既相互依赖，又相互制约。图 9-12、图 9-13 是轻柴油裂解炉管出口温度和停留时间对乙烯收率的影响。从图中可看出，没有适当高的温度，停留时间无论怎样变动也得不到高收率的乙烯；反之，无适当的停留时间，即使高温也得不到高收率的乙烯。因此，寻找适当的反应温度和停留时间是很重要的。

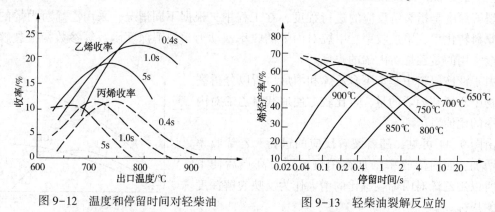

图 9-12　温度和停留时间对轻柴油
裂解中乙烯和丙烯收率的影响

图 9-13　轻柴油裂解反应的
温度-停留时间对转化率的影响

表 9-4 是石脑油裂解时温度和停留时间对产品收率的影响。由表可见，提高温度、缩短停留时间可以提高乙烯收率，而丙烯和汽油的收率降低。所以，可根据生产上对各种产物的需求，选择合理的裂解温度和停留时间。

表 9-4　石脑油裂解时温度和停留时间对产品收率的影响

出口温度/℃	760	810	850	860
停留时间/s	0.7	0.5	0.45	0.4
乙烯收率/%	24	26	29	30

出口温度/℃	760	810	850	860
丙烯收率/%	20	17	16	15
裂解汽油/%	24	24	21	19

注：蒸汽/石脑油=0.6，质量比。

（3）烃分压和稀释比

裂解过程中的反应，无论是脱氢反应还是断链反应，都是气体分子数增加的反应；从化学平衡观点分析，降低压力平衡向气体分子数较多的方向移动，所以降低烃分压，有利于提高乙烯的平衡转化率；二缩合、聚合等反应都是分子数减少的反应，故降低烃分压可抑制这些反应的进行；图 9-14 表示烃分压对乙烯收率的影响。

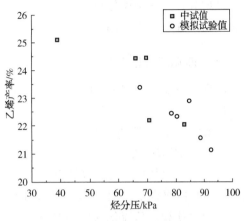

图 9-14　减压柴油直接裂解烃分压对乙烯产率的影响

稀释比是指在裂解反应物料中，加入的稀释剂与裂解原料的比例，有质量比和摩尔比两种表示法，一般工业上采用质量比。稀释比愈高，对裂解反应愈有利，但过大也会带来一些不利的影响，如水蒸气消耗量增大，使裂解炉生产能力下降，同时影响急冷速度，急冷剂的用量加大等，使能耗增加。因此，原料的合适稀释比应根据产物收率、裂解炉能力和能耗综合因数选择。表 9-5 列出了几种常用原料的水蒸气稀释比。

表 9-5　几种常见原料的水蒸气稀释比

裂解原料	原料氢含量/%	结焦难易程度	稀释比	裂解原料	原料氢含量/%	结焦难易程度	稀释比
乙烷	20	不易	0.25~0.4	石脑油	14.16	教易	0.5~0.8
丙烷	18.5	不易	0.3~0.5	粗柴油	约13.6	较易	0.75~1.0
正丁烷	17.24	中等	0.4~0.5	原油	约13	很易	3.5~5.0

（4）裂解炉出口压力（COP）

裂解反应是分子数增多的反应，从化学平衡的角度看，降低裂解炉出口压力有利于提高裂解反应的选择性。具体来说，COP 增大，烃分压增加，降低乙烯收率；COP 减小，降低烃分压，提高乙烯收率。但当 COP 过高时，要达到同样的裂解收率，需要增加稀释比，这是不经济的。当 COP 过低时，为了压缩裂解气，压缩机消耗的功率上升，压缩比增大，这也是不经济的。实际上裂解炉出口压力取决于压缩机入口压力。因此裂解炉出口压力的确定要综合考虑这些因素的影响。

综上所述，对于一定的裂解原料，裂解温度和停留时间是影响烃类裂解的主要因素，同时也影响目的烯烃及其他有用产品的收率；而添加稀释剂和 COP 设置都是通过烃分压来影响裂解产品收率对不同的原料，为了得到尽可能多的烯烃，都有其最适宜的裂解温度和停留时间。

第三节　裂解气净化和分离

从气体中脱除含量比较少的气相杂质，称之为净化。对于裂解气来说，脱除含量较少的 H_2S、CO_2、H_2O、C_2H_2 和 CO 等气相杂质，属于净化。如果将混合气体中含量比较多的组分彼此分开，这个操作过程，称之为分离。对于裂解气来说，分出含量较多的氢、甲烷或脱重组分等就属于分离。

一、脱除酸性气体

酸性气主要是指 CO_2、H_2S 和其他气态硫化物。这些化合物可以在同一操作中同时脱除，所以一起加以讨论。

1. 酸性气体杂质的来源

① 裂解原料中带来；

② 原料(尤其是粗柴油等较重原料)中含有的有机硫化物(硫醇、硫醚、噻吩、硫茚等)在裂解过程的高温下与 H_2 发生氢化反应而生成。

二硫化碳和羟基硫化物在高温下与氢反应生成 H_2S；与稀释水蒸气发生水解反应同时生成 H_2S 和 CO_2。

二氧化碳的另外来源是裂解炉反应区如有结炭时，炭在高温下与水蒸气作用而生成，或烃与水蒸气发生反应而生成。当有氧窜入反应系统时，与烃也能生成 CO_2。

从总体上讲，管式炉裂解的条件下生成 CO_2 的可能性比生成 H_2S 为小，所以可看出 CO_2 含量比 H_2S 小。但蓄热炉、熔盐炉、火焰裂解炉等有燃烧气(主要含 CO_2)窜入系统，所以其裂解气中的 CO_2 含量比 H_2S 高。

在分离裂解气之前，首先要脱除其中的酸性气体。工业上一般是用物理吸收或用化学反应与吸收相结合的方法，用吸收剂洗涤裂解气，可同时除去 CO_2 和 H_2S、RSH 等。

2. 碱洗法原理

碱洗法是用 NaOH 溶剂洗涤裂解气，在洗涤过程中 NaOH 与裂解气中的酸性物质发生化学反应。生成的碳酸盐和硫化物溶于废碱液中，因而使酸性气自裂解气中脱除。

在平衡产物中，CO_2、H_2S 的分压实际上可降低到零，因此有可能在生产中使 CO_2、H_2S 在裂解气中的含量降低到 $1\sim2mL/m^3$。比较 CO_2 和 H_2S 与 NaOH 的反应速度发现，在进行碱洗塔设计时主要考虑的是 CO_2 的吸收速度，可忽略 H_2S 的吸收速度，或者是用总酸性气体的含量(H_2S、CO_2)来代替 CO_2 的含量进行设计计算。

二、脱水(深度干燥)

1. 水汽的来源

裂解气由于经过在水洗塔内的水洗、在碱洗塔内与碱液接触以及该塔顶部的水洗，尽管在压缩过程中加压、降温，能脱除大部分重烃和水分，但裂解气中仍含有大约 $500mL/m^3$ 的水。这些水分在深冷分离操作时会结成冰。另外，在压力和低温条件下，水还能与甲烷、乙烷、丙烷等烃生成水合物的白色结晶和冰雪相似。

工业上脱水(深度干燥)的方法很多，有冷冻法、吸收法和吸附法。现在广泛采用、效果较好的方法是用分子筛作为吸附剂的脱水法。

2. 分子筛脱水

分子筛是人工合成的结晶性硅铝酸金属盐的多水化合物。使用前将它活化，使它的结合水脱去后，晶体骨架结构几乎不发生变化，留下大小一致的孔口，孔口内有较大的空穴，形成由毛细孔连通的孔穴的几何网络。比孔口直径小的分子，分子通过孔口进入内部的空穴，吸附在空穴内，而后在一定条件下脱附出来。而比孔口直径大的分子则不能进入，这样就可以把分子大小不同的混合物加以分开，好像分子被过了筛一样，它是筛分分子的筛子，所以称为分子筛。

三、裂解气的精馏分离

1. 脱甲烷

脱除裂解气中的氢和甲烷，是裂解气分离过程中投资最大、能耗最多的环节。该系统所需冷负荷占全装置冷负荷的一半以上。

在顺序分离流程中，进入脱甲烷系统的裂解气除含氢和甲烷外，尚含有 $C_2 \sim C_5$ 以上的各种烃类。在前脱甲烷的分离流程中，进入脱甲烷系统的裂解气除含氢和甲烷外，其余为 C_2 和 C_3 馏分在前脱乙烷的分离流程中，进入脱甲烷系统的裂解气仅含氢、甲烷和 C_2 烃类。可见，在不同的分离流程中，进入脱甲烷系统的气体组成有很大不同。

甲烷节流膨胀过程是在冷箱中进行的，冷箱放在脱甲烷之前，处理塔的进料，称为前冷，又称前脱氢。冷箱放在脱甲烷之后，处理尾气称为后冷，又称后脱氢。

2. 脱乙烷、乙炔加氢和乙烯精馏

对于脱乙烷来讲，在顺序分离流程中，裂解气经脱甲烷系统脱除氢气和甲烷等轻组分后，由脱甲烷塔塔釜所得 C_2 和 C_2 以上的馏分，送入脱乙烷塔。由塔顶切割出 C_2 馏分，进一步精馏得到乙烯产品。塔釜则为 C_3 和 C_3 以上组分，需送至脱丙烷塔进一步分离。

在前脱丙烷分离流程中，脱乙烷塔进料为 C_2 和 C_3 馏分的混合物，此时，脱乙烷塔塔顶所得 C_2 馏分可进一步精制得到乙烯产品，塔釜所得 C_3 馏分可进一步精制得到丙烯产品。

在前脱乙烷工艺流程中，脱乙烷塔进料为干燥后的裂解气，此时塔顶为含有氢、甲烷和 C_2 的馏分，须送至脱甲烷系统进一步分离。塔釜为 C_3 和 C_3 以上重组分，送至脱丙烷系统。

对乙烯精馏来讲，无论哪种分离流程，乙烯精馏塔进料均以 C_2 馏分为主，通过乙烯精馏得到合格的乙烯产品和乙烷。

3. 脱丙烷、脱丁烷和丙烯精馏

就脱丙烷系统而言，在顺序分离流程和前脱乙烷分离流程中，脱乙烷塔塔釜液为 C_3 和 C_3 以上馏分，其中 C_3 以下组分基本脱除。脱乙烷塔塔釜液送入脱丙烷系统，塔顶分离出丙烷和丙烯，塔釜为 C_4 和 C_4 以上馏分。

当裂解气压缩系统设有凝液汽提塔时，凝液汽提塔釜液也将送入脱丙烷塔。为避免 C_2 等轻组分带入脱丙烷系统，须将进料中 C_2 含量控制在 10^{-4}（体积）以下。如果脱丙烷系统进料中 C_2 馏分含量较高以致影响丙烯产品质量时，则需在 C_3 馏分进入丙烯精馏塔之前采取措施，以脱除其中过量的 C_2 馏分。

在前脱丙烷分离流程中，脱丙烷系统的进料是含氢、甲烷、C_2、C_3 及 C_3 以上的裂解气；由于含有大量的轻组分，为在塔顶分出 C_3 馏分所需冷凝温度大大降低，为防止冻结堵塞，裂解气应在干燥后进入脱丙烷系统。

第四节 "三废"治理和产品后处理

乙烯生产排出的废水(液)、废气和废渣是石化企业的一个重要污染源,如不妥善治理,会破坏生态平衡,危害职工和居民的健康。对排到大气的废气,必须达到国家规定的排放标准;排出界区的废水(液)、废渣必须符合企业分级把关的具体规定,为合法排出整个工厂界区创造条件。有可能时,应想方设法降低排污量,提高三废处理率,并尽可能采用新技术、新措施加以回收利用。

一、污水处理

乙烯装置生产的污水主要是含油、含酚和含硫的污水。含油污水主要来自急冷水排放、稀释蒸汽排放和地面污染含油水;含酚污水主要来自稀释蒸汽发生部分。当大量急冷水用来发生稀释蒸汽时,从稀释蒸汽发生塔或稀释蒸汽锅炉排出大量的含酚废水,约占最大排放量的一半左右;含硫污水主要来自裂解气脱酸部分;当裂解气用氨和(或)碱液中和酸性气体时,要用脱盐水洗涤,排出含硫污水。

1. 含硫污水的处理工艺

硫在裂解原料中以硫化物、硫醇和二硫化物等形式存在。其中一些硫化物在裂解过程中转变为硫化氢和硫醇,形成酸性气,其沸点在乙烯、丙烯等烃类沸点范围内,因而,在实际生产中采用氨碱化学吸收脱除酸性气。脱酸洗涤水形成含硫污水。

乙烯装置内常用物理沉淀法、化学中和法处理,排出界区继续处理。含硫污水的实质性处理是用生物氧化法亦称生化法,采用此法比用化学法、物理法和物理化学法设备简单、运转费用低、处理效率高。

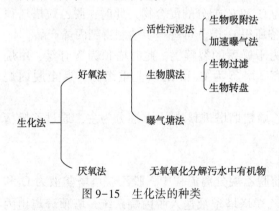

图 9-15　生化法的种类

(1) 生化法的种类

生化法的种类如图 9-15 所示。

(2) 好氧生化法简介

好氧法处理是在有氧的条件下,借助好氧性微生物的活动,在酶的作用下污水中有机物产生氧化分解。脱氢酶使基质(如硫醇)活化脱氢;氧化酶使鼓入的氧气(或空气中的氧)活化并与脱下的氢结合成水,因而含硫污水经生化处理后最终产物为 CO_2、硫酸盐等。

在好氧生物处理中,还应经常供给分子氧,以促进好氧性微生物的活动。好氧法中常用活性污泥法、纯氧曝气法和氧化塘法。

活性污泥法:活性污泥是含有大量微生物的絮状污泥,其中有机物质挥发分占70%以上。活性污泥法就是以活性污泥为主体的一种好氧性生化处理污水方法。在充分供氧的条件下,微生物能吸附污水中的有机物,并迅速氧化分解而生成无机物,因而污水得到净化。

生物膜法:生物膜法是通过废水同生物膜接触,生物膜吸附和氧化废水有机物并同废水进行物质交换,从而使废水得到净化的过程。

所谓生物膜是当污水流经滤料表面时,由于水、空气中的或接种的微生物在滤料(塑料、炉渣、石料等)表面附着繁殖而形成黏膜,约为 0.2mm 左右。这种滤料表面带有生物膜的滤池即为生物滤池。

(3)曝气塘法

曝气塘是个大面积的水塘,在水面上安有曝气机,活性污泥浓度低,停留时间长,往往用作上述活性污泥法和生物膜法的后处理。

这种方法还可利用天然水塘或自然地势,依污水流动方向改造成预沉带、净化带和安全利用带。预沉带可按污泥沉积量和排泥时间核算池面积和深度。净化带深度控制在 1.5m 之内,BOD 负荷按 $11.25 \sim 22.5g/(m^3 \cdot d)$ 计,停留时间不少于 7 天。安全利用带深 1.5 ~ 3.0m,停留时间大于 40 天,可为净化带面积的 4~5 倍。

2. 含酚污水的处理工艺

同样规模的乙烯生产装置,污水中含酚浓度差别很大。这主要是因为裂解原料种类不同,如烷烃裂解废水含酚低;芳烃裂解废水含酚高。同时由于技术路线不同,虽然同种原料裂解,但其废水中酚浓度不同。

水质含酚有时虽然浓度低,但长期饮用会超过人体正常解毒功能,积蓄在脏器里,造成慢性中毒,出现各种神经系统和消化道症状,所以必须对含酚污水加以治理。

在不靠近城市、居民点和环境卫生要求不高的地区处理含酚污水,可以考虑吹脱法或蒸汽汽提法。主要设备是汽提塔或吹脱塔,塔底鼓入蒸汽或鼓入压缩空气。如果排气不设回收酚系统,排入大气则污染环境。石油化工企业内常采用含酚废水和含硫、含油污水混在一起,经装置内隔油、浮选后再去界区外二级生化处理,采用活性污泥脱酚。最终产物以 CO_2、H_2O、NH_3、NO_2、NO_3、N_2 等出现。具体处理方法和操作条件同前述含硫污水的处理。

3. 含油污水的处理工艺

污水含油浓度随裂解原料不同而不同。C_5 以上的液体原料污水中含油较多,C_4 以下气体原料污水含油较少。废水中的油类一般以三种状态存在:

悬浮状态:分散颗粒不易于上浮分离,占总含油量的 80% ~ 90%,一般用隔油池分离。

乳化状态:油珠颗粒较小,直径一般在 $0.05 \sim 25\mu m$ 之间,不易上浮去除,约占总含油量的 10% ~ 15%,常采用浮选法分离。浮选法一般设在乙烯装置界区外。

溶解状态:仅占含油量的 0.2% ~ 0.5%,在界外二级处理中用生化法被微生物氧化分解成二氧化碳和水。

4. 化学污水的处理工艺

乙烯装置的化学污水主要来源于动力部分。为满足乙烯装置的大型压缩机驱动动力需要,常在界区内设置锅炉及相匹配的脱盐水装置。锅炉排污带含有钙、镁等金属离子。此股污水排出后恰好可作为生物氧化处理中微生物的营养成分,故常用活性污泥法去除。脱盐水用的树脂再生及回收凝结水用的活性炭过滤器再生排出溶液,含有高浓度的硫酸和氢氧化钠。处理这种高浓度酸碱水,常在动力区设置中和池,靠在线 pH 计、电磁阀自动调节成中性水,再排入中和池。

5. 污水的三级处理及操作管理

通过以上对含硫、含酚、含油及化学污水的处理工艺可看出,每股污水并不只是含有一种污染毒物,而是以某种毒物为主相互掺杂的混合物。处理污水的浮选、生化等方法往往可同时处理含有多种毒物的污水。

以乙烯装置为上游装置的石油化工厂处理污水的原则是清污分流、分级把关。对污水一般采取三级把关，使出水水质达到国家规定的排放标准。适于石油化工厂的三级处理方法原理见表9-6。

表9-6　石油化工废水三级处理方法

处理分级	处理方法及原理	去除主要毒物
初级处理	1. 中和法——化学法 2. 油水分离——物理法 　　　　　　——化学法 3. 浮选和/或凝聚——物理法	酸、碱、重金属等 油、BOD、COD 油、胶体等微小悬浮物
二级处理	1. 活性污泥法——生物氧化法 2. 曝气池法——物理化学法	微生物可降解的悬浮有机物及溶解有机物，适于活性污泥法的后处理
三级处理	活性炭吸附法	BOD、COD、油、臭味、色、游离氯等

初级处理也叫预处理，即用物理或化学的方法将污水中悬浮性固体物，通过物理沉淀、浮选、凝聚等化学方法可将污水中的强酸、强碱和过浓的有毒物初步去除。常选用中和池、隔油池等设施于乙烯装置界区内。

二级处理，即在初级处理基础上利用生物化学作用进一步处理。常用好氧生化法，对污水中的BOD、COD值以及某些可降解的毒物生化分解，使其变为无毒的简单物质。二级处理对乙烯污水的COD_{Mn}脱除率可达80%、COD为85%、BOD为96%、油为95%、酚为99.5%。一般选用再次中和池、浮选池、曝气池和活性污泥法，设置于乙烯装置界区外。装置内除含酸、含碱污水专线排放外，其他污水一般要与其他装置污水混合外排，使水质水量互相调节，营养料互相补充。

三级处理是一种深度处理方法。石油化工的污水处理常选用活性炭吸附法。该法对污水中的BOD、COD、油分、酚类的脱除最有效，对游离氯的脱除也有效果。

活性炭吸附是吸附法的一种，由吸附剂的名称而命名。吸附剂种类很多，如硅藻土、活性白土、焦炭、炉渣、木屑、煤粉、稻草等。但是，活性炭活性最高，吸附能力最强，故石油化工废水常选用此种活性剂。由于活性炭制造麻烦、价格昂贵，所以在使用一个周期后需进行再生，恢复其活性，重复使用。

6. 其他废液的处理

乙烯生产中除污水外，还有绿油、黄油、废碱液和废氨液等其他废液。

（1）绿油的处理工艺

所谓"绿油"，就是乙炔加氢过程中形成的乙烯、乙炔二聚、三聚的低聚物，呈褐绿色透明状油体。绿油生成量的多少与加氢深度有关，温度高加氢过度，则绿油生成量显著上升。

正常运转时，绿油的处理工艺是返回系统、闭路循环不外排。采用的方法有设绿油吸收塔和不设绿油吸收塔两种。具体采用哪种方法与乙炔加氢工艺技术路线有关。大型乙烯生产装置中常采用裂解气脱甲烷塔之后加氢。这种后加氢流程又可分为全馏分加氢和产品加氢两种路线。全馏分加氢适用于乙炔含量<0.5%的场合，过程温升小，生成的绿油冷凝后回流返乙烯精馏塔，再从塔底排出，故汽相产品中不带绿油，可不设绿油回收塔。产品

加氢路线适用于乙炔含量小于 1.5%，常设的绿油回收塔用碳二馏分去除绿油。

（2）黄油的处理工艺

在裂解气脱酸过程中，碱洗塔由于烃类冷凝和聚合，上面浮有一层黄色油包水型碱性乳化液（即黄油），其下层含有少量水包油型油粒。

黄油的处理工艺有直排和系统内循环两种方法。在废碱液/油分离器中分出大量油相后，水包油型乳化液就是废碱液的主体，分散相油呈细小微粒分散在连续相中。由于相界面表面积大，体系的能量也大，在热力学中属于不稳定体系，油粒聚结变大是自发过程，因此将废碱液排出界区经适当时间静止沉淀，油会上浮排除。有数据表明，放置 24h，大于 10μm 的油粒几乎全部上浮分离，除油率可达 75% 以上，水相中油分含量低于 400mg/L。工业上如采用 TPI 隔油池，除油后水相中含油可小于 40mg/L。另外，采用浮选法除去乳化油效果也很显著，可使水相中油含量降到 10mg/L。

（3）废碱液的处理工艺

在碱洗塔的中碱段和弱碱段底部挡板，排出一部分含 Na_2S、$NaHS$ 的废碱液，连同水洗段排出的含碱废水一起排至废碱脱气罐，经废碱/黄油分离罐送到中和池。

含硫含油的废碱液可采用多种方法处理，如活性炭空气氧化法、石油焦炭粉末空气氧化法、电解二氧化锰法或采用氧化酸化中和综合处理法等。实际生产中常用下列四种方法处理废碱液。

① 用作其他装置排放液的 pH 调节剂。如利用乙烯废碱液作为丙烯腈废水加压水解处理工艺中的 pH 调节剂，控制 pH 在 10~10.5 之间。

② 加酸中和排放法常用硫酸中和废碱液。除油后的废碱液与浓硫酸混合中和槽，反应产生的硫化氢、二氧化碳，分出的气相排入火炬。溶液 pH 值为 4 左右，用 2% 碱液中和后，沉降分出烷烃聚合物和固体硫化物，然后送去隔油、浮选，出界区去二级生化处理。

③ 碘酸中和法。二氧化碳一般来自联合企业中的其他装置的副产物（如乙二醇、丁辛醇装置），副产的二氧化碳用来中和废碱液，"以废活废"。生成 Na_2CO_3、$NaHCO_3$，如能进一步回收钠盐，可变废为宝。反应方程式如下：

$$NaHS+Na_2S+2H_2O+2CO_2 ＝＝＝ Na_2CO_3+NaHCO_3+2H_2S$$

$$RsNa+CO_2+H_2O ＝＝＝ NaHCO_3+RSH$$

④ 催化氧化法。该法关键在于选择合适的催化剂，需将废碱液中的 Na_2S 尽量多地氧化成 $Na_2S_2O_3$、Na_2SO_3 和 Na_2SO_4。如选用聚酞菁钴或钛菁钴四磺酸钠为催化剂，以钛菁钴类化合物（CoPC）为催化剂时，硫化物在水中的主要反应为

$$CoPC+O_2+Na_2S \longrightarrow Na_2S_2O_3+Na_2SO_3+Na_2SO_4+CoPC$$

处理效果比较理想，如氧化池出水 Na_2S 浓度可达 0.035g/L，Na_2S 去除率为 99%，乙烯装置出水 S^{2-} 浓度低于国家排放标准。此法与中和汽提法相比，不仅节约硫酸、减少设备、节省费用，还避免了中和汽提法的聚合物堵塞设备的弊端。

（4）废氨液的处理

裂解气脱酸过程中，胺（如单乙醇胺）可发生降解，生成硫代硫酸盐或碳酸铵等，大部分再生循环使用，一小部分作废氨液。对年产 $30×10^4t$ 乙烯装置大约每吨乙烯产生 0.03~0.04kg 废氨。大部分单乙醇胺从降解物中回收后返回氨洗系统再利用，少部分浓缩物专门储存在废氨槽里，集中去焚烧炉焚烧。

二、废气处理

1. 乙烯装置的废气及其污染、监测

乙烯生产中消耗大量的燃料，年产 $30×10^4t$ 乙烯的工厂每年消耗 $(20~40)×10^4t$ 的燃料油和燃料气。燃料燃烧后全部排入大气而污染空气，另外机械泄漏、开停车排放和平时安全泄压也直接排入大气。污染成分主要有二氧化硫、二氧化碳、氮氧化合物、烟雾和有机烃类物质。

大型乙烯装置，一般每吨乙烯约有 $2×10^4m^3$ 的废气排入大气，其中包括二氧化硫 $7~50kg$。它们主要通过裂解炉、蒸汽过热炉、辅助锅炉和火炬排出，排出的相对量和主要气态污染物二氧化硫的相对量见表9-7。

表 9-7　乙烯废气排放相对量

排放源	占总排量/%（体积）	其中 SO_2 排放相对量/%（质量）
裂解炉	~40	~20
蒸汽过热炉	~8	~12
辅助锅炉	~50	~55
火炬	~2	~13
合计	100	100

2. 废气处理

乙烯生产中，因多采用液体或气体燃料，故废气处理采用气体净化法和高空直排法两大类。

（1）气体净化法（除二氧化硫）

气体净化法包括吸收法、吸附法和化学催化法。吸收法可分干法和湿法两种。乙烯生产中如果燃料油含硫较高，导致烟气中二氧化硫高，常采用湿法处理。

湿式吸收法具有设备小、操作简便和除硫率高等优点。液体吸收剂有石灰浆、苛性钠、亚硫酸钠、硫酸铵、氨水等水溶液或悬浮液。具体选择哪种吸收剂，要看来源是否易得，进行技术经济比较后再确定。

（2）高空直排法

对目前还不具备条件回收利用的废气或从技术经济角度回收利用不经济的废气，采用火炬焚烧或烟囱高空稀释排放。

① 火炬法装置中排出的工艺气体、液体（经隔油后）均处理成0℃以上的气相，统一送到火炬进行燃烧。

② 排空烟囱乙烯装置内的各种炉子，如裂解炉、蒸汽过热炉和辅助锅炉均设有烟囱，可把燃烧烟气直排入大气。当烟囱阻力小于 $480~580Pa$ 时，一般采用自然排烟方式，如蒸汽过热炉烟囱。其特点是烟囱具有一定高度，有利于减少厂区烟尘污染；不消耗动力，操作管理方便；一次投资高。当排烟阻力大或不允许建太高的烟囱时，则采用机械排烟。烟囱材质由直径和进烟温度确定。

3. 废气防治及排放标准

烟气中除含 SO_2 外，尚有 H_2S、NO_x、CO 及粉尘。NO_x 是空气中少部分氮与氧结合，形

成 NO 进一步氧化成 NO_2，当然还有 NO_3、N_2O_3、N_2O、N_2O_5，HNO_2、HNO_3等，但主要是 NO、NO_2。防治措施如下：

① 降低火焰温度，使生成 NO 量减少；

② 降低空气过剩系数，这不仅使炉子效率提高，也使混合气中氮的浓度降低，减少 NO_x 生成；

③ 在炉子高温区内，使气体缓慢冷却，可使 NO_x 重新分解为氮和氧；

④ 向火焰根部喷水或喷低温蒸汽，雾化蒸汽可起到这个作用。

一氧化碳来自燃料的不完全燃烧。减少一氧化碳排放量的方法是改进燃烧过程，利用特制烧嘴达到完全燃烧的目的。

防止光化学烟雾的方法是降低 NO_x 和烃类的放空量，尽量使烃类充分燃烧，使之生成二氧化碳和水。乙烯装置要加强管理，平时要尽量不就地放空，采样要密闭，开停车时要优化方案缩短时间。

三、综合利用

"三废"治理，着眼点不只是消极的处理，而应积极地搞好综合利用，化害为利。这样做不仅可以控制甚至可以消除"三废"对环境的污染，而且还能回收和合理利用资源，从而减少资源的浪费，增加经济效益。比如，从烟气中回收硫，从火炬气中回收燃料气；利用"废水"灌溉农田、作为工业冷却水的补充水及在工艺过程内实现局部或全部闭路循环；从"废渣"中回收贵重金属等。

（1）烟气脱硫

除上述湿式吸收法外，还有干式吸收法、吸附法和氧化法等。干式吸收法是采用粉状或粒状吸收剂吸收烟气中的 SO_2。主要方法有在吸收塔内添加石灰、石灰石或白云石；添加碱性氧化铝、活性碳酸钠等碱性吸收剂；添加氧化锰等。

吸附法采用的吸附剂主要是活性炭，根据解吸方法不同，又可分为热解吸式、水解吸式和水蒸气解吸式。氧化法是除尘后，SO_2 烟气在一定温度下通过氧化催化剂层使 SO_2 变成 SO_3，冷却后用硫酸洗涤吸收。此法如靠近硫酸厂更为适用。

（2）火炬气回收

火炬气回收方法多种多样，大致可分两类四种(图 9-16)。

加压回收方法回收系统设压缩机，把回收的火炬气加压到所需的压力 $0.29 \sim 0.49 MPa$，送到燃料气管网。

常压回收方法回收系统不设压缩机，仅靠回收系统水封罐的水封作用，具有几千到几万帕的压力，再送到用户。

（3）"废水"深度处理

深度处理的目的是为得到高度净化水。可以在二级处理之后，也可设在一级处理之后，甚至可以设在预处理之后或直接对原水处理。

（4）废渣作燃料掺合剂

沉淀污泥和活性污泥常含有可燃成分，发热值约为 20934 kJ/kg，可作燃料掺合剂。国内已试制成

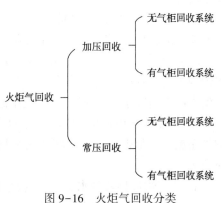

图 9-16 火炬气回收分类

功用工业"废渣"代替黄土作黏合剂的蜂窝煤，燃烧效果很好。但是，供做成型燃料的"废渣"和污泥必须能集中处理、可燃性能好、灰分少、不含有害物质，燃烧时不产生有害气体。

第五节　乙烯生产安全

一、裂解乙烯工艺流程安全分析

参照 GB 6441—1986《企业职工伤亡事故分类》的规定，烯烃装置运行过程中可能发生的主要危险事故类型有：火灾、爆炸、中毒窒息、化学灼伤、车辆伤害、触电、机械伤害、高处坠落、物体打击、起重伤害等；可能造成的职业危害因素主要是：有毒物质、噪声、高温、低温、粉尘等。

1. 生产工艺过程危险、有害因素分析

主要危险有害因素是由于生产过程中所涉及物料、设备设施以及作业环境所带来的火灾、爆炸、中毒窒息事故风险。此外，其他可能发生的事故类型还包括：触电、机械伤害、高处坠落、物体打击、起重伤害、化学灼伤、车辆伤害等。可能造成的职业危害因素主要是：有毒物质、噪声、高温、低温、粉尘等。

（1）引起火灾、爆炸事故危险有害因素分析

烯烃装置属甲类火灾危险性装置，装置工艺流程长而复杂，设备种类繁多，操作条件比较苛刻，生产具有高温、超高压、低温深冷特性，其原料、产品及副产品均属于易燃、易爆物质。

① 泄漏是烯烃装置长周期安全运行最大的风险，如管线、设备内腐蚀造成减薄泄漏、气液混输冲刷管壁减薄泄漏、换热器内漏等，一旦发生泄漏遇火源，就有可能引发火灾、爆炸事故。

② 以石脑油、循环乙烷丙烷为原料，通过裂解炉 850℃ 的高温裂化反应，产物为裂解气，其组成有氢气、甲烷、乙烷、乙烯、丙烷、丙烯、C_4 馏分、C_5 馏分、裂解汽油和燃料油，还有少量 C_2 和 C_3 炔烃、硫化氢、一氧化碳和二氧化碳等杂质。高温裂解气通过废热锅炉产生 11.17MPa 超高压蒸汽，并在裂解炉对流段给热至 510℃ 用以驱动透平压缩机。所以裂解炉，既是高温裂化反应器又是产生蒸汽的动力锅炉，属于甲类火灾危险区。过程的主要危险有：

a. 裂解炉点火前，必须将炉膛吹扫分析合格才能点火，否则会发生爆炸。应注意燃料气不能带液，燃料气带液进炉膛会发生正压燃烧，会烧毁炉内外设施。

b. 高压废热锅炉供水，水质如 SiO_2、Fe、Cu 和电导率等不合格，会使透平结垢、废热锅炉内管腐蚀穿孔。高压蒸汽发生系统压力高、温度高，若发生泄漏则可能引发事故；若发生高压汽包断水"干锅"，会引发事故。

c. 炉膛燃烧火焰若不均匀，可能导致超温烧毁炉管。火焰偏烧、扑管或舔管，会造成炉管超温、变形歪曲、结焦堵塞或有烧断炉管的危险。操作过程中炉管还可能因膨胀受阻而损坏。

d. 裂解炉进料若带水，或稀释蒸气带水、带油，甚至带碱，会损坏炉管。

e. 裂解炉开车、停车以及烧焦作业是故障多发的过程。特别是烧焦过程，裂解炉处于

高温状态，操作人员稍有不慎，就会发生烧断炉管的事故或在烧焦过程发生窜料着火事故，甚至发生爆炸。

③ 裂解气急冷系统主要故障有急冷油黏度高，裂解汽油干点高，急冷水乳化。特别是急冷油黏度高，将会使系统严重堵塞无法循环，若不及时停车处理，将会发生泄漏引发火灾；若急冷油中断，高温裂解气进入急冷油塔系统，极其危险。

④ 裂解气压缩机，一是要严格控制进入透平的蒸汽品质，二是不能频繁发生压缩机段间罐高液位联锁停车，三是裂解气压缩机应防止缸内结焦，否则，由此引发振动可能导致停车事故。

⑤ 裂解气压缩机、丙烯制冷压缩机和二元制冷压缩机属于大机组、单系列，自动化水平高，设计、安装、生产稍有疏漏就会造成巨大损失。

⑥ 裂解气分离系统设备多、管道长，阀门、法兰、螺栓及垫片数量大，连接点多；对系统的整体可靠性要求高，若发生烃物料泄漏是极其危险的。泄漏时，会在泄漏处周围形成白色烟雾即"蒸气云"，遇有明火立刻引起爆炸，将会摧毁周围的设施。

裂解气中乙炔通过选择加氢生成乙烯和乙烷。当床层温度失去控制时，能导致两个放热反应；一个是过量氢气存在使乙烯氢化，另一个是乙烯聚合-分解反应，这会使反应温度快速升高，甚至会发生"飞温"，能使设备、管道及其管件破损，物料泄漏着火爆炸。

（2）引起中毒事故危险有害因素分析

乙烯装置裂解气中含有甲烷、氢、烷烃、烯烃、芳烃，还有少量硫化氢等，其中硫化氢和芳烃的毒性较大，但这些有毒物质不是单独存在，而是在裂解气中。裂解汽油加氢单元二段加氢催化剂预硫化与 H_2 反应生成 H_2S，加氢脱硫后，$C_6 \sim C_8$ 馏分中的硫从 H_2S 汽提塔塔顶排出，这两个部位 H_2S 浓度较高。此外，乙烯装置还存在甲醇、二甲基二硫醚等有毒物质。芳烃抽提装置中主要有苯、甲苯、混二甲苯、抽余油、环丁砜等有毒物质。丁二烯抽提装置存在的主要有毒物质有丁二烯、对叔丁基邻苯二酚（TBC）等。

（3）引起窒息事故危险有害因素分析

装置在开停工过程中和大检修时要用氮气对设备进行置换和吹扫，如果处理不当，氮气管线阀门开关错误，或关闭不严，都会产生氮气漏入容器中，出现作业人员氮气窒息死亡事故。

（4）引起化学灼伤事故危险有害因素分析

丁二烯抽提使用阻聚剂（TBC）对人体皮肤及黏膜有刺激作用，当发生 TBC 外泄喷溅人体皮肤能较强灼伤皮肤。

此外，烯烃装置涉及辅料硫酸和氢氧化钠的使用，若发生泄漏，人员直接接触可导致化学灼伤事故。

（5）引起车辆伤害事故危险有害因素分析

烯烃装置具有一定的运入运出量，包括叉车运送原辅材料等。因厂区内交通组织管理松懈，交通标志和安全标志污损后未及时更新、照明的质量等方面的缺陷，均可能引发车辆伤害事故。

（6）引起触电事故危险有害因素分析

① 生产装置中的电气开关等如存有缺陷、绝缘不良、不按规定接地（接零）、未设置必要的漏电保护装置等都可能导致作业人员发生触电事故。各种电气设备的非带电金属外壳，由于漏电等原因也可能带电，若无良好的接地设施，人员与之接触也有可能发生触电伤害事故。

② 各类用电设备长期使用后，会由于化学腐蚀、机械损伤等原因使电气系统绝缘材料电阻值减小或老化击穿，或接地与接零装置长期缺少维护检测而变得不可靠等原因，均有可能使设备外壳带电，形成作业人员触电事故的隐患。

③ 各种电气设备的检修，若由未经专门培训并取得电工上岗作业证的人员随意拆装、调试，更易造成人员触电事故。此外，若持证电气检修作业人员未在有效防护的情况下进行作业或不遵守安全操作规程，也会发生触电伤害事故。

④ 静电放电瞬间电流的冲击也会对操作人员造成伤害。

（7）引起机械伤害事故危险有害因素分析

在正常生产时涉及大量机泵、空冷运转设备，以及在起吊、检维修作业等环节中，转动设备如果没有防护设施，或作业人员违章操作，都存在发生机械伤害的可能。

（8）引起高处坠落、物体打击事故危险有害因素分析

装置的塔、罐、冷换设备及大部分管线均属于高架结构或离地面较高，作业人员在对高空设备进行检查、装卸催化剂等，存在着高空坠落的危险；若工具等摆放不当，存在工具、材料、构件等物件坠落击伤下层作业人员的可能。

（9）引起起重伤害事故危险有害因素分析

在起重作业过程中，若起重机械本体缺陷或违章起吊等，可能发生起重伤害，如吊物坠落伤人、吊物撞击伤人等。

（10）引起职业病危害事故危险有害因素分析

① 有毒物质：前面已有介绍，此处不再叙述。

② 噪声：装置噪声危害主要来自各类压缩机、风机、机泵等设备，间断噪声主要有安全阀和蒸汽排放。长期接触噪声对听觉系统产生损害，从暂时性听力下降直至病理永久听力损失，还可引起头痛、头晕、耳鸣、心悸和睡眠障碍等神经衰弱综合征。此外对神经系统、心血管系统、消化系统、内分泌系统等产生非特异损害，同时对心理有影响作用，使工人操作时的注意力、身体灵敏性和协调能力下降，工作效率低，容易发生误操作事故。

③ 高温：裂解炉炉膛温度约1200℃，炉出口温度为800～850℃，炉墙外壁温度较高，操作人员应防止烫伤。蒸汽操作温度为160～510℃，若泄漏或保温脱落导致人体高温烫伤。

裂解汽油加氢反应系统，脱 C_5 塔、脱 C_9 塔采用蒸汽加热，有时回水线有水击，注意不能使管线破裂，以免高温水烫伤人员。乙烯丁烯歧化反应系统，反应温度在300℃左右。注意防止保温层脱落烫伤工作人员。

④ 低温：乙烯装置冷箱、冷分离、丙烯制冷压缩机和二元制冷压缩机均属低温操作。冷箱最低温度为-165℃，脱甲烷塔顶为-132℃，丙烯制冷压缩机最低为-40℃，二元制冷压缩机最低为-136℃，乙烯精馏塔为-35.4℃，脱乙烷塔为-19.5℃。这些设备和管道及其管件都有严密的冷保温。操作过程或维护不当，保冷材料脱落，一旦接触裸露金属表面会引起冻伤，烃类物料的泄漏也会冻伤操作人员。

丁二烯在常温下易液化，一旦液体汽化会大量吸收热量，人体接触会造成冻伤。

⑤ 粉尘：装置定期装卸催化剂可能产生一定的粉尘危害。粉尘对人的呼吸道、肺有刺激作用。

（11）其他伤害危险性分析

① 芳烃抽提装置溶剂环丁砜熔点较高，约为27℃。如果运行过程中设备管道保温不良，环境温度低于熔点时会造成环丁砜凝固，堵塞管道；其在高温下受热分解或与氧、氯

离子等接触发生化学反应，均会使系统 pH 值下降，pH 值下降一方面会加速溶剂的进一步老化，另一方面还会对设备造成酸性腐蚀，严重时会导致设备、管道腐蚀穿孔，物料泄漏，引发事故。

② 作业人员的着装如为非防静电服装，导致作业时产生人体静电放电，可构成火灾爆炸事故的点火源。

③ 具有爆炸危险性的作业及维修场所，若作业人员带入移动设备或存在未进行防火花处理的工具等，可构成火灾爆炸的点火源。

④ 装置内存在许多电气设备和电源配电线路，在使用和维修过程中，可能导致电气伤害。

⑤ 若装置区内安全疏散通道不畅，应急出口标识不清，在发生事故时将影响人员疏散及事故救援，可导致事故范围扩大。

⑥ 由于场地、通道、操作平台潮湿、黏油过滑等，可能引起作业人员滑倒摔伤、扭伤等人员伤害事故。

⑦ 如果配备的消防器材(消防栓、灭火器等)未定期检查，长期放置而未使用导致存在故障，发生火灾时等事故时不能及时进行扑救，造成事故扩大。

⑧ 若安全联锁系统未定期调试，特别是检维修后，则可能因失效而导致生产事故；若设备设施及安全设施未定期进行维护保养、检测检验，也可能因存在缺陷而导致事故的发生。

⑨ 若控制系统失灵或指标发生漂移，未及时发现和修正，可能带来安全隐患。

⑩ 若设备设施及安全设施未定期进行维护保养、检测检验，也可能因存在缺陷而导致事故的发生。

⑪ 建构筑物由于地基承载力或风力等原因存在坍塌的危险性。

⑫ 多雷地区，若建构筑物等缺乏有效的避雷措施，在夏季多雷雨天气，可能因遭受雷击而引燃易燃和可燃物质，造成设备损坏或人员伤害事故。

⑬ 忽视职工的培训教育，不按规定配备相应的劳动防护用品，对所储存的化学品的理化性质、储存危险化学品的相关的法律、法规、标准和规范缺乏足够了解，可造成违章操作而发生事故。

二、防火防爆

乙烯装置所用的原料、中间产品和产品大多是易燃、易爆的气体或液体，因此防火防爆是安全生产的重要问题。火灾、爆炸、危险性物质及着火源间的相互关系见图 9-17。在石油化工生产中一般采取控制与消除火源、化学危险物的处理和防火防爆安全设施等基本措施。

1. 控制与消除火源

从图 9-17 可看出，引起灾害的火源有八种。装置设计时就应控制这类火源的使用范围，并严格用火管理，尤其要注意以下几项。

① 明火控制。明火主要指生产过程中的加热用火、维修用火及其他火源。在生产过程中的加热用火，对易燃液体加热设计时应尽量避免采用明火，可采用蒸汽或其他热载体。如必须采用明火，加热设备应远离可能泄漏易燃气体或蒸汽的工艺设备和罐区，布置在上风向或侧风向。裂解炉、辅助锅炉和蒸汽过热炉应集中布置在工艺界区的侧风向。

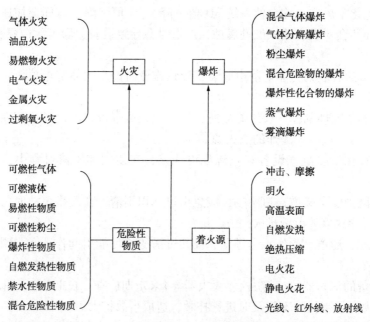

图 9-17　火灾、爆炸、危险性物质及着火源间的相互关系

维修焊接切割时，焊花和熔渣温度可达 1500~2000℃，高空作业可飞散 20m 远，特别是现场临时堵漏，更应严格按有关规程作业。如果在可燃可爆区内动火，应将环境清理干净，有关系统要用氮气吹扫置换合格。当可燃气体浓度爆炸下限大于 4%(体积)时，其浓度应小于 0.5%；爆炸下限小于 4%(体积)时，其浓度应小于 0.2%。

点燃的烟头温度为 650~800℃，自燃温度为 450~500℃，而且隐燃时间长，所以乙烯装置区是绝对禁止吸烟的。装置内要防止烟道飞灰，进界区机动车排气管要安装阻火器，电瓶车严禁进入可燃可爆区。

② 转动机械的摩擦、金属器具撞击或铁制工具打击混凝土等，都可能发生火花。危险场所要用铜制工具，但不能用含镁或铝的轻合金制作。

③ 其他火源要经常检查维护高温设备、管道和机泵的外表面的隔热保温层；对容易自燃起火的物质，如油抹布、油棉纱不能堆积过多；氢气或乙炔等气体从高压设备急剧喷出时，瞬间受到绝热压缩温度上升，易自燃着火；盛装标准气的钢瓶在阳光下曝晒，内压升高，可能造成容器破裂；油罐火灾的辐射热会导致邻罐温度上升而被烤爆，造成二次火灾。对电器火花、静电火花和雷电灾害要有专门的预防措施。

2. 妥善处理化学危险品

① 要针对化学品的物理化学性质分别采取防火防爆措施。例如，易燃可燃气体和液体蒸气要根据其密度，采取相应的措施排放，以防止在地沟、下水道内发生爆炸。对易自燃油类、遇水能燃爆的物质应采取隔绝空气、防水防潮或散热降温等措施。对撞击、摩擦比较敏感的药品要轻拿轻放；对于不稳定的物质，如丁二烯在储存中应添加稳定剂，防止氧化、聚合；油品具有流动性易流散，并随水漂流，应设置防护堤；易产生静电的物质，应采取防静电措施等。

② 按生产工艺特点采取防火防爆措施。在乙烯生产中，为防止物料与空气构成爆炸混合物，都在密闭设备内进行，所以要经常对设备管线进行检查维修，防止"跑、冒、滴、漏"。

要正确使用氮气、二氧化碳、水蒸气和烟道气等惰性气体。在投料前和动火检修前，用惰性气体对易燃易爆系统吹扫和置换，对易燃液体充压输送。在危险场所，对引起火花危险的电气、仪表等采用充氮正压保护。当发生跑料事故时，用惰性气体吹赶冲淡。当发生火灾时，用惰性气体灭火。对有可能发生二次燃烧及反应超温的设备，可通惰性气体保护。

③ 在有可燃气体排放的场所，应采用半敞开、敞开布置。若因气候等条件非封闭不可时，在封闭厂房内，通风换气次数要按有关规定计算设计，以防可燃气体积聚引起爆炸。

④ 操作人员要按有关规程操作，及时调整工艺参数，确保信号报警、保险装置和安全联锁好用。预先应制定出紧急停车处理方案，以应付突然停电、停水、停汽、停风或可燃物大量泄漏等情况发生。平时要防止超温、超压和跑料漏损，一旦有险情要迅速处理，尽量避免事态扩大。

3. 防火防爆安全设施

乙烯装置中广泛采用了旨在防止火灾爆炸发生、扩展的安全设施，效果良好。

① 阻火设备包括水封井(水封压力不能小于 2.45kPa)、阻火器、单向阀和阻火阀门等，其作用都是阻止外部火焰窜入易燃易爆物料系统。

② 防爆泄压装置包括安全阀、防爆门和放空管等。防爆门设置在燃油燃气的炉膛外壁上，一般按炉膛内净容积每 $1m^3$ 不少于 $25m^2$ 计算。防爆门应设置在巡检人员不常到的地方，高度最好高于 2m。放空管的设置要慎重，为防止超温、超压，宜设置自动或就地紧急放空管。

③ 消防自动报警器一种是火灾报警系统，由受讯机、感知机、发讯机、报警器组成，分布在装置内 150 个部位左右，如果与自动灭火装置之间设有联锁时，可以自启动灭火装置。

另一种是可燃性气体监测仪，可监测可燃性气体和易燃液体蒸气的浓度，当浓度达到某一值后，可自动报警，自动联锁停车以及自动灭火。

思 考 题

9-1 简述乙烯发展历史及应用前景？

9-2 乙烯的理化性质有哪些？

9-3 乙烯裂解原料有哪些？裂解性能指标有哪些？

9-4 乙烯裂解工艺参数有哪些？对产率有什么影响？

9-5 乙烯生产过程中有哪些污染物？治理方法有哪些？

9-6 乙烯生产过程中有哪些危险因素？安全控制措施有哪些？

第十章

煤制烯烃

第一节 概 述

烯烃类化合物，特别是乙烯(见第九章)、丙烯、苯乙烯，是重要的有机化工基本原料。烯烃类化合物可以通过石油或烷烃裂解也可以通过煤化工产品甲醇脱水来制取。

我国石油资源有限，2019 年我国原油产量只有 $1.91 \times 10^8 t$，而进口量高达 $5.0572 \times 10^8 t$，是产量的 2.6 倍。我国煤的资源丰富，2019 年我国原煤产量高达 $38.46 \times 10^8 t$，而进口量只有约 $3 \times 10^8 t$，占产量的 8%。因此，以煤为原料生产我国重要的烯烃类化学化工原料，可以减少该类产品对国外市场依赖，保障该类产品稳定供应。

第二节 煤制烯烃

煤制烯烃有 6 个主要过程：煤的气化；合成气净化；水煤气变换；甲醇合成；甲醇脱水制烯烃；烯烃分离(图 10-1)。

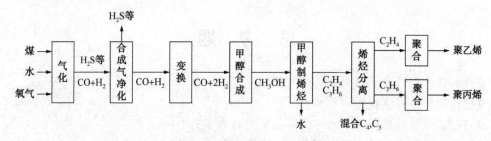

图 10-1 煤制烯烃工艺流程

一、煤的气化

煤的气化是在利用煤燃烧产生的高温高压条件下将煤和气化剂(水、氧气或空气)转化合成气(CO 和 H_2)的化工过程。其化学反应式如下：

$$C+H_2O \longrightarrow CO+H_2 \tag{10-1}$$

煤气化主要评价指标有气化效率、碳转化率、比氧耗和比能耗。

气化效率(η)：指煤气化产物的热值和煤气化前的热值之比，它是表示煤是否能高效利用的一个重要指标。

$$\eta = \frac{Q_g}{Q_s} \times 100\% \qquad (10-2)$$

式中　Q_g——单位质量煤气化获得的热值，kJ/kg；

　　　Q_s——单位质量煤的热值，kJ/kg。

碳转化率 X：为产物中碳质量数与煤中碳的质量之比。

比氧耗：生产 1000 m³(CO+H₂) 所需的氧气体积，m³/[1000m³(CO+H₂)]；

比能耗：生产 1000 m³(CO+H₂) 所需的煤质量数，kg/[1000m³(CO+H₂)]。

煤气化技术根据固体煤在炉膛内的运动特征，可以分为：①固定床气化技术，以鲁奇（Lurgi）为代表；②流化床技术，以高温温克勒（HTW）为代表；③气流床技术，以 Texaco、Shell、多喷嘴对置技术为代表。其中气流床技术为主流技术。气流床技术主要有：①水煤浆为原料的气体技术，GE（Texaco）气化技术（主流技术）、Global E-Gas 气化技术；②以干煤粉为原料的 Shell、Prenflo 和 GSP 气化技术。

以水煤浆气化为例，简单介绍煤气化工艺。水煤浆（煤质量分数约 60%）和氧气从汽化器的上部加入后在汽化器中高温（1200～1600℃）高压（约 4 MPa）燃烧，获得 CO、H₂和 CO₂混合气体。CO 和 H₂浓度约为 46% 和 35%。高温气体（约 800℃）经冷却器冷却后在洗涤塔中初级净化处理后得到粗煤气（主要成分 CO、H₂、CO₂）。碳转化率约 95%，比氧耗约 412 m³O₂/[1000m³(CO+H₂)]，比煤耗约 631 kg 煤/[1000m³(CO+H₂)]。

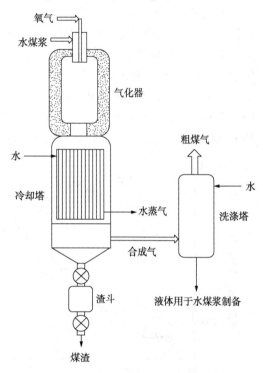

图 10-2　德士古水煤浆气化工艺流程示意图

煤中有少量的灰分大部分从冷却塔的底部经渣斗排出，少量颗粒物通过洗涤塔洗涤后利用过滤方法去除。煤中含有的硫和氮，在气化过程中转化成 H₂S、NH₃等。这些化合物在合成气中会影响下游合成气的利用，需要加以净化(图 10-2)。

二、合成气净化

煤气化产物中含有固体颗粒物、H₂S 等产物。固体颗粒物通过离心分离加以去除。H₂S 通过干法脱硫方法来吸收后转化 H₂S，达到净化合成气的目的。

三、水煤气变换

煤的气化过程获得的 CO 和 H₂的浓度约为 46% 和 35%，CO∶H₂=1∶0.76。甲醇合成需要理论 CO∶H₂为 1∶2。因此，需要把 CO 浓度降低到 27% 以下，H₂浓度提高到 54% 以上。为增加 H₂浓度，工业上采用水煤气变换[water gas shift，反应式(10-3)]来实现。

$$CO + H_2O \Longrightarrow CO_2 + H_2 + (\Delta H^0_{298} = 41.4 \text{kJ/mol}) \qquad (10-3)$$

水煤气变换反应是放热反应，反应平衡常数随温度的升高而降低。水煤气变换反应是等体积反应，压力对反应没有显著影响。

水煤气变换反应需要在催化条件下进行。催化剂可以分为五类：①高温催化剂；②低温催化剂；③铈/贵金属催化剂；④碳基催化剂；⑤纳米催化剂。高温催化剂为铁铬系催化剂，如74.2%Fe_2O_3，10%Cr_2O_3和0.2%MgO。催化剂的活性温度为300~500℃。无机盐、硼、油、磷化合物、液态水(暂时性毒物)和浓度高于50ppm的硫化合物会导致铁铬催化剂中毒。低温催化剂为铜锌系催化剂，主要为CuO、ZnO和Al_2O_3/Cr_2O_3的混合物，活性温度为200~300℃。这些催化剂不耐硫、卤素和不饱和烃。氧化锌对铜的硫中毒有明显的减轻作用。在低温催化条件下，CO浓度可以降低到0.1%。工业上使用的高温催化剂和低温催化剂仍然存在一些缺陷，如催化剂容易结焦。有研究者利用富有氧空位的CeO_2来改善催化剂的结焦。金纳米颗粒物(2~3 nm)添加到金属氧化物(CeO_2、Fe_2O_3、TiO_2、ZnO、ZrO_2)对水煤气变换反应有促进作用。利用碳基材料作为催化剂的载体，结合Fe_2O_3在稍高于300℃条件下来实现水煤气变换反应。碳基催化剂具有成本低和失活催化剂容易处置的优势。最近的研究工作主要集中在制备纳米结构的复合催化剂上，包括氧化铈载体和过渡金属或贵金属。

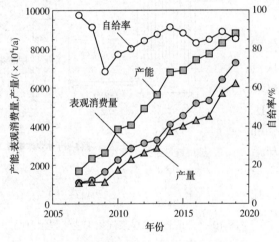

图 10-3　我国 2007—2019 年间甲醇产能、
产量、表观消费量及自给率变化

四、甲醇合成

甲醇又名"木精"和"木醇"，是最简单的饱和一元醇，分子式为 CH_3OH，相对分子量为 32.04。在常温常压下，纯甲醇无色透明、易挥发、可燃的有毒液体，它可以与水完全互溶。甲醇熔点为 −97℃，沸点为 64.5~64.7℃，闪点为 12℃，黏度为 0.55 mPa·s。误食甲醇可引起失明、肝病。与空气混合能形成爆炸性混合物，遇热源和明火有燃烧爆炸的危险。

甲醇是我国重要化学品和化工原料，用于乙烯、甲醇燃料、甲醛、甲基叔丁基醚(MTBE)等。我国历年甲醇产量见图 10-3。2019 年我国甲醇的产能已经达到 $8812×10^4t$ 的规模，产量为 $6216×10^4t$，表观消费量为 $7288×10^4t$，自给率为 85.3%。由于我国乙烯产能不足，2018 年 52%的甲醇用于生产乙烯(表 10-1)。

表 10-1　我国 2018 年甲醇消费结构

产品	比例/%	产品	比例/%
乙烯	52	醋酸	7
甲醇燃料	14	二甲醚	6
甲醛	10	其他	3
MTBE	8	总计	100

利用合成气来合成甲醇，其化学反应式为

$$CO+3H_2 \Longrightarrow CH_3O \tag{10-4}$$

甲醇合成反应是放热反应，其标准化学反应焓 $\Delta H = -90.8$ kJ/mol。甲醇合成反应是体积缩小的反应，因此可以增加压力和低温条件下合成甲醇。

甲醇合成工艺主要有鲁奇和 ICI 的低压合成工艺。图 10-4 是鲁奇的低压甲醇合成工艺。原料合成气和循环合成气混合后经换热器 2 到甲醇合成反应器 3。甲醇反应器内置有催化剂，催化剂活性成分为 Cu-Zn-Mn 或 Cu-Zn-Mn-V、Cu-Zn-Al-V 的氧化物。反应器温度为 220~280℃，压力为 5 MPa。从反应器出来的含甲醇气体通过换热器 2 和 4 后进入分离器 5 进行合成气和甲醇液体分离获得粗甲醇。粗甲醇进入闪蒸塔 6 后压力降低到 0.35 MPa，溶解在甲醇液体里面的气体做燃料气。闪蒸塔 6 底部液体进入精制塔 7 和 8 将甲醇提纯。

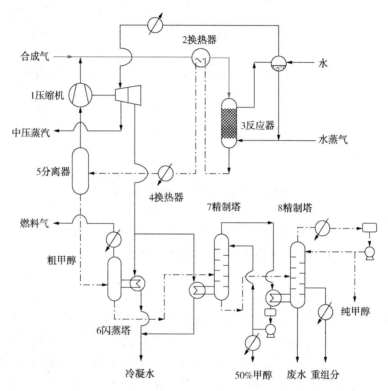

图 10-4　鲁奇低压合成甲醇工艺流程图

五、甲醇制烯烃

甲醇制烯烃(MTO)的反应是在催化剂上甲醇的分子内脱水生成二甲醚，二甲醚再在分子内脱水生成乙烯(图 10-5)。

$$2CH_3OH \Longrightarrow CH_3-O-CH_3 + H_2O \tag{10-5}$$

$$CH_3-O-CH_3 \Longrightarrow CH_2=CH_2 + H_2O \tag{10-6}$$

甲醇还可以跟烯烃发生亲电加成反应，如甲醇和乙烯反应：

$$CH_3OH + CH_2=CH_2 \Longrightarrow CH_3-O-CH_2-CH_3 \tag{10-7}$$

$CH_3-O-CH_2-CH_3$ 分子内脱水生成丙烯：

$$CH_3-O-CH_2-CH_3 \Longrightarrow CH_3-CH=CH_2 \tag{10-8}$$

如甲醇和丙烯反应生成甲基丙基醚：

$$CH_3OH + CH_3-CH_2=CH_2 \Longrightarrow CH_3-O-CH_2-CH_2-CH_3 \tag{10-9}$$

甲基丙基醚再在分子内脱水生成丁烯：

$$CH_3—O—CH_2—CH_2—CH_3 \Longrightarrow CH_2=CH—CH_2—CH_3 \qquad (10-10)$$

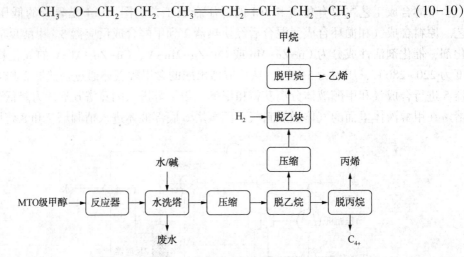

图 10-5　典型的甲醇制烯烃工艺流程图

第三节　"三废"治理

煤制烯烃主要废弃物有：如图 10-2 中的煤渣，合成气净化过程中得到的固体颗粒物、图 10-4 甲醇合成过程中的废水和图 10-5 中的废水和废气。

一、固废处理

煤中含有矿物质，燃烧后形成灰分，主要成分为 SiO_2、Al_2O_3、Fe_2O_3、CaO、MgO、TiO_2、K_2O、Na_2O 等。大部分灰分在气化器的下部以煤渣排出。一部分的灰分颗粒在合成气净化过程中从合成气中分离出来。灰分的处理需要根据成分的不同，进行再利用，例如用于制造水泥、砖和耐火材料等。如果灰分中含有稀有金属(如镓、锗)，则可以用于提炼镓、锗等稀有金属。

二、废水处理

从反应式(10-2)~式(10-10)可以看出，煤制烯烃是碳加氢的反应，反应过程需要通过水来提供氢。从理论上说，煤制烯烃是消耗水的过程。每吨甲醇生产用水为 10~15t，大部分废水可以通过和原煤的混合制备水煤浆。一部分废水需要处理后排放。

废水中含有高浓度的有机物(以酚类为主)、氨氮、氰化物等，成分复杂，COD 较高。处理方法有：序列间歇式活性污泥工艺(简称 SBR 工艺)，是一种以间歇曝气方式运行的活性污泥处理技术，其核心设备为 SBR 反应池。

SBR 工艺具有投资成本低、操作工艺简单、系统简单紧凑、对水质水量的要求较低，系统运行参数可根据具体情况灵活调整等优点。

也有采用间歇多循环工艺(IMC 工艺)，它是一种改进的 SBR 工艺。该工艺集曝气池和沉淀池为一体，采用间歇曝气的方式，同时实施好氧和厌氧操作。IMC 工艺在煤制甲醇废水处理有较为广泛的应用。

三、废气处理

煤制烯烃的废气主要来自图 10-5 中烯烃产物精制过程中得到的其他副产物，如甲烷、4 个碳以上的组分。这些废气的排放受限制，需要进行净化处理或返回气化炉作为燃料来利用。

第四节　相关化学物质的安全储运

煤制烯烃工艺中涉及较多的化学物质，这些物质的爆炸极限见表 10-2。

表 10-2　相关化学物质的爆炸极限(空气中)

物质	爆炸下限/%(体积)	爆炸上限/%(体积)
甲烷	5.0	15.4
CO	12.5	74.2
CH_3OH	6.7	36.5
乙烷	3.0	15.5
乙烯	2.7	36.95
乙炔	2.5	80.0
丙烷	2.4	9.5
丙烯	2.0	11.1
H_2	4	75
硫化氢	4.3	45.5
氨	15.0	27.0
二甲醚	3.45	26.7
水煤气	6.9	69.5

一、甲醇的安全与储运

甲醇是易燃液体，燃烧室没有可见的火焰。释放后可立即造成火灾和爆炸的危险。

燃点：11℃；

自燃温度：385℃；

低爆炸极限：6%；

高爆炸极限：36%；

对撞击的敏感性：低；

对静电释放的敏感性：低；

危险的燃烧产物：有毒气体及蒸气、碳氧化物和甲醛。

(1) 甲醇的危害

甲醇属于剧毒化工产品，直接接触或接触挥发物都可以造成刺激黏膜，产生头疼、失眠、恶心、神志不清、失去知觉、消化和视力受损，甚至死亡。

（2）甲醇的接触控制及防护措施

眼睛接触：如发生接触，应立即用大量干净的流动水冲洗眼睛至少 15min，间或翻开上、下眼睑，寻求医治。在搬运甲醇过程中，应戴上面部防护罩和防化护目镜，不得戴隐形眼镜。

皮肤接触：如发生接触，应脱掉受到污染的衣服并进行淋浴，用肥皂和水清洗受影响的部位至少 15min。如果过敏发生或持续不断，应及时寻求医治。搬运甲醇过程中，建议使用丁基和丁腈橡胶手套，并穿上防化服。

吸入：若吸入甲醇物质，应及时移至有新鲜空气的场地。如有必要，恢复或协助呼吸，寻求医治。当空气中的浓缩物超过接触限度时，应采用符合标准的空气面罩。

食入：食入甲醇有潜在的生命危险。咽下之后，不要用人工方法引导咽吐，应立即送往医院。

其他：进入工作场所应穿防化鞋，并应在工作场所附近设置淋浴设施，配备洗眼药水。

注意：不得考虑将个人防护用品（PPE）作为接触控制的长期解决办法。PPE 的使用必须伴随雇主正确挑选、维护、清理、安装及使用等项目。

【案例一】：1995 年 9 月 2 日，山东某化肥厂甲醇储罐遭横向低空球形雷的雷击发生爆炸着火事故。

事故原因：储罐爆炸系雷电直接击在储罐上，产生的电效应、热效应和机械力，引爆了储罐内气相间的甲醇蒸气与空气的混合气体，使储罐发生爆炸。

应对方法：防雷装置虽然符合规范，但防雷安全度不足 100%。应在实施的空旷地段设置低空有效的接闪器，对横向雷进行拦截。

【案例二】：2002 年 3 月 20 日，某生产车间 2 名工人将 200kg 甲醇（误以为甲苯）倒入反应罐内，搅拌加热至 45℃时发现罐内向外释放大量烟雾，导致急性甲醇中毒。

事故原因：①原料生产厂家未在装料筒外表做任何有毒物质的标记，无所装物质成分及含量的详细介绍说明；②购买使用工厂没有在装料筒外表做任何有毒有害物质的标记及说明，没有向每个工人做详细的交代，致使工人将甲醇当甲苯投出；③该工厂在原料使用前未对其进行化验验证；④该车间通风设备失效；⑤工人无任何防护措施，甲醇可致视神经损害，即使用各种疗法也无法使视力完全恢复。

应对方法：①加强企业员工的安全教育和培训；②制定相关企业制度，加强对员工的管理；③详细检查车间通风设备；④加强工人的防护措施，相关部门应加强对这类工厂、企业的卫生监督工作，避免类似事故发生。

【案例三】：2008 年 3 月 6 日，在河北省一辆装有 25t 的甲醇罐车发生翻车事故，造成大量甲醇泄漏。

事故原因：25t 罐车扣翻在乡村水泥公路旁，沿乡村公路向南约 60m 为河水分支，河面宽度约 15m，河水流量不超过 1m³/min，近于断流。由于罐车整体扣翻，车载的 25t 甲醇全部泄漏。

应对方法：甲醇翻车泄漏的应急处置先后采取了"砂土覆盖—喷水雾降低蒸发浓度—翻晒受污染土壤—清运受污染砂土—拦截受污染河水—抽排到山坡土壤生物降解—限期禁止饮用—全程跟踪监测"等有效措施。其中主要措施的原理为：①使用砂土覆盖是由于甲醇具有微酸性，砂土中性到偏碱性，对甲醇有一定的中和作用，同时砂土可大量吸附甲醇，减少向下游流动和向地下渗漏（注意：不可用漂白粉等强氧化性物质吸附降解，因为甲醇遇强氧化剂会发生强烈反应甚至燃烧）；②喷水雾可以降低甲醇的蒸发，从而降低和控制现场空气中甲醇挥发气体浓度，防止发生现场处置人员中毒或燃爆危险；③翻晒受污染土壤和抽排到山坡地，主要是利用甲醇可被土壤中的微生物、阳光照射和自然风化等因素使其降解为 CO_2 和 H_2O（注意：现场要经过空气甲醇监测，在允许标准下方可进行操作）；④由于甲醇在土壤中有较强的渗透性，易于渗漏到地下水中，因此泄漏当天就已出现井水受污染，但由于甲醇在水体中均有显著的生物降解能力，最终产物仍为 CO_2 和 H_2O，一般不会在环境中累积，因此，必须尽最大可能控制污染水体的扩散，这就是加固拦水坝拦截污水的道理；⑤清运走的受污染砂子用于公路的地基用料，不会产生二次污染，注意装车工具应为防爆工具；⑥合理跟踪监测是保证环境和人畜安全的前提，因此合理设置监控点和时间是关键。

（3）甲醇储运注意事项

运输：在储存、使用或装卸场地不得吸烟或有明火。使用防爆气设备，确保已装好适当的接地设备。

仓储：储存在完全密封的器具中，其设计是要避开点火装置和人的接触。储罐必须有接地、通风装置，并应有蒸气散发控制。储罐必须用堤围起来。避免使用不相容的材料来储藏。无水的甲醇在周围环境温度下对大多数金属都无腐蚀作用，但铅、镍、镍合金、铸铁和高硅铁除外。铜（或铜合金）、锌（包括镀锌钢）或铝的外层都不适合用来储存甲醇，这些材料会被甲醇慢慢地腐蚀。焊接而成的储罐通常是可以满足甲醇存储要求的，它们应遵照储存所需的正确工程惯例来进行设计和建造。虽然塑料可以用于短期储藏，但一般来说并不建议把它们用于长期储藏，这是由于退化的影响，以及随后污染的危险。

（4）消防说明

甲醇燃烧时火焰清澈明亮，在日光下几乎看不见。人员应站在上风处，对现场进行隔离并限制进入。甲醇在水中的浓度超过25%即可点燃。使用细水喷洒或用喷雾来控制火势蔓延，并为临近的建筑物或容器降温。将灭火用的水收集起来，随后进行处理。消防员必须使用遮住面部、正压、自给式呼吸器或空气输送管，以及适当的防护服装。

注意：避免接触强氧化物、强无机物或有机酸，以及强碱，接触这些材料可造成剧烈或爆炸性的反应。甲醇可分解为甲醛、二氧化碳和一氧化碳，但不会发生有危险的聚合作用。

（5）甲醇意外释放的处理措施

甲醇为易燃物质，释放后可立即造成火灾/爆炸的危险，应清除所有点火源，堵住泄漏并使用吸收材料；如有必要，筑堤控制溢出，抗碳氟化合物乙醇灭火泡沫可用来控制溢出，降低蒸气和火灾危险，防止溢出的甲醇流入下水道、狭窄的空间、排水管或排水沟；使用防爆泵将甲醇最大限度地回收以供循环再用；限制进入场地，直至完成清理，不要从溢出物上面走过，因为它可能正在燃烧而看不见；保证清理只由受过训练的人员进行，穿上适当的个人防护服装，除去所有点火源；根据法律要求，通知所有政府机构。

甲醇很容易在水中生物降解，在淡水或咸水中会对水生物有严重的影响。一项针对甲醇对下水道污泥细菌毒性影响的研究指出，浓度为0.1%时对消化的影响很小，而浓度为0.5%时甲醇就阻滞了消化，甲醇将分解为二氧化碳和水。

二、乙烯的安全与储运

乙烯是最简单的烯烃，也是一种气态植物激素，可使植物横向增长，促使果实成熟和花的枯萎。

燃点：9℃；

自然温度：425℃；

低爆炸极限：2.7%；

高爆炸极限：36%；

危险的燃烧产物：有毒气体及一氧化碳、水和氯化氢。

（1）乙烯的危害

乙烯属于有毒化工产品，长期接触可引起头晕、全身不适、乏力、思维不集中，有时候会导致胃肠道功能紊乱。

（2）乙烯的接触控制及防护措施

眼睛接触：一般不需要特别防护，必要时，戴化学安全防护眼镜。若眼睛接触乙烯物质，应立即提起眼睑，用大量流动清水或生理盐水彻底冲洗至少15min，并及时就医。

皮肤接触：乙烯一般采用液态低温储存，若与皮肤接触冻伤，应及时就医治疗。

吸入：一般不需要特殊防护，高浓度接触时可佩戴自吸过滤式防毒面具(半面罩)。若吸入乙烯物质，应迅速脱离现场至空气新鲜处，保持呼吸道通畅，如呼吸困难，进行输氧；如呼吸停止，立即进行人工呼吸，及时就医。

食入：饮足量温水并催吐，及时就医。

其他：工作现场严禁吸烟。进入工作场所应穿防静电工作服，戴一般作业防护手套，避免长期反复接触。进入罐、限制性空间或其他高浓度区作业，须有人监护。工作完毕后应立即淋浴更衣。

【案例一】：1973年7月7日，日本某化学工厂乙烯装置发生爆炸，这是一起由于误操作而发生异常反应所造成的重大事故。

事故原因：①操作工错误操作阀门，误将仪表空气阀门关闭；②氢阀门关闭不严，造成氢气漏入反应器内；③在加氢塔内发生异常高温的情况下，继续供料。

应对方法：①检测、计量方面改善空气压力检测报警装置，在气动阀门的一次侧和二次侧都应设置检测端，仪表用气动阀由于不经常使用，应加强管理，以避免误关闭，严格控制加氢量，设置超限报警装置，仪表用空气管道和阀门要同工艺上使用的加以区别并分开设置，特别是工作台与阀门间的距离要便于操作，对于有超限危险的装置应装设预先报警和停车报警的二级警报器，危险度大的装置应设置过距离断路阀，以便于在紧急情况时能迅速与其他装置隔断；②操作方面要重新研究和完善各项操作规程，特别要明确各项工艺指标的管理范围，规定紧急情况下的操作顺序、方法及判断标准，并确定紧急处理时的负责人；③管理方面，生产部门及设备管理部门要明确各自的安全职责和管理范围，规定各级管理部门在紧急情况下的联络及指挥命令系统，对操作人员和生产指挥人员，要进行紧急情况下的判断、处理、救援及防止事故扩大的训练和教育。

【案例二】：2005年10月6日，位于美国得克萨斯州某化工公司的乙烯装置发生火灾和爆炸事故。

事故原因：①事故中的丙烯管线突出在空地上，且没有碰撞防护装置；②支撑泄压阀和紧急泄放线的钢支柱没有防火措施；③泄漏发生在手动闸阀和远程控制阀之间，虽然泄漏点下游的止回阀和远程控制阀能阻止丙烯储存区的物料回流，但操作员不能在现场关闭泄漏点上游的手动闸阀，阻止蒸馏塔的物料流出；④两名操作员都没有穿防火服，如果他们穿有防火服，受到的烧伤就会减轻。

应对方法：①安全检查，在进行危险分析、工艺危险分析、设备安装分析，以及乙烯装置运行前的安全检查时，应该审查车辆碰撞的防护和突然泄漏的远程隔离；②配置防火服，在有大量易燃液体和气体的生产装置里，机械事故能导致危及工人生命的火灾，防火服的使用可以减小火灾对员工的伤害；③采用最新的标准，在设计和建造化工或石化生产装置时，要评估其适用性并采用最新公认的安全标准，新装置在使用早期的设计时，一定要按照最新的标准检查和更新早期的设计。

　　（3）乙烯储运注意事项

　　运输：采用钢瓶运输时必须戴好钢瓶上的安全帽。钢瓶一般平放，并应将瓶口朝同一方向，不可交叉；高度不得超过车辆的防护栏板，并用三角木垫卡牢，防止滚动。运输时运输车应配备相应品种和数量的消防器材。装运该物品的车辆排气管必须配置阻火装置，禁止使用易产生火花的机械设备和工具装卸。严禁与氧化剂、卤素等混装混运。夏季应在早晚运输，防止日光曝晒。中途停留时应远离火种、热源。公路运输时要按规定路线，勿在居民区和人口稠密区停留。铁路运输时要禁止溜放。

　　仓储：储存于阴凉、通风的库房。远离火种、热源。库温不宜超过30℃。应与氧化剂、卤素分开存放，切忌混储。采用防爆型照明、通风设备。禁止使用易产生火花的机械设备和工具。储区应备有泄漏应急处理设备。

　　（4）消防说明

　　如遇火灾可用雾状水、泡沫、二氧化碳、干粉等灭火剂进行灭火。迅速撤离泄漏污染区人员至上风处，并进行隔离，严格限制出入；切断火源，建议消防人员戴自给正压式呼吸器，穿防静电工作服；尽可能切断气源，若不能立即切断气源，则不允许熄灭正在燃烧的气体；合理通风，加速扩散，采用喷雾状水稀释泄漏物质，将漏出气用排风机送至空旷地方或装设适当喷头烧掉，喷水冷却容器，可能的话将容器从火场移至空旷处，漏气容器要妥善处理，修复、检验后再用。

　　（5）乙烯意外释放的处理措施

　　尽可能切断泄漏源，防止进入下水道、排洪沟等限制性空间。小量泄漏可用砂土或其他不燃材料吸附或吸收，也可以用不燃性分散剂制成的乳液刷洗，洗液稀释后放入废水系统。大量泄漏应构筑围堤或挖坑收容，喷雾状水冷却和稀释蒸气，保护现场人员，把泄漏物稀释成不燃物。用防爆泵转移至槽车或专用收集器内，回收或运至废物处理场所处置。相关废弃物应用焚烧法处置。

三、丙烯的安全与储运

　　丙烯是一种有机化合物，为无色、无臭、稍带有甜味的易燃气体；燃烧时会产生明亮的火焰，在空气中的爆炸极限是2%~11%；不溶于水，溶于有机溶剂，是一种低毒类物质。

　　熔点：-191.2℃；

　　沸点：-47.7℃；

　　引燃温度：455℃；

　　低爆炸极限：1%；

　　高爆炸极限：15%；

　　饱和蒸气压：602.88 kPa；

　　危险的燃烧产物：一氧化碳、二氧化碳。

（1）丙烯的危害

丙烯为极度易燃物质，对环境有一定危害，对水体、土壤和大气可造成污染。丙烯为单纯窒息剂及轻度麻醉剂，吸入丙烯可引起意识丧失，当浓度为15%时，需30min；24%时，需3min；35%~40%时，需20s；40%以上时，仅需6s，并引起呕吐。长期接触可引起头昏、乏力、全身不适、思维不集中，个别人胃肠道功能发生紊乱。

（2）丙烯的接触控制及防护措施

眼睛防护：一般不需要特殊防护，高浓度接触时可戴化学安全防护眼镜。

身体防护：进入工作场所应穿防静电工作服，戴一般作业防护手套。

呼吸防护：一般不需要特殊防护，但建议特殊情况下，佩戴自吸过滤式防毒面具（半面罩）。若吸入丙烯物质，应迅速脱离现场至空气新鲜处，保持呼吸道通畅，如呼吸困难，进行输氧；如呼吸停止，立即进行人工呼吸，并及时就医。

其他：工作现场严禁吸烟，避免长期反复接触。进入罐、限制性空间或其他高浓度区作业，须有人监护。

注意：密闭操作，应全面通风。操作人员必须经过专门培训，严格遵守操作规程。远离火种、热源，工作场所严禁吸烟。使用防爆型的通风系统和设备。防止气体泄漏到工作场所空气中。避免与氧化剂、酸类接触。在传送过程中，钢瓶和容器必须接地和跨接，防止产生静电。搬运时轻装轻卸，防止钢瓶及附件破损。配备相应品种和数量的消防器材及泄漏应急处理设备。

【案例一】：1990年5月10日，兰州某石油化工厂车间因丙烯内漏引起爆炸事故。

事故原因：丙烯泄漏之后，操作人员处理不当或未及时采取措施，造成爆炸和燃烧事故。

应对方法：依据实际情况，先打开送火炬阀使其烧掉，尽可能减少泄漏量；其次，开启水雾喷淋装置，确保在火灾情况下不发生罐体开裂，避免恶性爆炸事故的发生；第三，在上风向监测空气中的碳氢化合物浓度，根据含量拉警戒线，禁止无关人员进入；同时禁止在警止区内动火和使用非防爆的电气、通信工具、作业工具、车辆等。

【案例二】：2010年7月28，南京某塑料厂发生一起严重的丙烯泄漏爆炸事故。

事故原因：施工人员在该塑料厂厂区场地平整施工中，违规使用挖掘机械碰裂地下丙烯管线，造成丙烯泄漏，与空气形成爆炸性混合物，遇明火后发生爆燃。

应对方法：规划管理部门要行动在先，建立健全正规的管网档案，普及预防气体爆燃的常识，正确掌握事故时避险手段。

（3）丙烯储运注意事项

运输：采用钢瓶运输时必须戴好钢瓶上的安全帽。钢瓶一般平放，并应将瓶口朝同一方向，不可交叉；高度不得超过车辆的防护栏板，并用三角木垫卡牢，防止滚动。运输时运输车辆应配备相应品种和数量的消防器材。装运该物品的车辆排气管必须配备阻火装置，禁止使用易产生火花的机械设备和工具装卸。严禁与氧化剂、酸类等混装混运。夏季应早晚运输，防止日光曝晒。中途停留时应远离火种、热源。公路运输时要按规定路线行驶，勿在居民区和人口稠密区停留。

仓储：储存于阴凉、通风的库房。远离火种、热源。库温不宜超过30℃。应与氧化剂、酸类分开存放，切忌混储。采用防爆型照明、通风设施。禁止使用易产生火花的机械设备和工具。储区应备有泄漏应急处理设备。

（4）消防说明

丙烯易燃，与空气混合能形成爆炸性混合物。遇热源和明火有燃烧爆炸的危险。与二氧化氮、四氧化二氮、氧化二氮等激烈化合，与其他氧化剂接触剧烈反应。丙烯气体比空气重，能在较低处扩散到相当远的地方，遇明火会引起回燃。如遇火灾，可用雾状水、泡沫、二氧化碳、干粉等灭火剂灭火。

（5）丙烯意外释放的处理措施

迅速撤离泄漏污染区人员至上风处，并进行隔离，严格限制出入，切断火源。建议应急处理人员戴自给正压式呼吸器，穿防静电工作服，尽可能切断泄漏源。用工业覆盖层或吸附/吸收剂盖住泄漏点附近的下水道等部位，防止气体进入。合理通风，加速扩散，喷雾状水稀释、溶解。构筑围堤或挖坑收容产生的大量废水。如有可能，将漏出气用排风机送至空旷地方或装设适当喷头烧掉。漏气容器要妥善处理，修复、检验后再用。若不能立即切断气源，则不允许熄灭正在燃烧的气体。喷水冷却容器，可能的话将容器从火场移至空旷处。

一、法定计量单位

附表1　化工中常用的单位及其符号

项目		单位符号	项目		单位符号
基本单位	长度	m	导出单位	面积	m^2
	时间	s		容积	m^3
		min			L 或 mL
		h		密度	kg/m^3
	质量	kg		角速度	rad/s
		t(吨)		速度	m/s
	温度	℃		加速度	m/s^2
		K		旋转速度	r/min
	物质的量	mol		力	N
				压强、压力、应力	Pa
				黏度	Pa·s
辅助单位	平面角	rad		功、能、热量	J
		°(度)		功率	W
		′(分)		热流量	W
		″(秒)		热导率(导热系数)	W/(m·K) 或 W/(m·℃)

附表2　化工中常用单位的词头

词头符号	词头名称	所表示的因数	词头符号	词头名称	所表示的因数
k	千	10^3	m	毫	10^{-3}
d	分	10^{-1}	μ	微	10^{-6}
c	厘	10^{-2}			

二、常用单位的换算

附表3　质量单位换算

kg	t(吨)	lb(磅)
1	0.001	2.20462
1000	1	2204.62
0.4536	$4.536×10^{-4}$	1

附表 4 长度单位换算

m	in(英寸)	ft(英尺)	yd(码)
1	39.3701	3.2808	1.09361
0.025400	1	0.073333	0.02778
0.30480	12	1	0.33333
0.9144	36	3	1

附表 5 力的单位换算

N	kgf(千克力)	lbf(磅力)	dyn(达因)
1	0.102	0.2248	1×10^5
9.80665	1	2.2046	9.80665×10^5
4.448	0.4536	1	4.448×10^5
1×10^{-5}	1.02×10^{-6}	2.248×10^{-6}	1

附表 6 流量单位换算

L/s	m^3/s	gal(美加仑)/min	ft^3/s
1	0.001	15.850	0.03531
0.2778	2.778×10^{-4}	4.403	9.810×10^{-3}
1000	1	1.5850×10^{-4}	35.31
0.06309	6.309×10^{-5}	1	0.002228
7.866×10^{-3}	7.866×10^{-6}	0.12468	2.778×10^{-4}
28.32	0.02832	448.8	1

附表 7 压力单位换算

Pa	bar	kgf/cm^2	atm	mmH_2O	mmHg	lb/in^2
1	1×10^{-5}	1.02×10^{-5}	0.99×10^{-5}	0.102	0.0075	14.5×10^{-5}
1×10^5	1	1.02	0.9869	10197	750.1	14.5
98.07×10^3	0.9807	1	0.9678	1×10^4	735.56	14.2
1.01325×10^5	1.013	1.0332	1	1.0332×10^4	760	14.697
9.807	9.807×10^{-5}	0.0001	0.9678×10^{-4}	1	0.0736	1.423×10^{-3}
133.32	1.333×10^{-3}	0.136×10^{-2}	0.00132	13.6	1	0.01934
6894.8	0.06895	0.703	0.068	703	51.71	1

附表 8 功、能和热单位换算

J(或 N·m)	kgf·m	kW·h	英制马力·时	kcal	Btu	ft·lb
1	0.102	2.778×10^{-7}	3.725×10^{-7}	2.39×10^{-4}	9.485×10^{-4}	0.7377
9.8067	1	2.724×10^{-6}	3.653×10^{-6}	2.342×10^{-3}	9.296×10^{-3}	7.233
3.6×10^6	3.671×10^5	1	1.3410	860.0	3413	2.655×10^3
2.685×10^6	273.8×10^3	0.7457	1	641.33	2544	1.980×10^3
4.1868×10^3	426.9	1.1622×10^{-3}	1.5576×10^{-3}	1	3.963	3087
1.055×10^3	107.58	2.930×10^{-4}	3.926×10^{-4}	0.2520	1	778.1
1.3558	0.1383	0.3766×10^{-6}	0.5051×10^{-6}	3.239×10^{-4}	1.285×10^{-3}	1

附表 9　动力黏度(简称黏度)单位换算

Pa · s	P	cP	lb/(ft · s)	kgf · s/m²
1	10	1×10^3	0.672	0.102
1×10^{-1}	1	1×10^2	0.0672	0.0102
1×10^{-3}	0.01	1	6.720×10^{-4}	0.102×10^{-3}
1.4881	14.881	1488.1	1	0.1519
9.81	98.1	9810	6.59	1

附表 10　运动黏度单位换算

m²/s	cm²/s	ft²/s
1	1×10^4	10.76
10^{-4}	1	1.076×10^{-3}
92.9×10^{-3}	929	1

附表 11　功率单位换算

W	kgf · m/s	ft · lb/s	英制马力	kcal/s	Btu/s
1	0.10197	0.7376	1.341×10^{-3}	0.2389×10^{-3}	0.9486×10^{-3}
9.8067	1	7.23314	0.01315	0.2342×10^{-2}	0.9293×10^{-2}
1.3558	0.13825	1	0.0018182	0.3238×10^{-3}	0.12851×10^{-2}
745.69	76.0375	550	1	0.17803	0.70675
4186.8	426.85	3087.44	5.6135	1	3.968.3
1055	107.58	778.168	1.4148	0.251996	1

附表 12　比热容(热容)单位换算

kJ/(kg · K)	kcal/(kg · ℃)	BTU/(lb · ℉)
1	0.2389	0.2389
4.1868	1	1

附表 13　导热系数(热导率)单位换算

W/(m · ℃)	J/(cm · s · ℃)	cal/(cm² · s · ℃)	kcal/(m² · h · ℃)	BTU/(ft² · h · ℉)
1	1×10^{-3}	2.389×10^{-3}	0.8598	0.578
1×10^2	1	0.2389	86.0	57.79
418.6	4.186	1	360	241.9
1.163	0.0116	0.2778×10^{-2}	1	0.6720
1.73	0.01730	0.4134×10^{-2}	1.488	1

附表 14　传热系数单位换算

W/(m² · ℃)	kcal/(m² · h · ℃)	cal/(cm² · s · ℃)	BTU/(ft² · h · ℉)
1	0.86	2.389×10^{-5}	0.176
1.163	1	2.778×10^{-5}	0.2048
4.186×10^4	3.6×10^4	1	7374
5.678	4.882	1.356×10^{-4}	1

附表 15　表面张力单位换算

N/m	kgf/m	dyn/cm	lbf/ft
1	0.102	10^3	6.854×10^{-2}
9.81	1	9.807	0.6720
10^{-3}	1.02×10^{-4}	1	6.854×10^{-5}
14.59	1.488	1.459×10^4	1

附表 16　扩散系数单位换算

m^2/s	cm^2/s	m^2/h	ft^2/h	in^2/s
1	10^4	3600	3.875×10^4	1550
10^{-4}	1	0.360	3.875	0.1550
2.778×10^{-4}	2.778	1	10.764	0.4306
0.2581×10^{-4}	0.2581	0.09290	1	0.040
6.452×10^{-4}	6.452	2.323	25.0	1

参 考 文 献

[1] 柴诚敬，张国亮．化工原理（上册）[M]．第三版．北京：化学工业出版社，2020．

[2] 柴诚敬，贾绍义．化工原理（上册）[M]．第三版．北京：高等教育出版社，2017．

[3] 卫宏远，白文帅，郝琳，等．化工过程安全评估[M]．北京：化学工业出版社，2020．

[4] 李振花，王虹，许文．化工安全概论[M]．第3版．北京：化学工业出版社，2018．

[5] 何志成．化工原理[M]．第4版．北京：中国医药科技出版社，2019．

[6] 廖辉伟，社怀明．化工原理[M]．北京：化学工业出版社，2019．

[7] [美]S. Suresh，[美]S. Sundaramoorthy．绿色化工——催化、动力学和化工过程导论[M]．孙亚楠，刘富余，许孝玲，等，译．北京：石油工业出版社，2019．

[8] Warren L McCabe，Julian C Smith，Peter Harriott. Unit Operations of Chenigaleering, Sixth Edition. New York：McGraw-Hill，2001．

[9] 杨祖荣，刘丽英，刘伟．化工原理[M]．北京：化学工业出版社，2014．

[10] 邹华生，钟理，伍钦．流体力学与传热[M]．广州：华南理工大学出版社，2004．

[11] 邹华生，黄少烈．化工原理[M]．北京：高等教育出版社，2016．

[12] 陈敏恒，从德滋，方图南．化工原理（上册）[M]．北京：化学工业出版社，2015．

[13] 柴诚敬，张国亮．化工流体流动与传热[M]．北京：化学工业出版社，2007．

[14] 胡洪营，张旭，黄霞．环境工程原理[M]．北京：高等教育出版社，2005．

[15] 祁存谦，丁楠，吕树申．化工原理[M]．北京：化学工业出版社，2009．

[16] 姚玉英，黄凤廉，陈常贵，等．化工原理（上册）[M]．天津：天津科学技术出版社，2011．

[17] 时钧，汪家鼎，余国琮，等．化学工程手册[M]．第二版．北京：化学工业出版社，1996．

[18] 钟秦．化工原理[M]．第4版．北京：国防工业出版社，2019．

[19] 管国锋，赵汝溥．化工原理[M]．第2版．北京：化学工业出版社，2003．

[20] 张秀玲，刘爱珍，刘葵．化工原理[M]．化学工业出版社，2016．

[21] 陈敏恒．化工原理（第5版）[M]．北京：化学工业出版社，2019．

[22] 柴诚敬，贾绍义．化工原理[M]．第3版．北京：高等教育出版社，2016．

[23] 齐鸣斋．化工原理[M]．北京：化学工业出版社，2019．

[24] 江体乾．基础化学工程[M]．2版（修订本）．上海：上海科学技术出版社，1990．

[25] 张振坤，张淑荣．化工基础[M]．北京：化学工业出版社，2011．

[26] 张子锋．合成氨生产技术[M]．北京：化学工业出版社，2006．

[27] 李平辉，田军伟．合成氨原料气生产[M]．北京：化学工业出版社，2009．

[28] 李平辉．合成氨原料气净化[M]．北京：化学工业出版社，2010．

[29] 窦长富．合成氨生产技术问答[M]．北京：化学工业出版社，2016．

[30] 徐丙根，朱兆华．合成氨生产操作安全技术[M]．北京：化学工业出版社，2013．

[31] 韩冬冰．化工工艺学[M]．北京：中国石化出版社，2003．

[32] 许喜刚．中型氮肥生产安全操作与事故[M]．北京：化学工业出版社，2000．

[33] 宁平，陈玉保，陈云华．合成氨驰放气变压吸附提浓技术[M]．北京：冶金工业出版社，2009．

[34] 席琦．合成氨安全生产技术[M]．太原：山西人民出版社，2010．

[35]路晓青.合成氨生产过程控制方法的研究[D].河北科技大学，2015.

[36]张峰.化工工艺安全分析[M].北京：中国石化出版社，2019.

[37]周忠元，吕海燕，张海峰.危险化学品安全技术全书[M].北京：化学工业出版社，2002.

[38]周忠元，陈桂琴.化工安全技术与管理[M].北京：化学工业出版社，2002.

[39]陈留拴.大型合成氨厂生产事故预防[M].北京：化学工业出版社，2003.

[40]雷红.危险化学品储运与安全管理[M].北京：化学工业出版社，2004.

[41]朱兆华，姜松，葛长喜.危险化学品储运与安全技术[M].北京：化学工业出版社，2006.

[42]黄东.合成氨的设备操作及安全生产探析[J].化工设计通讯，2020，46(8)：249-250.

[43]沈浚.合成氨[M].北京：化学工业出版社，2001.

[44]梁威赵.盐水二次精制及淡盐水回收工艺[J].中国氯碱，2017(06)：3-6.

[45]于凤刚，魏占鸿，马旻锐，等.淡盐水脱氯及氯酸盐分解工艺改进[J].中国氯碱，2016(06)：9-11.

[46]环境保护部.烧碱、聚氯乙烯工业废水处理工程技术规范(HJ 2051—2016)[S].2015.

[47]环境保护部.清洁生产标准 氯碱工业(烧碱)(HJ 475—2009)[Z].2009.

[48]Luo T，Abdu S，Wessling M．Selectivity of ion exchange membranes：A review[J]．Journal of Membrane Science，2018，555：429-454.

[49]Paidar M，Fateev V，Bouzek K．Membrane electrolysis—History，current status and perspective[J]．Electrochimica Acta，2016，209：737-756.

[50]徐海丰.2019年世界乙烯行业发展状况与趋势[J].国际石油经济，2020，28(5)：48-54.

[51]曹杰，迟东训.中国乙烯工业发展现状与趋势[J].国际石油经济，2019，27(12)：53-59.

[52]刘玉东，马培培，成洪利.乙烯生产技术问答[M].北京：化学工业出版社，2015.

[53]刘玉东.乙烯生产工[M].北京：化学工业出版社，2000.

[54]陈滨.乙烯工学[M].北京：化学工业出版社，1997.

[55]朱宝轩.化工工艺基础[M].北京：化学工业出版社，2000.

[56]中国石油和石化工程研究会.乙烯[M].北京：中国石化出版社，2012.

[57]李作政，冷寅正.乙烯生产与管理[M].北京：中国石化出版社，1992.

[58]乌锡康，金青萍.有机水污染治理技术[M].上海：华东化工学院出版社，1989.

[59]夏纪鼎，倪永全.表面活性剂和洗涤剂化学与工艺学[M].北京：中国轻工业出版社，1997.

[60]宋启煌，方岩雄.精细化工工艺学[M].北京：化学工业出版社，2018.

[61]冯晓西，乌锡康.精细化工废水治理技术[M].北京：化学工业出版社，2000.

[62]王祥荣.纺织印染助剂生产与应用[M].南京：江苏科学技术出版社，2004.

[63]赵何为，朱承炎.精细化工实验[M].上海：华东化工学院出版社，1992.

[64]李月，王宝辉.污水中十二烷基苯磺酸钠处理的新方法研究进展[J].能源化工，2015，(06)：33-36.

[65]张杰.煤制甲醇工艺的废水处理技术研究进展[J].山西化工，2018，5：222-224.

[66]韩福顺，伊升为，王军.一次甲醇储罐爆炸事故的分析[J].化工设计通讯，1998，24(3)：36-38.

[67]黄玉松.甲醇的职业危害与防护[J].中国实用医药，2010，34：218-219。

[68]马立军，张林建，张海红.一起甲醇翻车泄漏事故的应急处置案例[J].科技创新与应用，2019，4：119-120.

[69]刘宜新，张莲芳，刘斌，等.乙烯装置的火灾爆炸事故分析[J].安全，2008，12，23-25.

[70]彭加华.开展安全预分析防止丙烯球罐事故[J].石油化工安全技术，1999，6(15)，16-17.

［71］蔡忠林．丙烯爆炸事故案例分析及其预防对策［J］.化工安全与环境，2012，6，2-3.

［72］谢全安，赵奇．煤化工安全与案例分析［M］.北京：化学工业出版社，2020.

［73］宋永辉，汤洁莉．煤化工工艺学［M］.北京：化学工业出版社，2016.

［74］钱伯章．煤化工技术与应用［M］.北京：化学工业出版社，2015.

［75］樊红珍，孙晓伟．甲醇制烯烃工艺［M］.北京：化学工业出版社，2016.

［76］南君芳，李林波．金精矿焙烧预处理冶炼技术［M］.北京：冶金工业出版社，2010.

［77］朱传芳．有机精细化工选论［M］.湖北：华中师范大学出版社，1991.

［78］宋晓胚，曹子英，等．偶氮二异丁腈生产工艺的研究［J］.化学工程师，2010（5）：66-67.